現代戦車戦史

進化するモンスターたち

上田 信

大日本絵画

目次

現代戰車戰史
進化するモンスターたち

第1章
朝鮮戦争

1. ポストWW2戦車の戦い

○ソ連（ソビエト連邦）、中国（中華人民共和国）、北朝鮮（朝鮮民主主義人民共和国）、韓国（大韓民国）

■勃発の背景

第二次世界大戦後、日本の植民地から開放された朝鮮は、アメリカとソ連の協定により38度線を境として、両国が分割管理することになった。その後、両陣営の対立が激化し、冷戦と言われはじめたなか、両国はそれぞれ自分に都合のよい国家を誕生させた。ひとつは南の大韓民国（１９４８年5月）で、もうひとつは北の朝鮮民主主義人民共和国（同年9月）だ。前者はアメリカを主とする自由主義国の、後者はソビエト連邦と中華人民共和国の支援を受けた社会主義国の陣営となっていた。

北朝鮮はソ連の勢力拡張政策に基づく軍事援助により早くから軍備を整えており、１９５０年の春ごろには総兵力13万5千人、戦車１８０両、野砲１４００門、航空機１３０機という強力な兵力を有していた。一方韓国は、タカ派の李政権に過剰な軍事援助を与えて戦争を起こされるのは困るというアメリカの政策で戦車も戦闘機も供与されず、１９５０年当時は総兵力約10万人、装甲車40両、野砲９００門、練習機30機という体裁だった。

１９５０年6月25日、北の金日成政権は「南の解放」をスローガンに、38度線を越えて電撃的な侵攻作戦を開始し、ここに3年１ヶ月にわたる朝鮮戦争が始まった。

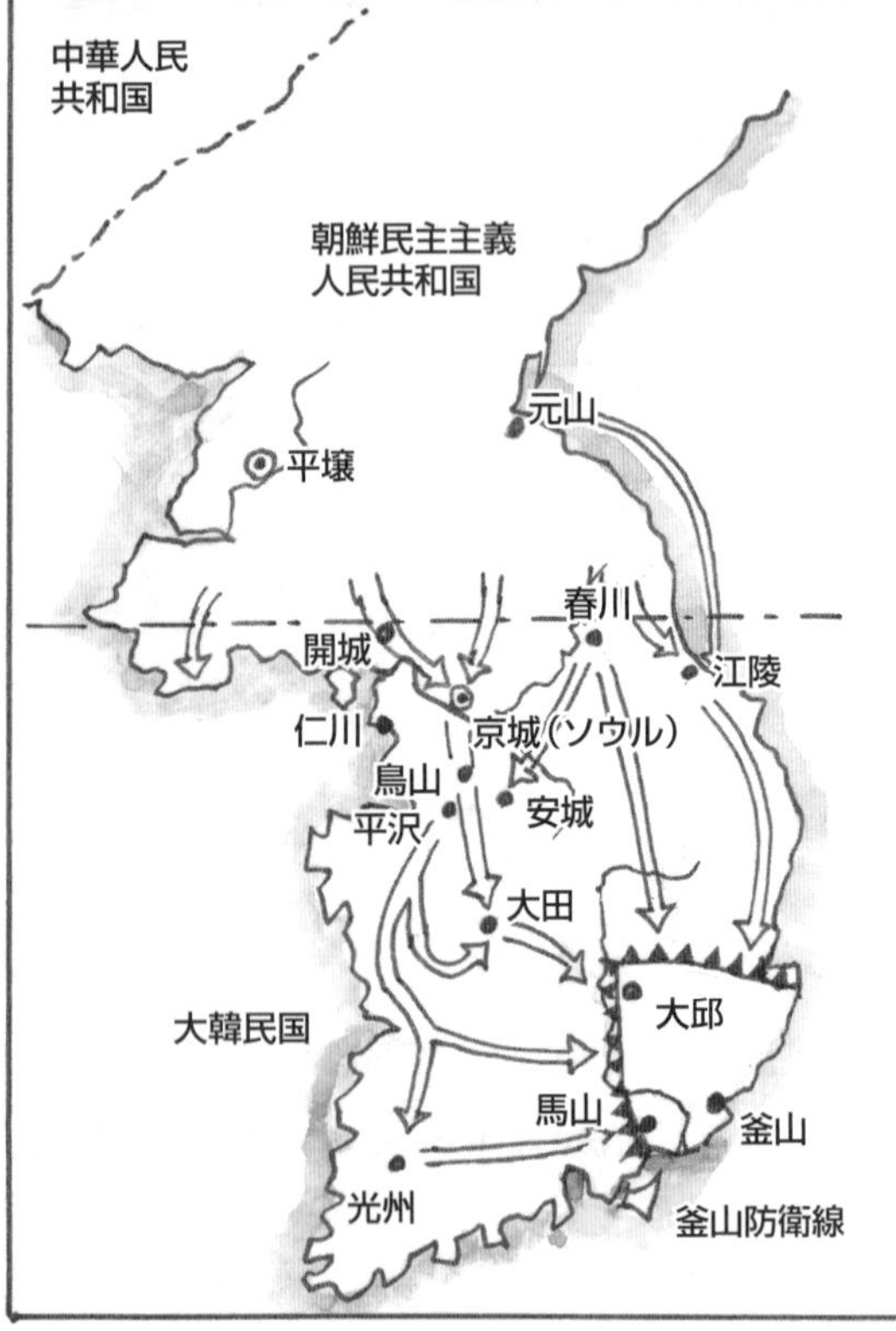

■北朝鮮軍の進撃

北朝鮮軍は、第二次世界大戦中に日本軍と戦った朝鮮人や朝鮮系ソ連人などのベテラン将校が中核となっており、さらに当時最強の中戦車といわれていたT-34／85を装備していた。完全な奇襲となった緒戦において北朝鮮は7個師団を投入、西部、中部、南部と3地区いずれの戦線にも戦車を投入した。朝鮮の地形上戦車の集団使用は無理だとして、アメリカ軍は韓国軍にロクな対戦車兵器を供与してなかったので、韓国軍は抵抗の拠点を固める余裕もなく各地で退却を余儀なくされ、6月28日には首都ソウルが陥落してしまった。

■アメリカ軍と国連の介入

6月28日、アメリカのトルーマン大統領は国連安保理の招集を要求すると共に、韓国に武力支援をすることに踏み切り、30日には地上軍派遣を発表。直ちに日本に駐留していたアメリカ第24師団を韓国にさし向けたが、この部隊は新兵が多く装備も不充分だった。アメリカ軍は対戦車戦にはバズーカと無反動砲があれば充分だとタカをくくっていたが、7月5日朝、烏山で、T-34を先頭に進撃してくる北朝鮮軍に対し、バズーカも無反動砲も役に立たず、防衛線を支えることができず後退することになってしまう。

一方国連安保理でアメリカ軍の介入は追認され、加盟各国より軍隊を送り国連軍を設置することになり、7月8日、マッカーサー元帥が総司令官に任命された。

■釜山橋頭堡

国連軍の一員となったアメリカ第24師団は烏山、平沢、天安、大田と各所で抵抗を繰り返しながら後退していた。師団長が捕虜になるなど多大な損害を蒙りながらも、北朝鮮軍の進撃を遅滞させることには成功していた。

この間、国連軍は続々と増援部隊を釜山に上陸させ、防衛陣地を強化させていた。これに対し北朝鮮軍は8月5日から釜山防衛線に総攻撃を開始した。しかし制空海権は完全にアメリカ軍に握られ、開戦以来1ヶ月以上にわたる連続戦闘で北朝鮮軍は兵員と装備の損耗が激しく、加えて頼みのT-34もアメリカ軍に新型バズーカが装備されたり、M26パーシング戦車が到着したこともあり、以前ほどの威力を発揮できなかった。8月から9月にかけて釜山陣地では一進一退の攻防戦が続いたが、北朝鮮軍が予備兵力を投入した9月の総攻撃も突破に失敗した。国連軍の戦力増強に戦力比は開く一方で、釜山への圧力が減少するなか、国連軍は9月15日仁川に上陸し、反抗作戦を開始したのだった。

2.36インチ
M9 ロケットランチャー（バズーカ）

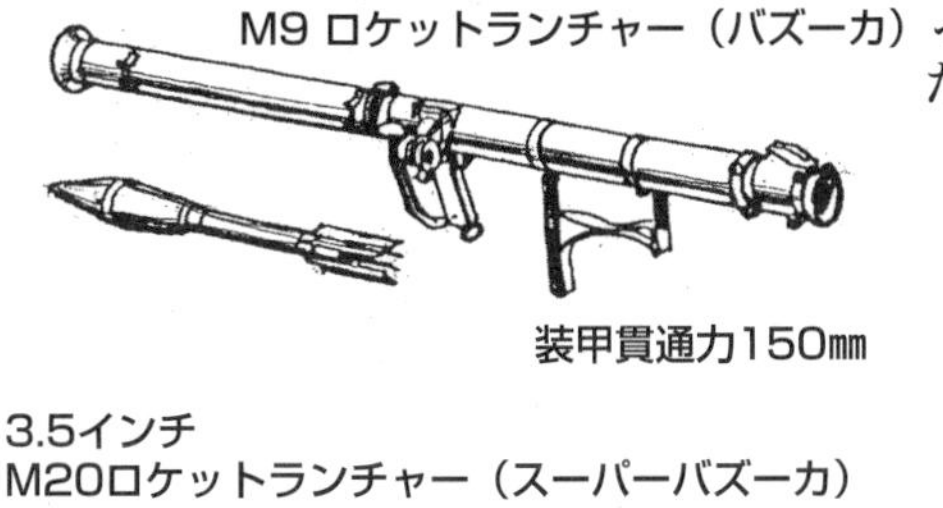

装甲貫通力150mm

3.5インチ
M20ロケットランチャー（スーパーバズーカ）

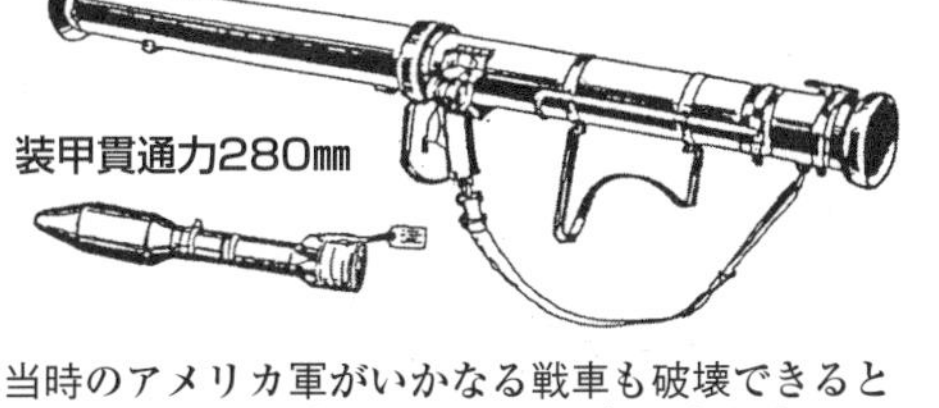

装甲貫通力280mm

当時のアメリカ軍がいかなる戦車も破壊できるとしていたM9バズーカはT-34に歯が立たなかった。このため完成したてのM20バズーカを直ちに空輸し、大田防衛戦で使用し、T-34を撃破することに成功している

■北朝鮮軍（NKA）のAFV

ソ連の援助で近代戦の「縦深戦略理論」と近代兵器の供与を受けて、戦車150両を先頭に、大挙して南へ侵攻

GAZ-67B

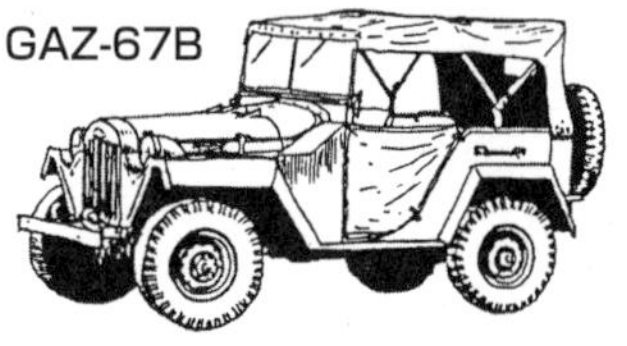

T-34/85中戦車

制空権のない共産軍にとっては守護神である主力戦車。ソ連は破壊されたのと同じ数のT-34を常に供与していたのでNKAは装備戦車数を200両前後に維持できていた

BA64装甲車

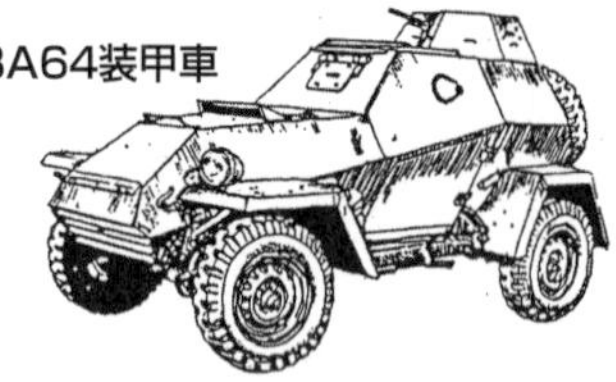

ドニエプルサイドカー

SU-76自走対戦車砲

T-34の補助として戦車部隊で使用された

中国内戦が終わり、実戦経験を積んだ5万人の朝鮮人部隊が帰国してきたので、NKAの戦力は大きく向上していた

1950年6月の開戦時の戦力

	総兵力	AFV	火砲	航空機	艦艇
北朝鮮	10個師団 約20万名	戦車240 自走砲170	1400門	戦闘機80 爆撃機50 他30	魚雷艇30
韓国	8個師団 約10万名	装甲車50	900門	練習機30	フリゲート等
在韓米軍	1個師団 約2万名	軽戦車60		航空機80	

■韓国軍（ROK）のAFV

アメリカは山岳地形の朝鮮半島は「機甲師団に適さず」として、ROKに戦車を供与しておらず、対戦車火器もバズーカがあれば充分としていた

M8装輪装甲車

戦争勃発時にROKに戦車はなかった。主砲の37㎜砲ではT-34にはまったく無力

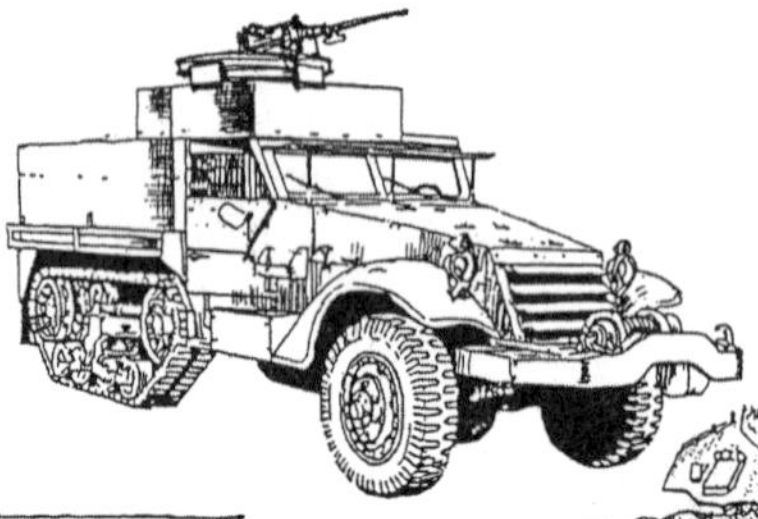

M3ハーフトラック

M24軽戦車

1951年の春ごろよりアメリカから供与されはじめるが、T-34には歯が立たず、歩兵支援にしか役に立たなかった

M1 57㎜対戦車砲

M9バズーカと共にアメリカより供与されていた対戦車火器だったが、この砲もT-34には役に立たず緒戦時に多くの韓国兵は戦車パニックを起こしている

M36B2ジャクソン駆逐戦車

アメリカ軍も、M26やM46をROKに引き渡す余裕がなかったので、同じ90㎜砲を持つ本車を大量に供与した。本車でようやくROKもT-34を撃破できるAFVを装備した訳だ

■アメリカ軍のAFV

朝鮮半島の地形では戦車の効果的使用はできないとして、アメリカ軍はNKAの戦力を過小評価していた。戦車を装備しているとの情報にも、それは旧日本軍の戦車で、バズーカがあれば心配ないと考えていた。しかし最初に朝鮮に送ったM24がT-34にまったく通用しないことが判明。M4シャーマンでも危ないと判断したアメリカ軍は、75㎜砲型はすべて76㎜砲に交換する様に指令。東京の赤羽デポで昼夜兼行の作業を実施して、朝鮮へ増援した

M4A3　105㎜砲型

M24チャーフィー軽戦車

最初に朝鮮半島に増援された戦車だが偵察用の軽戦車だったので対T-34には能力不足で、あっさりと撃破されてしまう

75㎜砲

M16自走対空機関銃
スカイクリーナー

ミートチョッパーとして水平射撃で地上攻撃に大活躍している

76㎜砲

M4A3E8シャーマン
(イージーエイト)

T-34の威力に驚いてあわてて派遣された戦車だが、能力的にはまだ見劣りしていた

90㎜砲

M26パーシング

T-34キラーとして8月中旬より朝鮮に送りこまれた重戦車で、さすがにその90㎜砲の威力は大きく、アメリカ軍はようやく戦車戦において優勢に立てた

○M24 vs T-34

M24は信頼性のある戦車だったが、やはり小型戦車だ。主砲も短砲身でT-34の装甲は貫けず、10両同士の初対決では損失7対1の完敗、M24の75㎜砲ではT-34を撃破できないことがわかった。M4、M26の到着後は、後方支援とゲリラ鎮圧の任務に回っている。

○M4 vs T-34

シャーマン戦車隊は'50年7月末から前線に出動し、釜山陣地へ攻撃してくるT-34と交戦するが、接近戦においては命中弾を与えても場所によっては撃破できず、逆に85㎜砲弾を受けたM4は破壊されることが多く、攻撃力防御力ともにT-34が優れていたが、M4は空軍の支援と数の威力でなんとかT-34を撃破できたのだった。

○M26 vs T-34

シャーマン戦車では危ないということで'50年8月M26戦車が朝鮮戦争に登場した。同月20日から24日にかけて大邱付近で行なわれた戦車戦では20両のT-34と4両のSU-76からなる北朝鮮軍戦車隊を40両のM26が迎え撃ち、4日間の戦闘でT-34を14両、SU-76を4両撃破し、M26の損害は6両という完勝を収めている。もちろん空軍の支援はあったものの、機動力以外ではM26がT-34を圧倒した。

2. 38度線の攻防

■国連軍の北進

北朝鮮軍の猛攻を釜山陣地で耐え凌いだ国連軍は、マッカーサー元帥の大胆な反攻作戦「クロマイト」を発動した。これが他の将軍からは成功率わずか5千分の1と言われ反対された仁川上陸作戦である。釜山戦線の遥か前方の仁川に海兵隊を主力とした5万人の大軍を上陸させ、敵主力の補給路を断ち、釜山付近に展開している北朝鮮軍を一挙に壊滅させるという大作戦であった。

9月15日「クロマイト」作戦は完全な奇襲攻撃となり国連軍は最終的には6万5千人が上陸、このなかには60両以上のM26戦車も含まれており、あわてて反撃してきたT-34、6両を中心とする北朝鮮軍を撃破、ソウルへ向けて進撃を開始した。

これまで戦争の主導権を握り、あと少しで米軍を海の中へたたき出せると思っていた北朝鮮軍は、後方で本国との連絡を切断され9月27日ソウルを放棄、釜山付近の部隊は総崩れとなり後退を開始した。いくつかの師団は秩序を保って山岳地帯を撤退、また分散してゲリラ部隊となった師団もあったが、13万人が捕虜となり主装備の多くを失った。38度線以北に再集結できたのは2万5千~3万人にすぎず、その後組織化された抵抗は不可能となってしまった。

10月9日、国連軍は38度線を突破、北への進軍を開始した。10月20日首都平壌を占領、10月26日には韓国第6師団が中国との国境線でもある鴨緑江に達した。国連軍の勝利は目前で戦争の終結も近いと思われた。

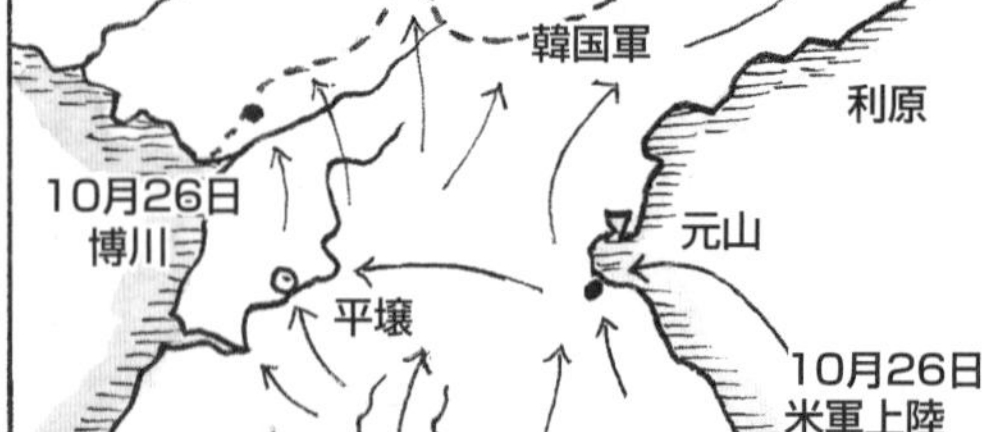

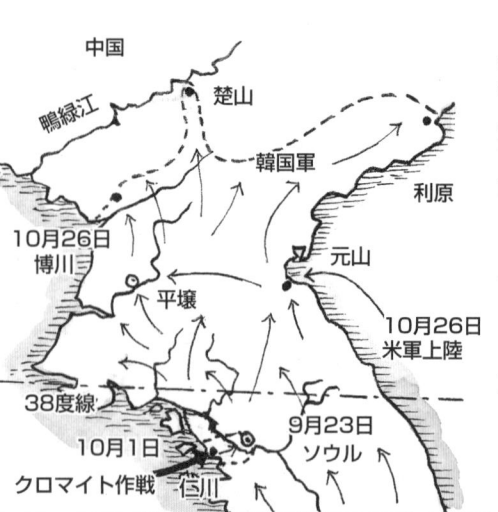

■中国軍のAFV

中国軍の戦車部隊が前線に出たのは1951年の春、3月末ころからで前線への鉄道輸送時には必ずといっていいほど航空攻撃を受け大きな損害を出している。前線に送られたT-34のうち40%が航空機の攻撃で破壊され、40%が損傷を受けた

M3スカウトカー

BA-64

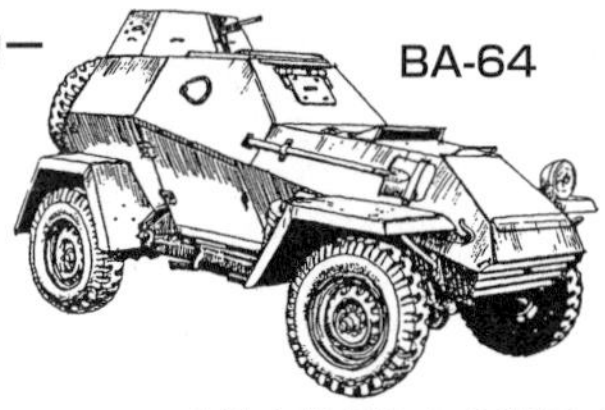

少数が使用された装甲車

SU-100

100㎜カノン砲を搭載し、イギリス軍のセンチュリオン戦車と交戦したが、撃破された記録はない

SU-76

歩兵支援や待ち伏せ攻撃など、戦車の代用として共産軍の貴重な戦力だった

SU-122

122㎜榴弾砲陣地攻撃自走砲

T-34/85

現在、北京の人民博物館に展示されている英雄タンク310号車は、1951年10月16日金化での夜戦で3両の敵戦車と5ヶ所の歩兵陣地を破壊したと褒賞されている

両自走砲は少数が中国軍により使用されているがSU-122の戦闘記録はない

JSⅡスターリン重戦車

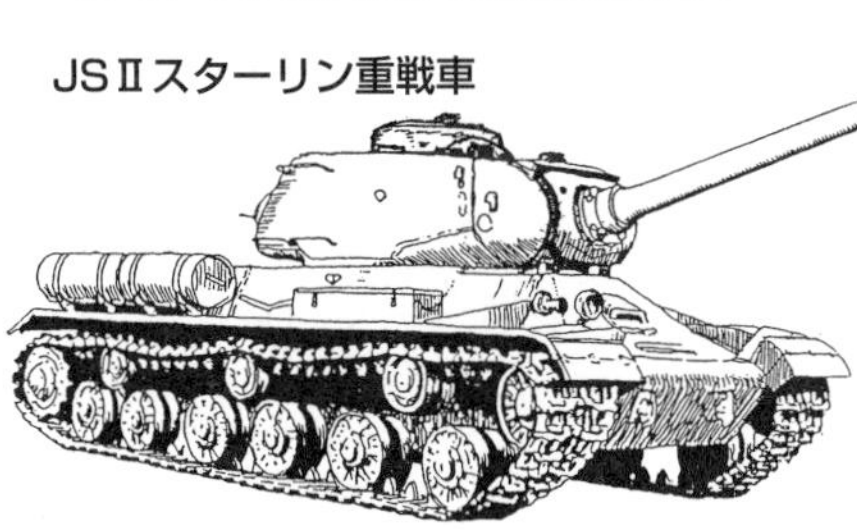

KV85重戦車

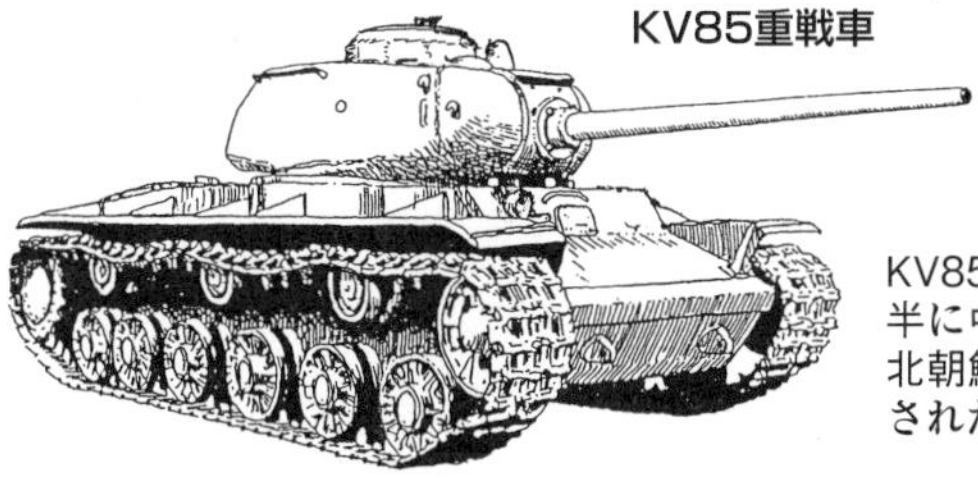

この両重戦車は戦場に現れているが戦闘記録はいまのところない。ソ連より中国へ供与されており、M46と対決してほしかった

KV85は戦争後半に中国経由で北朝鮮軍へ供与された

■中国軍の参戦

中国は早くから「アメリカの朝鮮侵略の主目的は中国侵略」であると警告を発し、10月初旬には、中朝国境に40万人という大兵力を終結した。国連軍が38度線を越えた直後から北朝鮮政府の同意を得て、中国志願軍は少しずつ鴨緑江を渡って南下を開始していた。

11月24日、国連軍はクリスマスまでに戦争を終わらせるための最後の攻勢作戦を開始したが、翌25日、突如中国軍が出現したのだ。最初に中国軍と戦火を交えた部隊は、楚山に進出した韓国軍第1師団だった。この時点で米韓軍はまだ中国の本格的介入はないと判断ミスを犯しており、28日の中国軍総攻撃を受け総崩れとなってしまった。

この時北朝鮮に展開していた国連軍は18万人で、共産軍は北朝鮮の残存兵力10万人と中国軍で合わせて55万5千人という三倍の兵力で怒濤のごとく南下を開始したのである。国連軍は参戦したばかりのイギリス・トルコ軍を投入して必死に防戦に努めたが中国軍の人海戦術の猛攻を受け後退するしかなく、頼みの空軍も、このころ登場したMiG-15により混乱状態となっていた。完全な攻守逆転で共産軍の大進撃が再び開始されたのだ。

12月下旬までに国連軍は38度線の南に押し戻されてしまい、年が明けた'51年1月3日にはソウルを再占領されてしまう。しかし1月下旬になると、なんとか戦線を立て直し反撃を開始。3月15日にはソウルを奪回し、4月までに38度線付近まで再進出を果たしたのだった。

■地上攻撃機

朝鮮半島の制空権は国連軍にあり、その航空支援によって地上部隊の勝利があった

T-34の喪失原因は
45%が空軍機
15%が戦車
30%が対戦車火器
10%が故障だった

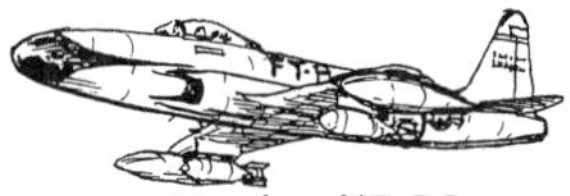

ロッキードF-80
シューティングスター

F-80、F-84はミグには対抗できず、
対地攻撃機となる

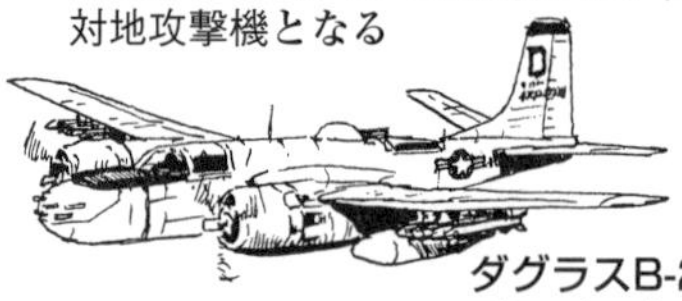

ダグラスB-26
インベーダー

ノースアメリカンF-82
ツインムスタング

ノースアメリカンF-51
ムスタング

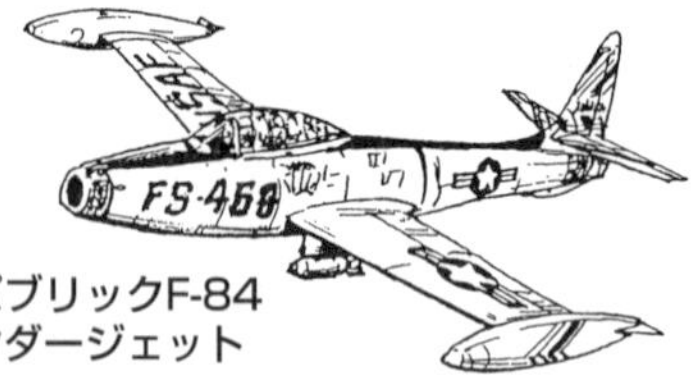

リパブリックF-84
サンダージェット

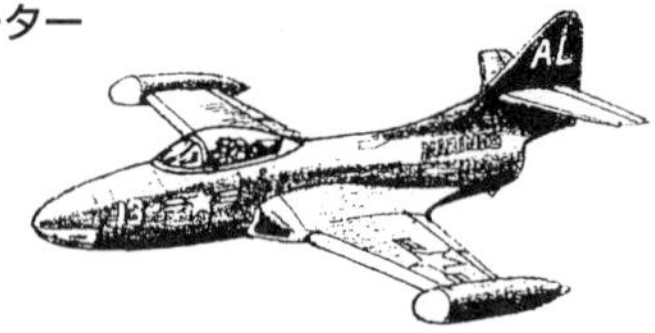

グラマンF9Fパンサー

ミグに対する高性能の
ジェット戦闘機を持た
なかった海軍／海兵隊
機は制空任務をセーバ
ーにまかせ、対地攻撃
専門となっていた

T-34に対しては5イン
チロケット弾が有効だ
ったが命中させるのは
むずかしく、対戦車攻
撃にはナパーム弾がい
ちばん効果的であった

ヴォートF4Uコルセア

ダグラスAD-4スカイレーダー

M7 105㎜自走榴弾砲
「プリースト」

M45

M26の90㎜砲を105㎜
砲に換装した火力支援
型。少数が生産され朝
鮮戦争にも投入された
が、M4の105㎜砲型と
は違い開発の意味がな
かったようだ

M40
155㎜自走榴弾砲

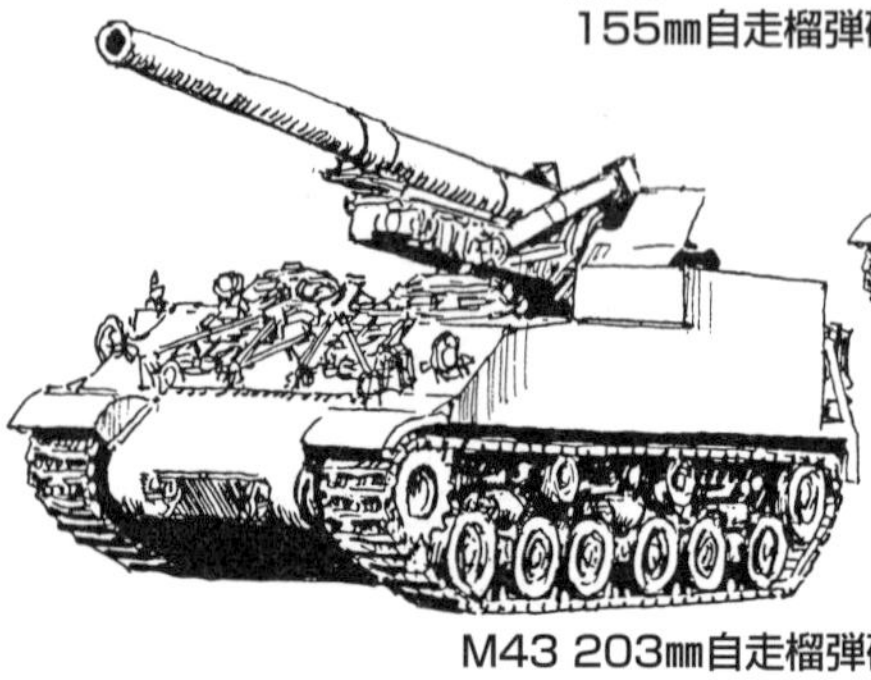

M43 203㎜自走榴弾砲

朝鮮戦争で本格的に
実戦投入された重自
走砲コンビ

M32戦車回収車

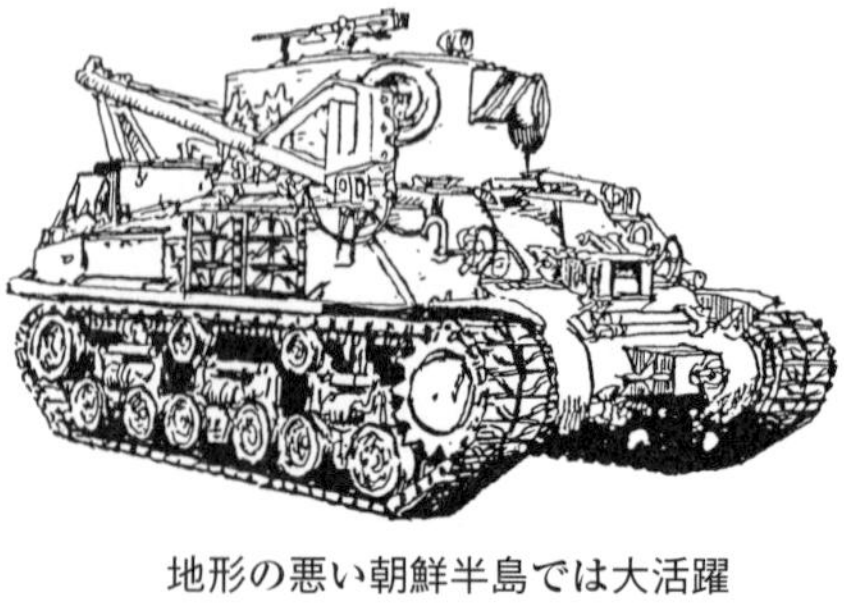

地形の悪い朝鮮半島では大活躍

M19自走対空砲

ボフォース40㎜砲を2門装備。
対空戦闘ではなく人海戦術で突
撃してくる敵歩
兵に威力を発揮した

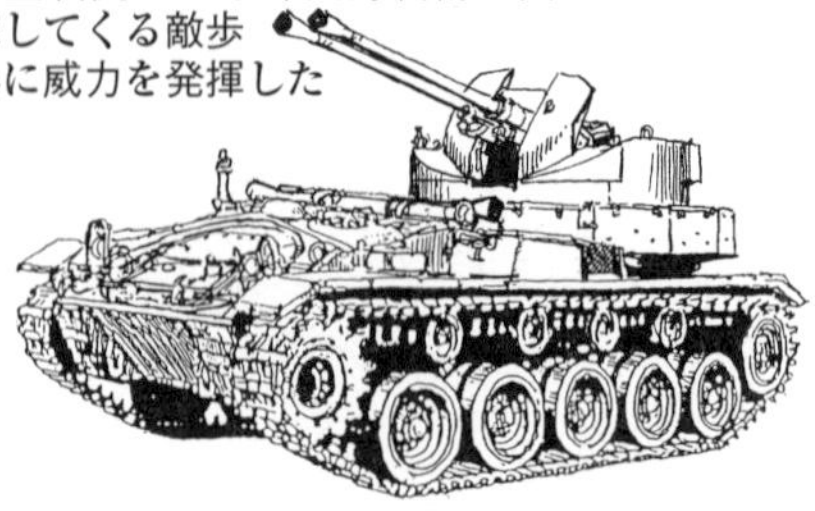

M16自走対空機関銃

対地上戦でもっとも活躍し
た車両でミートチョッパー
のニックネームがある

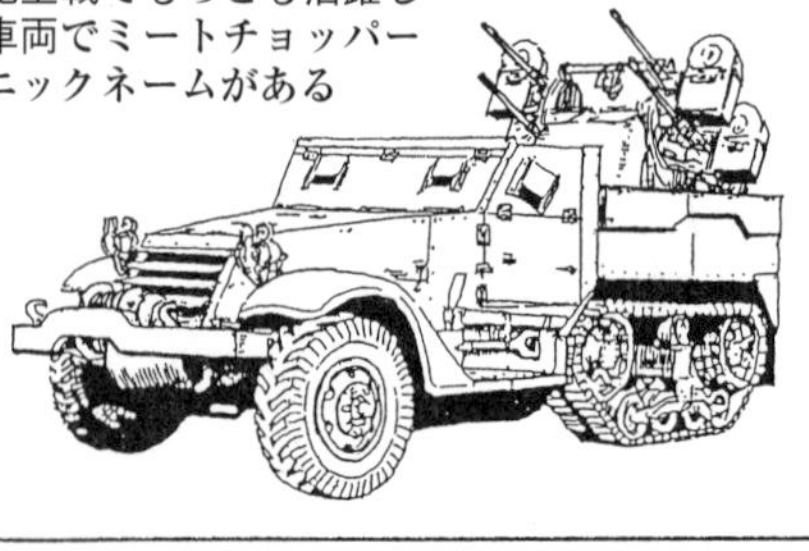

M15A1自走対空砲

37㎜砲1門と12.7㎜機銃
を2丁装備している

■アメリカ軍のAFV

M24「チャーフィー」

この戦争では「ティン・トイ（“ブリキのおもちゃ”の意）」と戦車兵に呼ばれ後方部隊で使われる

M4A3「シャーマン」

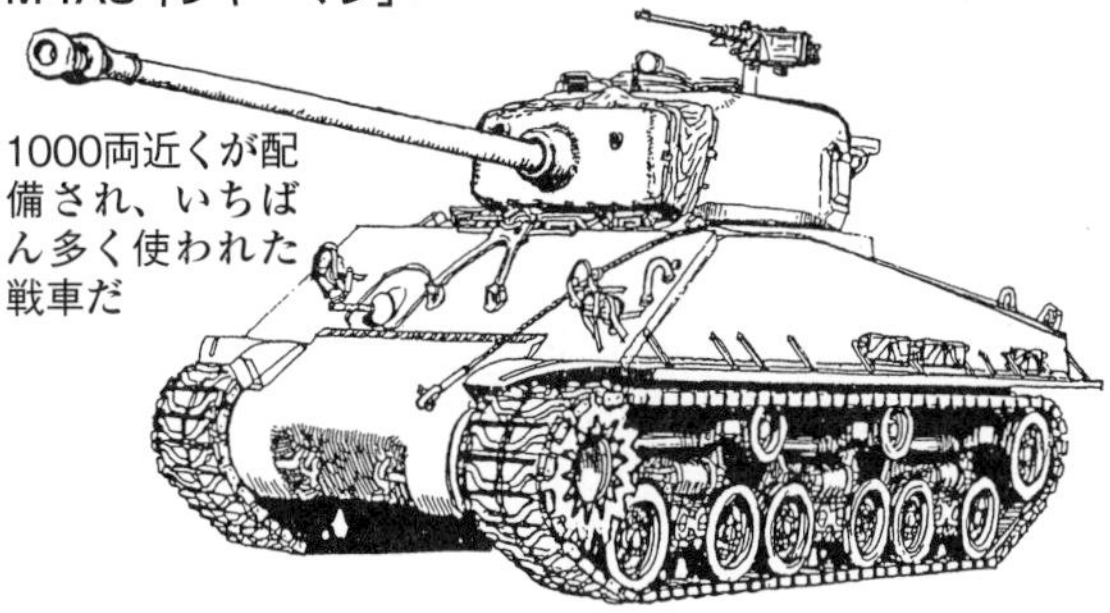

1000両近くが配備され、いちばん多く使われた戦車だ

M26「パーシング」

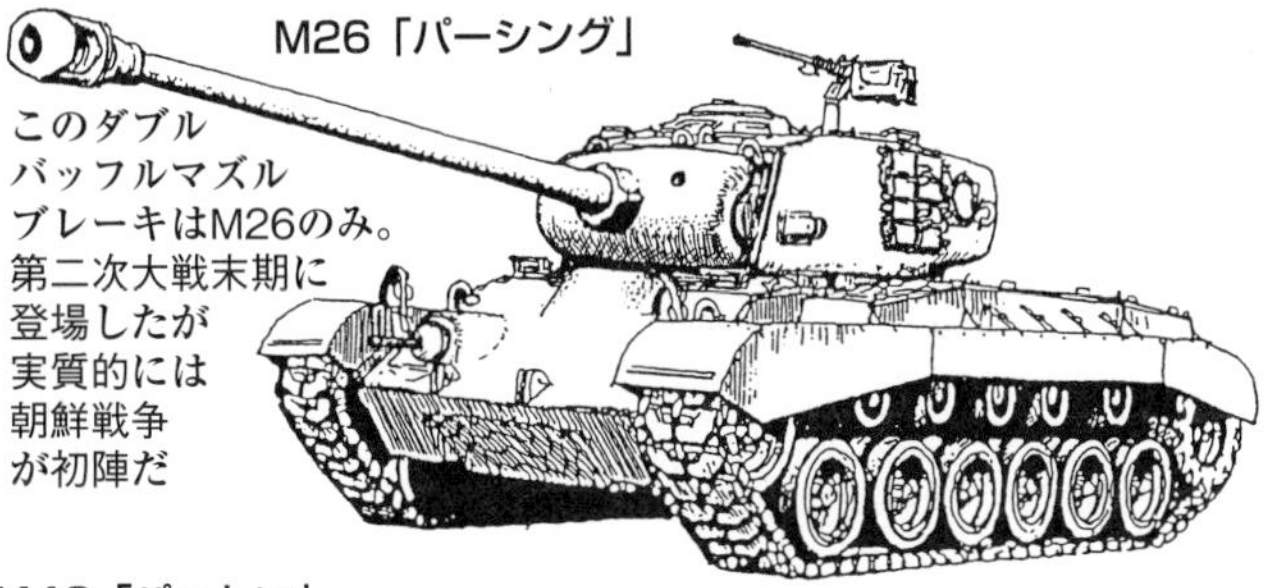

このダブルバッフルマズルブレーキはM26のみ。第二次大戦末期に登場したが実質的には朝鮮戦争が初陣だ

M46「パットン」

M46はここに張度調整誘導輪がある

開発中のT-42が朝鮮戦争の勃発で急ぎ生産することになった。M26の車体に新エンジンと新式操向装置を積んで製作されたので、見た目はM26とそっくりだ。M26に較べると機動力が大幅に向上している。外形上の違いはマズルブレーキだが、のちにM26も同じマズルブレーキのM3A1 90㎜を搭載するのでややこしいぞ

●海兵隊所属車両

M29C「ウィーゼル」

LVT-3「ブッシュマスター」

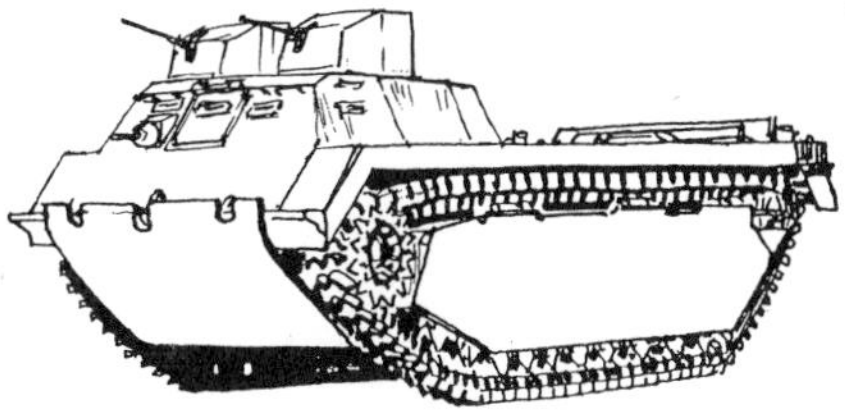

沖縄戦から実戦投入された水陸両用車で朝鮮戦争では主力として活躍

LVT-3C

密閉室の兵員室を装備

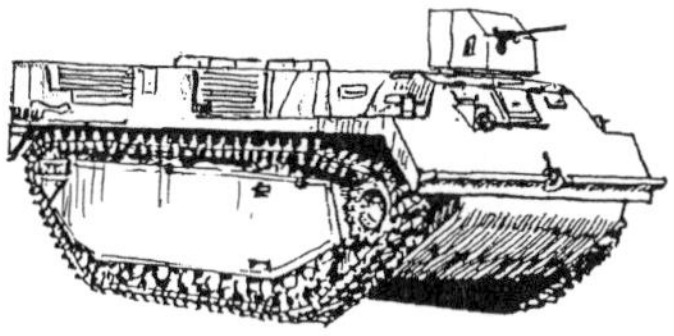

LVT-3(A)火力支援型

DUKW「ダック」

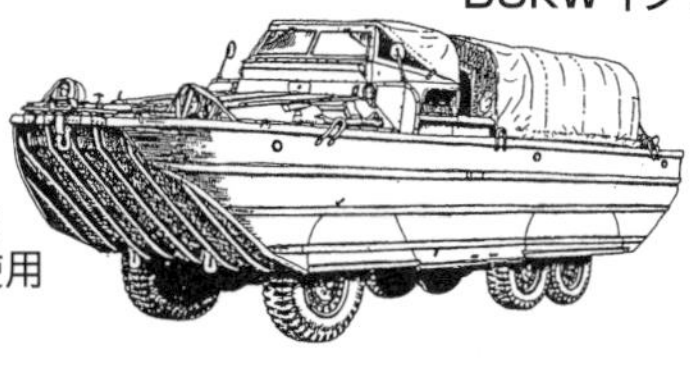

上陸後はそのままトラックとして使用

M39汎用車

イギリス軍のユニヴァーサル・キャリアーのように兵員輸送車や弾薬補給車、自走迫撃砲等、便利な装軌車両として使用された

車体はM18ヘルキャット

M37 105㎜自走榴弾砲

車体前部に105㎜M4榴弾砲を搭載

M4A3 105㎜砲
ドーザー装備車

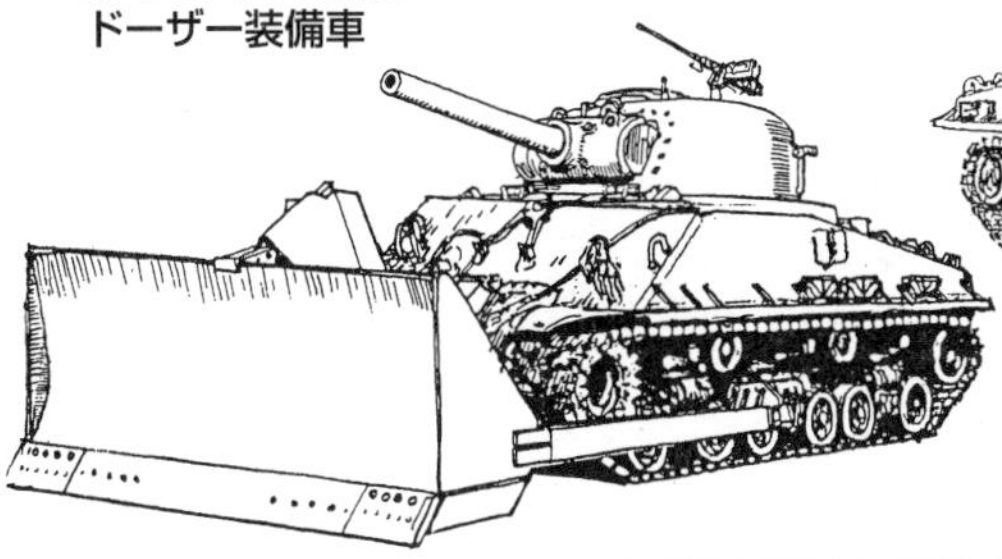

放射口　ダミーの砲

M4A3火焔放射戦車

陸軍は150両、海兵隊は50両を投入している

■M24ファミリーは小型で使いやすいと好評の車両だった

かっこ悪いのでG.Iたちからは「醜いアン」とよばれた

M41
155㎜自走榴弾砲

3. 休戦協定調印

朝鮮戦争は、'51年夏以降38度線を挟んだ陣地戦となる。戦車は自走砲やトーチカのように使われ、歩兵を支援した。

■戦線膠着、休戦への道

中国軍の介入により戦局が逆転、国連軍は総退却をした。日本海側では共産軍に退路を断たれ、元山から部隊と数十万に及ぶ住民を海路脱出させることにかろうじて成功したが「12月の撤退」と名付けられたこの国連軍の歴史的な大敗走は総兵力の10％以上に当たる2万5千人の兵士を失った。共産軍も人海戦術による人的損失が多く、国連軍の推定で5万5千人（中国側発表3万5千人）といわれ、補給力の貧弱さもあり、緒戦の圧倒的な勢いは低下しはじめていた。一方、絶え間なく続く補給で、兵員、火力ともに態勢を整えた国連軍は'51年1月25日より反攻に転じ、3月に入るとソウルを奪回。4月には38度線がほぼ回復されたが、4月11日に戦争の方針をめぐる対立から、突然マッカーサーが国連軍総司令官を解任されてしまう。後任はリッジウェイ中将が任命された。4月、5月と共産軍は攻勢をかけるが、国連軍の大反撃にあって失敗。このころになると戦いは一進一退をくり返す「陣地戦」となってしまった。

38度線を境に両者の戦力はほぼ互角で、どちらかが相手を完全に圧倒するのは不可能となり、ようやく7月10日に休戦のための話し合いが実現した。しかし休戦の交渉は予想以上に長引き、両者は交渉を有利に運ぶために、鉄の三角地帯と呼ばれた地域で激しい戦いを繰り返し、会談開始2年後の'53年7月27日にやっと休戦協定に調印することになったのだった。

3年1ヵ月に及んだ朝鮮戦争に勝者はなく、38度線に沿って恒常的な軍事境界線を設け、非武装地帯が設定された。これにより南北朝鮮の分断は決定的となり、それ以後現在も同じ民族同士が対峙する状況が続いているのである。

国連軍 アメリカ・韓国・イギリス・カナダ・オーストラリア・ニュージーランド・南アフリカ・エチオピア・タイ・フィリピン・コロンビア・フランス・ベルギー・オランダ・ルクセンブルク・ギリシャ・トルコ・以上17ヶ国が軍隊を派遣している

■イギリス連邦軍のAFV

○イギリス軍

イギリスが朝鮮へ派遣した戦車は、100～140両で、旧式なチャーチル、クロムウェルは1952年夏ごろまでには引きあげられ主力はセンチュリオン戦車となる（クロムウェル20%、センチュリオン80%）

チャーチルMk.Ⅲ
歩兵戦車

最初に派遣された戦車部隊が装備

チャーチルクロコダイル
火炎放射戦車

チャーチル架橋戦車

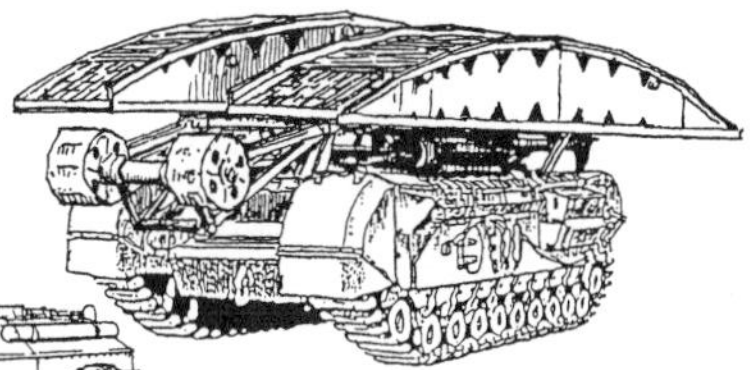

クロムウェルMk.Ⅲ巡航戦車

機動力は高かったがこの戦場では必要性が低かった

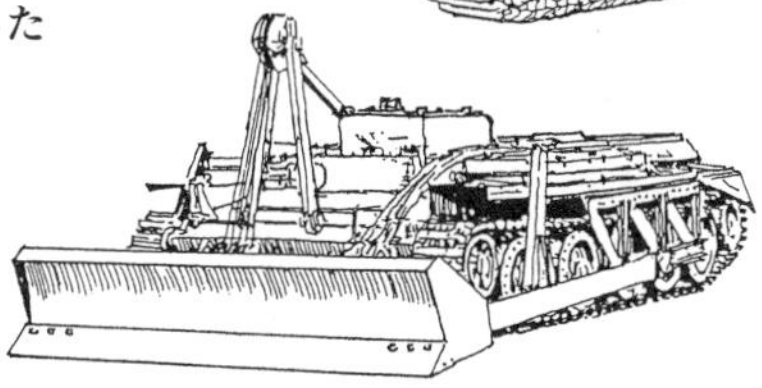

クルセーダードーザー

回収戦車

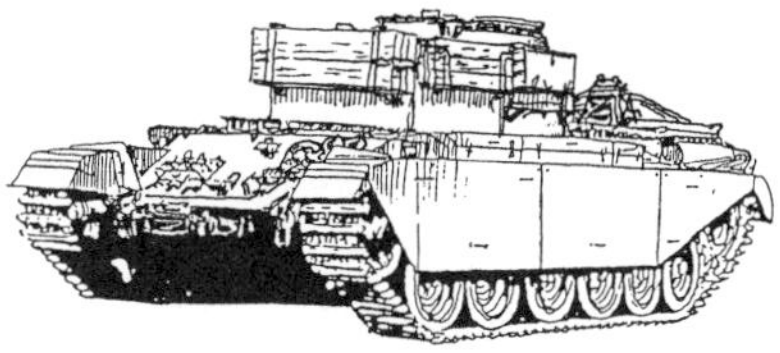

センチュリオンARV Mk.Ⅰ

センチュリオンMk.Ⅲ

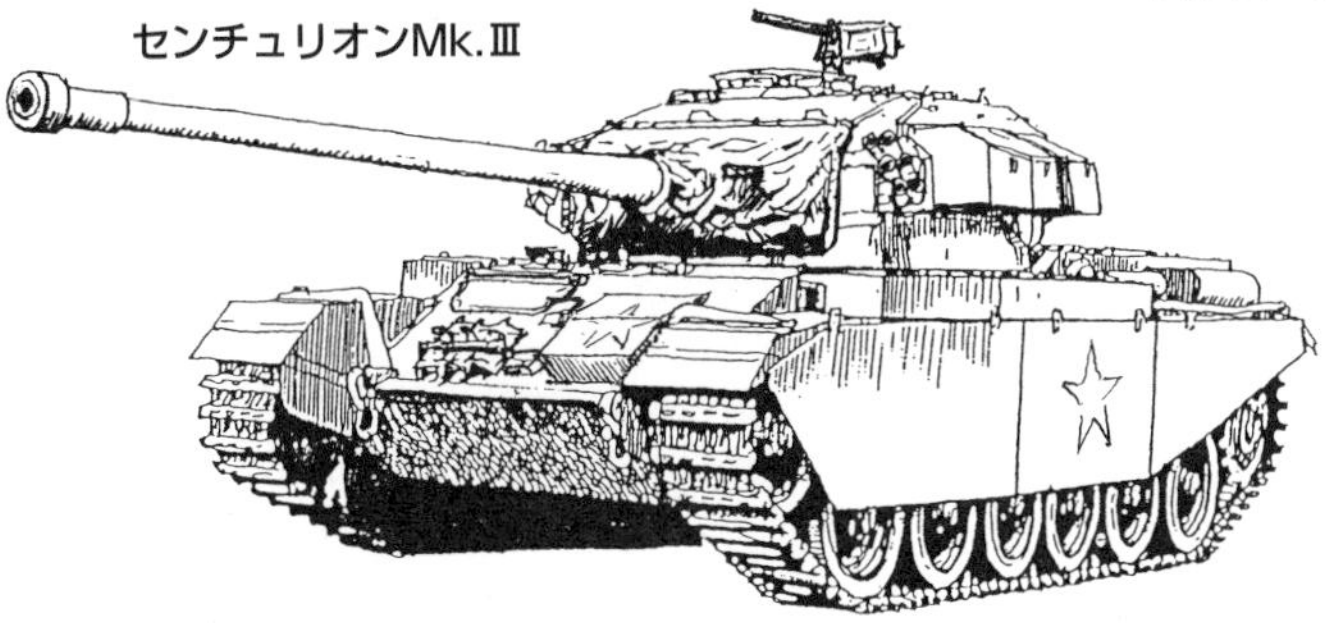

対ティーガー戦車用に開発されたセンチュリオンは強力な主砲と強固な装甲を持ち、T-34より明らかに優勢だった。第2次大戦には間に合わなかった本車は、朝鮮戦争で最強最良の戦車との評価を得た

イギリス戦車による戦車戦は少なく、クロムウェルが1回、センチュリオンが数回のみ。いずれも勝利しているが、そのセンチュリオンの初陣が、捕獲されたクロムウェルを撃破するという皮肉な戦闘だった。

○カナダ軍

ファイアフライ

最強のシャーマン戦車だが防御力ではT-34に及ばない。約50両が投入されているがT34との戦闘記録はない

●英連邦軍で多用されたAFV

ユニバーサルキャリア

ダイムラー装甲車

ディンゴ・スカウトカー

M4A3E8

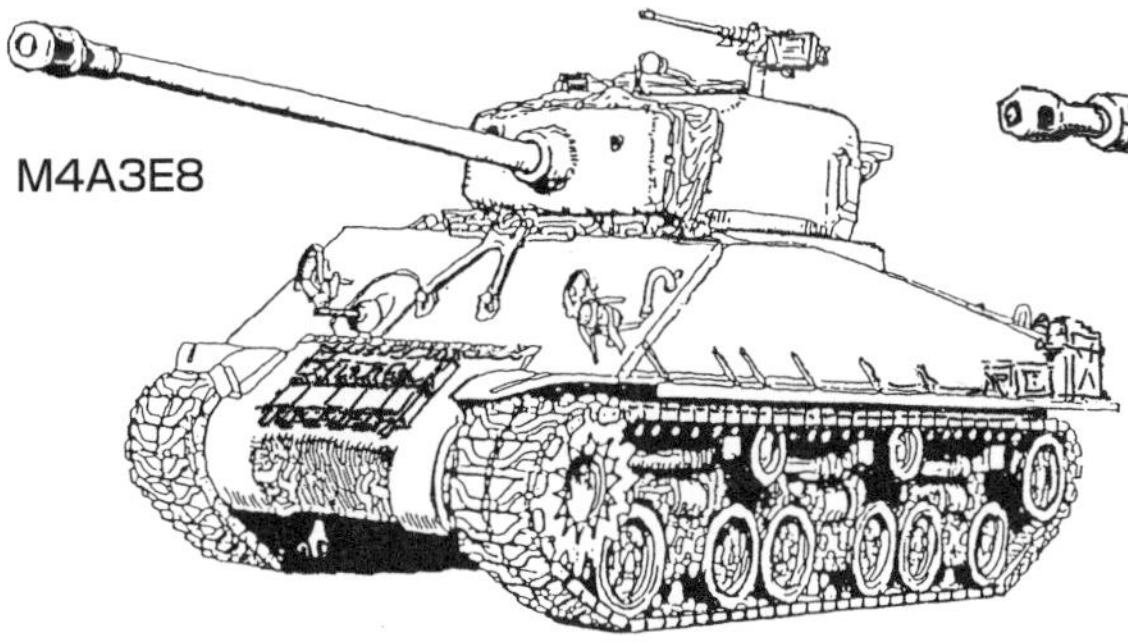

アキリーズ

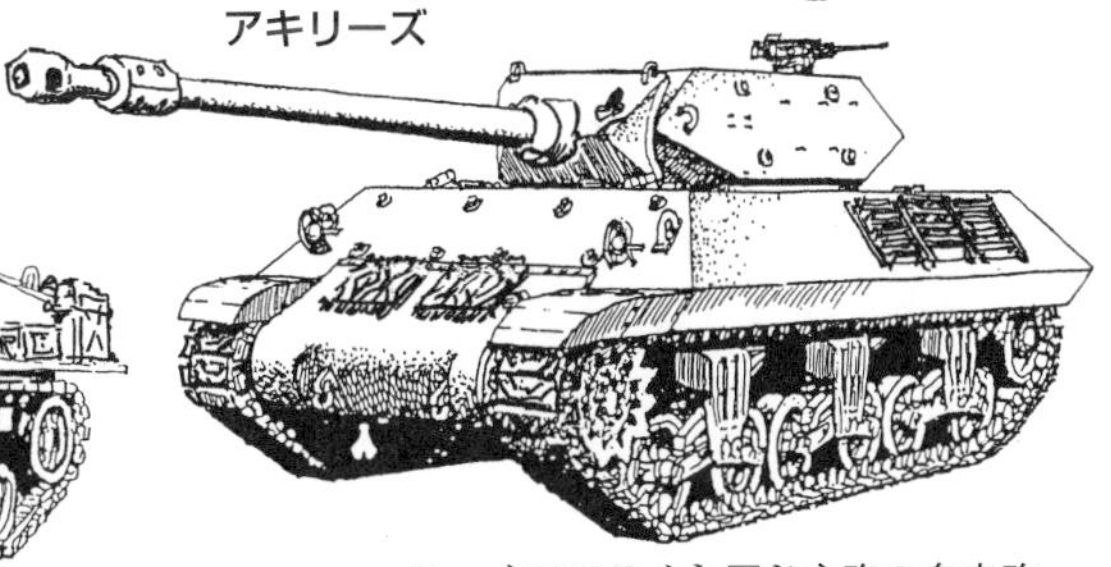

ファイアフライと同じ主砲の自走砲

○国連軍の戦車は他にベルギー、トルコ軍がM4シャーマンを使用している（トルコ軍はほかにM24を装備）

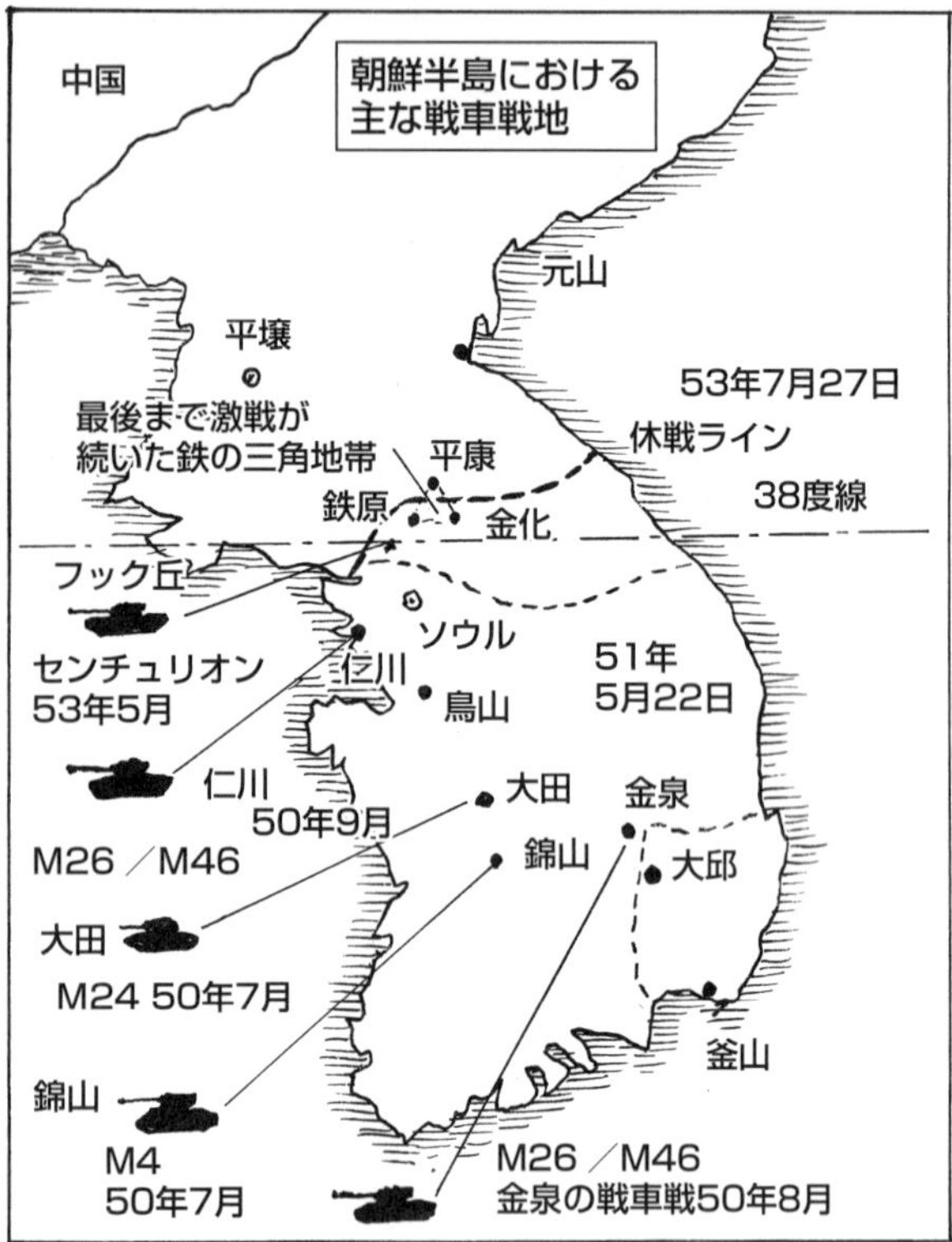
朝鮮半島における
主な戦車戦地
中国
元山
平壌
53年7月27日
最後まで激戦が
続いた鉄の三角地帯
平康
休戦ライン
鉄原
金化
38度線
フック丘
ソウル
センチュリオン
53年5月
仁川
烏山
51年
5月22日
仁川
50年9月
大田
金泉
M26／M46
錦山
大邱
大田
M24 50年7月
釜山
錦山
M4
50年7月
M26／M46
金泉の戦車戦50年8月

○クロムウェル VS T-34

巡航戦車であるクロムウェルはまともに戦えばT-34の敵ではないが、'50年11月5日赴戦湖南方での夜戦で、T-34 1両を先頭にイギリス軍陣地へ攻撃してきた北朝鮮軍を迎え撃った。T-34が歩兵に突撃路を示すためヘッドライトを点灯させたのを見逃さず、配備されていた2両のクロムウェルが集中砲火を浴びせて撃破、北朝鮮軍歩兵も撃退した。これがクロムウェルの唯一の戦車戦となった

○センチュリオン VS T-34

センチュリオンによる戦車戦は1951年の春から夏にかけて数回あったが、相手はT-34（3両撃破）、SU-100（1両撃破）で、いずれもセンチュリオンが勝利した。それよりセンチュリオンの戦闘では休戦間際の'53年5月12日から17日間続いた「フック丘の戦闘」が有名だ。占領地の拡大を目指す中国軍の執拗な攻撃を7両のセンチュリオンを中心としたイギリス守備隊が守り抜いた戦いで、センチュリオンは中国軍の集中砲火に耐え抜き、夜間の接近戦でも敵を寄せつけず、榴弾をもって反撃、その頑強さを充分に証明したのだ。

■朝鮮戦争の戦車兵

●アメリカ軍
M1944HBT
戦闘服
●アメリカ軍（冬）
パイルキャップ
M1950
フィールド
ジャケット
●イギリス軍（冬）
戦車兵は
ブラックベレー
●中国軍（冬）
中国兵は階級章なし
●北朝鮮軍
軍装もソ連式
でおなじみの
戦車帽
戦争後半では戦車長はスチールヘルメットを着用。M1952ボディアーマーも登場する

朝鮮戦争で使われた兵器は国連軍側は第二次世界大戦時のアメリカ・イギリス製がほとんど。共産軍側は敵から接収した日本製、アメリカ製のものが少しあるが、ほぼソ連製であった。軍装は両軍とも第二次世界大戦時とあまり変化はない。

韓国軍も同じヘルメット以外は一般歩兵と変わらず、タンカーズを着ている兵もいた。

■虎戦車（タイガーマウス）

○M4シャーマン
朝鮮の戦場で戦車に虎を描くことがはやった。これは朝鮮人が虎を怖れるというウワサに従ったものだが、描いたのは米軍戦車だけだった
全体に縦縞のインディアンパターン
タイガーシャークのイメージ
第3工兵大隊HQ中隊
前足も描いてあり飛びかかるポーズ
第5歩兵支援戦車中隊
虎というより豹みたいなパターン
タラコくちびるだ
第89戦車大隊
赤目でシャークマウスに近い
第89戦車大隊C中隊
（ライスのレッドデビル）
第70戦車大隊
○M24 チャーフィー
第79戦車大隊
▼第3歩兵師団所属なので、下地は師団マーク
第64戦車大隊
正面の顔
第65連隊戦車中隊
口先から血をたらす横顔
○M46 パットン
一番リアルな虎を描いている
第73戦車大隊A中隊
第6戦車大隊B中隊
一番目立つ虎戦車部隊
第64戦車大隊

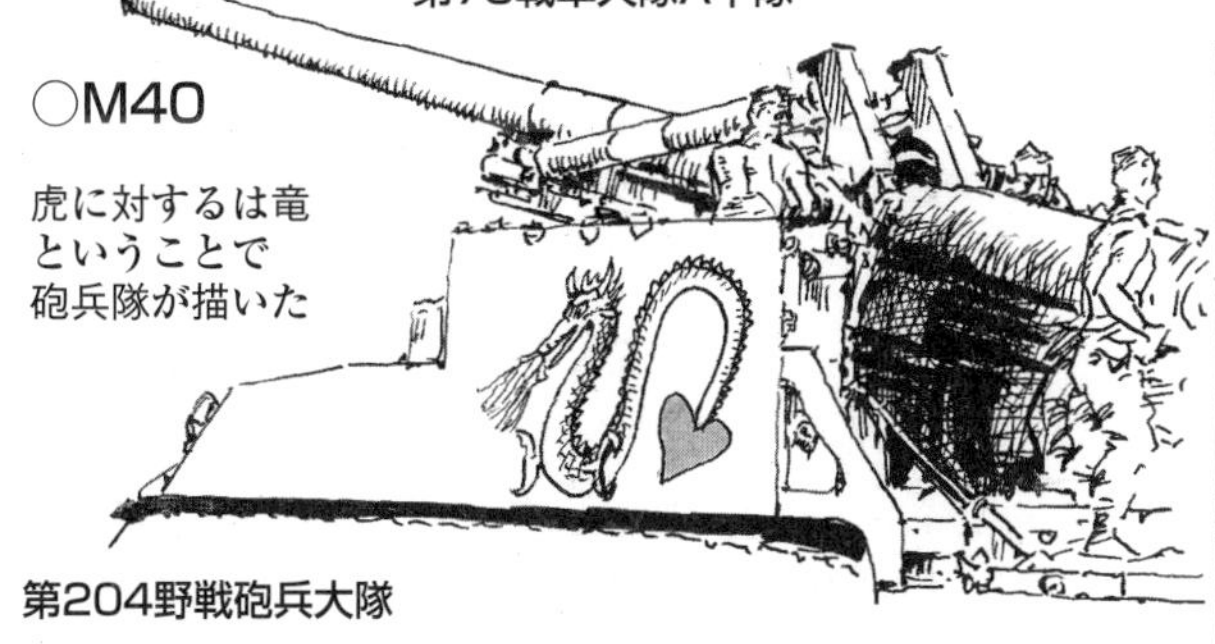

○M40
虎に対するは竜ということで砲兵隊が描いた
第204野戦砲兵大隊
西洋のドラゴンではなく東洋の竜でシッポがハート

アメリカ軍の新型AFV
M56スコーピオン
空挺部隊の装備する対戦車車両として開発、1953年春ごろから朝鮮へ配備されている

コラム1〔戦車兵の軍装：西側諸国篇〕

BDU=戦闘服
○アメリカ
(1966年)
ベトナム
戦争時
一般兵と同
じBDU
コルト
M1911A1
を装備
戦闘時には
ボディ
アーマー
着用
(1979年)
海兵隊戦車兵
新型戦車兵
ヘルメット
(1989年)
新型
BDU
戦車兵靴
(1990年)
湾岸戦争
つなぎ服
着用
(2005年)
イラク戦争
1985年より、拳銃はベレッタM9に更新されている
○イギリス
(1970年)
黒づくめの
服装はRTR
の戦車兵
(1990年)
湾岸戦争
RTR=ロイヤル戦車連隊
○西ドイツ
(1978年)
ベレー帽に
つなぎ服
(1990年)
ソ連型の戦車
帽を採用
○フランス
(1978年)
つなぎ服
(1990年)
湾岸戦争
フランスも戦車
帽型になる

第2章
ベトナム戦争

CHINA
Mandalay
MYANMAR
(BURMA)
Hong Kong
Hanoi
LAOS
Viangchan
Rangoon
THAILAND
VIETNAM
Bangkok
CAMBODIA
Phnum Pénh
Ho Chi Minh City
BRUNEI
DARUSSALAM
Medan
Kuala Lumpur
MALAYSIA
SINGAPORE

1. インドシナ戦争

最後の決戦場となったディエン・ビエン・フーへは、M24が10両空輸されており、狭い陣地の中で防衛戦をよく戦った。当時M24をそのまま空輸できる輸送機がなく、約180の部品に分解されて、ピストン輸送されていた。

■インドシナ戦争の始まり

1945年8月15日の日本の降伏により、インドシナ半島は北部地域を中国軍（国府軍）、南部地域を英軍がそれぞれ暫定的に戦後処理に当たっていた。1941年から抗仏抗日を旗印に抵抗運動を続けていた越南独立同盟（ベトミン）は、このチャンスにホー・チ・ミンを主席とするベトナム人民共和国の独立を1945年9月2日に宣言したのだった。一方旧宗主国であるフランスは戦後の再植民地化の計画を着々と進めており'46年1月にインドシナ全土の主導権を回復し、まずカンボジアとラオスに対し自治を与え、独立宣言をしていたベトナムに対しては、'46年3月6日ベトナム人民共和国との間に仏越予備協定を結んで北部ベトナム（トンキン・アンナン）における自治を認め、南部ベトナム（コーチシナ）については国民投票に問うことを約束した。しかしフランス軍は国民投票を実施せず、'46年7月に南部ベトナムをコーチシナ共和国として一方的に独立させ、完全な支配下においたのだった。このためこれまでも小競り合いが多かったフランス軍とベトミン軍の関係は急速に悪化し、ついに11月24日ハイフォンのベトミン集結地へのフランス軍艦の砲撃（ベトナム民間人6000人が死亡）により両者の関係は完全に決裂し、全面衝突することとなる。ここにインドシナの支配権を維持しようとするフランスとベトナムの完全独立を目指すベトミンとの8年にわたるインドシナ戦争が始まった。

■フランス軍の登場

1945年10月5日、緊張の高まるベトナムへフランスはパリ解放の英雄ルクレール将軍を機械化部隊と一緒に送り込んでいた。この部隊はコーチシナ地方でベトミン討伐作戦を行なっていたが、その後ハノイへ入城、そして'46年12月17日降下してきた空挺師団と共にハノイのベトミン軍に武装解除を要求、これに反発したベトミン軍が19日に一斉に攻撃を開始した。これが戦争の引き金で、この戦闘は約一週間続いたが近代兵器と物量にものをいわせたフランス軍が次第に優勢となり、壊滅的打撃を受けたベトミン軍は、トンキンデルタ地帯へと脱出したのだった。この時点でベトミン軍は、正規軍約6万人、ゲリラその他が10万人で司令官はボー・グエン・ザップ将軍、一方フランス軍は10万だが兵器装備の点ではベトミン軍を圧倒していたのだ。

最初は対戦車兵器を持たないベトミン軍に対して機械化部隊は有効な戦力だったが、ベトミン軍は地雷でこれに対抗し'50年以降は中国から無反動砲等の対戦車兵器を提供され反撃に出てきた。

■ベトミン軍の増強

インドシナ戦争の主戦場は北部地域で、フランス軍はハノイ・ハイフォン地区を中心に紅河デルタ地帯の諸都市をおさえ、ここからベトミン軍の掃討に乗り出していた。ベトミン軍のほうは、中国国境地帯に拠点を構えてゲリラ戦術で抵抗した。開戦3年間はフランス軍が優勢だったが現地住民に支援されたベトミン軍は地の利を活かした巧みなゲリラ戦で反撃に転じ始め、また本国フランスの政情不安がフランス軍の士気にも影響を及ぼしていた。'46年に中国大陸の支配権を確立した中国共産党からベトミン軍は大量の軍事援助を受け、ゲリラ戦から本格的な作戦行動でフランス軍を撃破する方針を決め、戦力を増強していった。

フランス機甲部隊の編成（1951年）
戦車3両とハーフトラック2両の小隊4個からなる戦車中隊1個とハーフトラック装備の機械化中隊1個で編成される機甲部隊（GB）2個を'51年に編成。ほかに装甲車中隊、自走砲小隊や自動車化攻撃部隊を構成して、ゲリラ戦法に機動戦で対抗した。

■アメリカの援助と戦闘激化

第二次世界大戦後の東西冷戦の本格化によりアメリカはアジアにおける共産化の防波堤とすべく、インドシナのフランス軍に軍事援助を開始していた。'50年9月、中国よりの新装備をもったベトミン軍はフランス軍に対し攻撃を開始、北部国境地帯のドンケ、ランソン、モンカイなどを占領、'51年になってもベトミン軍の攻撃は続いた。これに対しフランス軍もアメリカからの援助物資により態勢を立て直して一時的に勝利を得るが、ベトミン軍の勢いは止まらず、'52年になるとフランス軍の劣勢は確定的となった。さらに'53年に入るとベトミン軍はトンキン地方も支配下としてラオスにも侵入、着実に勢力を拡大していった。フランスはこの戦局を一気に打破するために、ラオスとの国境に近い要衝ディエン・ビエン・フーを奇襲占領しベトミン軍の補給路を断つ一方、反撃のため集結するベトミン軍の主力を撃破しようと作戦を立てたのだった。

水陸両用戦車部隊（GA）
クラブ大隊（33両）２個、アリゲーター大隊（11両）３個、火力支援小隊（LVTA4 6両）１個で編成され、対ゲリラ戦の決定版として'51年に誕生したが、期待した戦果はあがらなかった。

■ディエン・ビエン・フー攻防戦

'53年5月、新たにフランス軍司令官に就任したアンリ・ナパール中将が立案したディエン・ビエン・フー作戦は11月20日、空挺部隊の降下で開始され12月中旬までにカストリ大佐以下1万6千名の兵力を擁する大要塞を構築し、ベトミン軍を待ち受けた。これに対するベトミン軍の反応は素早く、多数の農民を動員、山を切り開き補給路を作りつつ兵力4万4千名をもってディエン・ビエン・フーを包囲、さらにフランス軍の予想を超える多数の火砲を持ち、'54年3月13日攻撃を開始した。周辺の高地より降り注ぐ砲弾にフランス軍は次々に拠点を失い、頼みの空軍もベトミン軍の高射砲部隊に苦戦、4月末には滑走路が使用不能となり、補給が途絶し、5月7日、ディエン・ビエン・フーのフランス軍は降伏した。このディエン・ビエン・フーの陥落の翌年1954年5月8日にインドシナ和平協定に関する国際会議がスイスのジュネーブで開催され、7月21日に休戦協定が調印されたが、フランスを支援したアメリカはこの協定に調印しなかった。これが次のベトナム戦争へと繋がるのだが、とりあえずベトナムは17度線のDMZを境にベトナム人民共和国（北ベトナム）とベトナム共和国（南ベトナム）と両国に分割され、2年後に南北統一選挙を実施することとしてインドシナ戦争は終結したのだった。

○フランス外人部隊
インドシナに派遣された部隊は主としてドイツ人で、元SS隊員も大勢いた。

○フランス・インドシナ軍
ベトナムのフランス軍はほとんどが外人部隊で、ヨーロッパの白人、アフリカ植民地の黒人、タイ等のアジア人などさまざまであり、現地ベトナム人志願兵も採用されていた。

M1カービン(米)

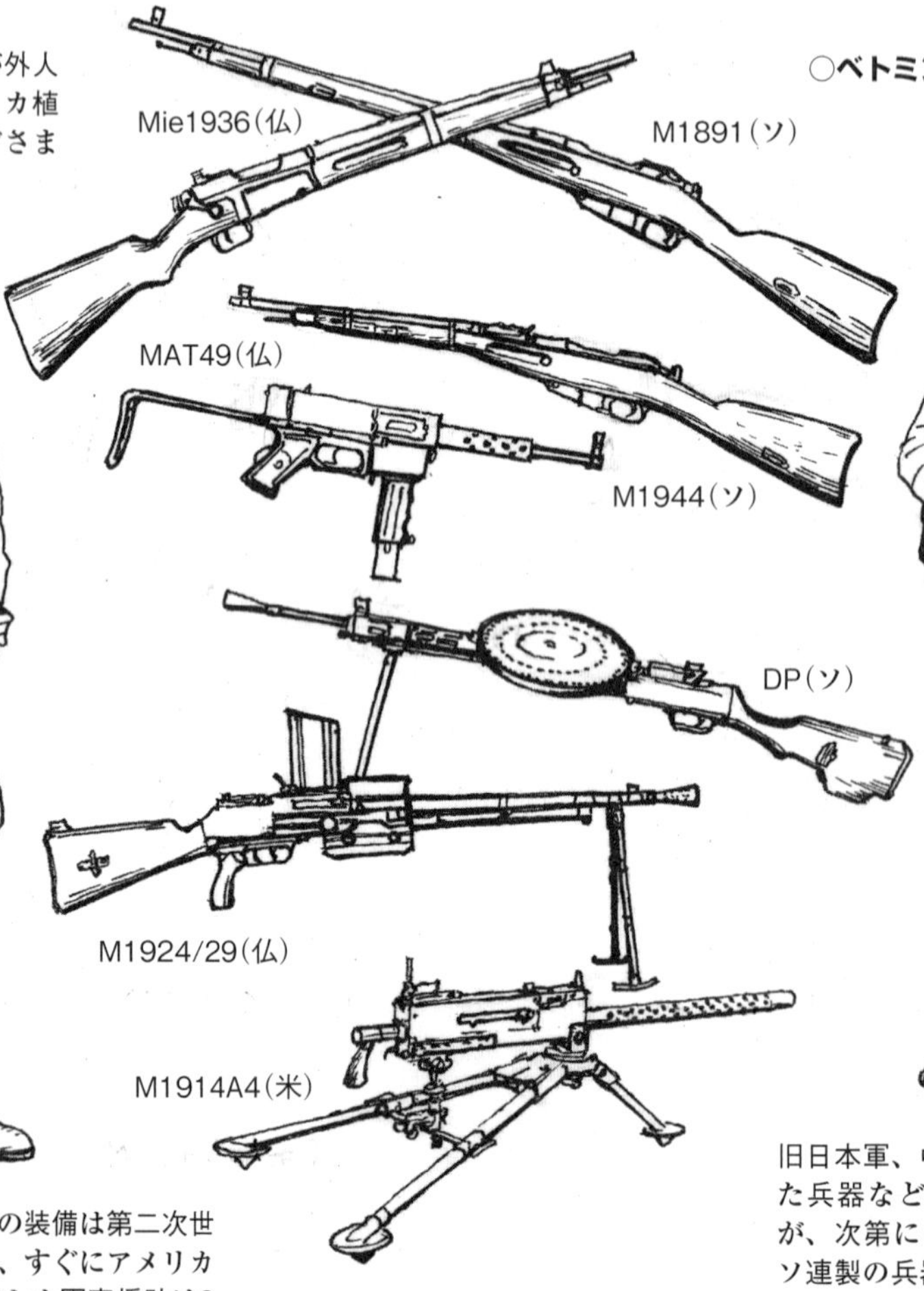
Mie1936(仏)
M1891(ソ)
MAT49(仏)
M1944(ソ)
DP(ソ)
M1924/29(仏)
M1914A4(米)

戦争初期のフランス・インドシナ軍の装備は第二次世界大戦時のフランス軍兵器だったが、すぐにアメリカ式装備になる。アメリカの対インドシナ軍事援助は3年間で約14億4千万ドルで、ほかに各種軍事物資、AFV約1万6千両、航空機約130機といわれる。

○ベトミン軍

P.Psh41(ソ)

旧日本軍、中国軍、フランス軍より奪った兵器などでゲリラ戦を展開していたが、次第に中国よりの軍事援助で中国、ソ連製の兵器を装備し、なかには中国が国共内戦や朝鮮戦争で捕獲した、アメリカ製兵器もあった。

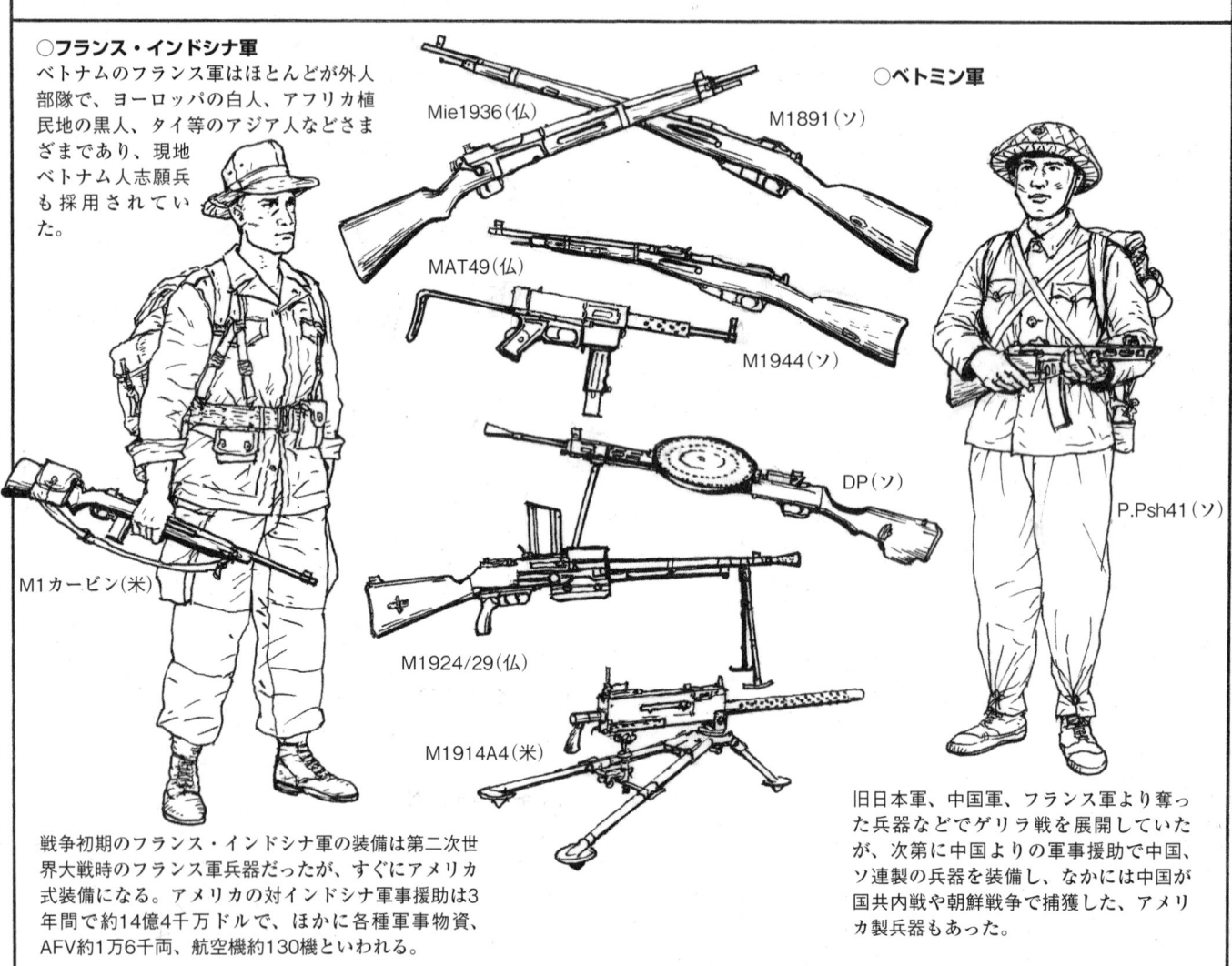

■インドシナ半島で使われたAFV

第二次世界大戦で長らくドイツに占領されていたフランスは、戦後の再建にアメリカの大規模な援助を受けており、兵器・装備類もアメリカ製が多かった。

九五式軽戦車
八九式中戦車
日本軍より接収した戦車
終戦後に日本軍より接収した戦車で、すぐにカンボジアのプノンペンに駐留していた第５植民地歩兵連隊がゲリラ掃討戦に使用した
■戦車
M5A1軽戦車
ルクレール将軍と一緒に来た最初の車両には、自由フランス軍のマークが付いていた
M24軽戦車
1950年頃よりM5に変わり、フランス機甲部隊の主力となる
M4A1
M4 105㎜砲型
M36B2
ベトナムでは砲塔上面の装甲カバーは標準装備だ
M31戦車回収車
M8自走砲
M3ハーフトラック
■水陸両用車
水田地帯など、他のAFVが行動できない泥濘地の作戦に使用された
M29クラブ
■装甲車
M20
パーナード178
M8グレイハウンド
M3スカウトカー
LVT4アリゲーター
1950年より水陸両用部隊の主力となる
LVT4
火力支援用でボフォース40㎜機関砲を搭載
●英軍供与
LVTA4
水陸両用戦車部隊は、1951年９月に２個の独立グループ（GA）に編成され、トンキン・デルタ地帯で作戦した
コヴェントリーMk.Ⅰ
第５装甲騎兵装甲偵察連隊が装備していた。
ユニバーサルキャリア

2. ベトナム戦争勃発

防御力不足といわれたM113だが安価で大量に装備できるAFVとしてベトナム戦場では不可欠な存在だった。なおM113が受けた損害のうち地雷が40%ともっとも多く、RPGが30%で、その他が30%だった。

農村隔離計画　農民とゲリラを引き離すため政府の用意した民住区へ農民を移住させるもの。これをさらに強化したものが戦略村となった。

■勃発の背景

インドシナ戦争後の１９５４年、北と南に分かれたベトナムでは、北ベトナム（ベトナム人民共和国）はホーチミンの指導のもと社会主義体制が確立されて国情は安定していったが、アメリカの後押しのもと南ベトナム（ベトナム共和国）の大統領となったゴ・ジン・ジャエムは一般民衆や農民から支持されず、反対勢力の弾圧を始めるなど次第に独裁性を発揮しだした。当然休戦協定で決められた'56年に行なう予定だった南北統一選挙も無視した。このため、'57年頃から共産党員に指導された反政府勢力は公共施設に対する破壊活動を続発させた。'59年になると反政府活動は激化し、米軍事顧問団にも死者が出るようになる。活発化するゲリラ攻撃に、ジェムは「農村隔離計画」を実施するがよけいに農民の反感を買ってしまう。おまけに南政府内では腐敗が蔓延し、民衆の政府に対する不満は高まるばかりで、'60年1月ついにサイゴンで人民委員会が作られ武器をとって政府と戦うことを宣言、これを受け北ベトナムも「武装闘争をもって南北統一すべし」と決定され、南国内の反政府勢力と結び、12月21日「南ベトナム民族解放戦線」（ＮＬＦ）が結成された。これがベトコンの誕生である。

'61年になると北からの援助を受け、ＮＬＦの反政府活動は本格化しだした。これがベトナム戦争の始まりといえる。

フォート・ノックス　アメリカ陸軍機甲学校

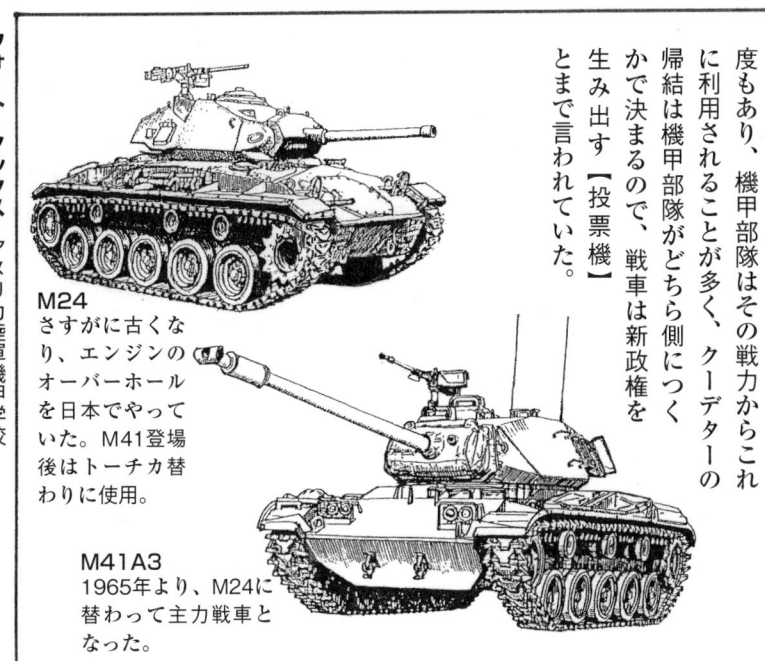

■南ベトナム軍機甲部隊

インドシナ戦争中の1952年、サイゴン近郊のツドクに機甲学校が設けられ、翌年から数人の将校が毎年アメリカ機甲学校へ派遣されるようになる（これはアメリカがベトナムから撤収する'73年まで続く。フォート・ノックス留学の南ベトナム軍人は、712名）。1955年4月に機甲コマンドが創設され、南ベトナム軍の機甲兵力は4個機甲連隊とされ、4つの軍管区に1個ずつ配置された。

'56年にフランスに替わってアメリカが南ベトナムへ援助を始めて軍事顧問を送りこむようになると、機甲部隊の編成もアメリカ式になった。この頃の南ベトナムの政情は不安定でサイゴンを舞台にクーデターが何度もあり、機甲部隊はその戦力からこれに利用されることが多く、クーデターの帰結は機甲部隊がどちら側につくかで決まるので、戦車は新政権を生み出す【投票機】とまで言われていた。

M24
さすがに古くなり、エンジンのオーバーホールを日本でやっていた。M41登場後はトーチカ替わりに使用。

M41A3
1965年より、M24に替わって主力戦車となった。

トンキン湾
ラオス
北緯17度線
ケサン
ランベイ
クアンチ
フーバイ
ダナン
第1軍管区
タイ
南シナ海
クアンガイ
第2軍管区
イア
プレーク
中部高原
カンボジア
アイアドラン渓谷
ケイション
カムラン湾
第3軍管区
スアンロク
ビエンホア
メコン河
サイゴン
メコンデルタ
第4軍管区

CH-47
チヌーク
大型輸送ヘリ×48

UH-1B
イロコイス
汎用ヘリ×287

OH-6カイユース
観測ヘリ×93

アメリカ軍が誇る
世界最初の空中機動師団
第一騎兵師団が
装備する最新のヘリコプター

●ベトナム戦争　略史①

1960年末　ゲリラ攻撃激化／解放戦線（NLF）結成

1961年　戦略村計画実施
・4月にNLFがキエン・ホア村を攻撃、政府軍に大損害を与えたのがキッカケ

1962年　アメリカ援助本格的に開始
在ベトナム軍事援助司令部（MACV）設立
・アメリカ軍のヘリコプターが輸送作戦で威力発揮

1963年　1月アプバク村の戦闘
・政府軍とアメリカ軍事顧問団は大打撃を受ける
仏教徒と政府が対立
・ジェム大統領はカトリック信者で政府や軍の高官は全てカトリック信者で占め、国民の70％である仏教徒は弾圧されていった
11月　ゴ・ジン・ジェム政権、クーデターにより倒れる

1964年　NLFの爆弾テロ続発
6月　ウエストモーランド将軍がアメリカ軍事顧問団司令官に就任
8月　トンキン湾事件
・トンキン湾でアメリカ駆逐艦が攻撃され海戦となる。これがアメリカ全面介入のキッカケとなってしまう

1965年　2月　アメリカ継続的北爆開始
3月　アメリカ海兵隊ダナンへ上陸

MACV（軍事援助コマンド） アメリカ軍事援助顧問団が1965年3月に改編されたもの。

■アメリカ軍本格参戦

北爆開始後の3月8日、アメリカ海兵隊2個大隊（3500人）が地上部隊の第一陣として南ベトナム北部のダナンに上陸した。当初は北爆の発進拠点になったダナン空軍基地の防衛が主任務の部隊だった。北爆後も北ベトナムが和平交渉に応じないため、ジョンソン大統領はアメリカ軍地上部隊を増強し、南ベトナムのNLFを掃討することを決意。こうして6月には5万4千人となったアメリカ軍地上部隊は守勢から攻勢へと任務変更され、積極的に戦闘に出撃するようになる。これに対し解放勢力側も'64年頃から北ベトナムが正規軍部隊を投入するようになってきた。この頃には約1万人以上の北ベトナム軍がいたといわれ、ベトナム戦争はいよいよ激化・拡大していった。

○アメリカ海兵隊のAFV

アメリカ軍は、戦車は対ゲリラ戦に不適としてベトナムへは戦車の派遣を考えていなかったし、MACVの司令官ウエストモーランド大将も「ベトナムは戦車や機械化歩兵部隊が作戦する場所ではない」と言っていたが、海兵隊はダナン上陸に第3戦車大隊第3中隊第3小隊のM48A3をともなっていた。

M48A3パットンⅢ戦車
この後戦訓により改修されていく。

M50A1オントス
上陸作戦時の火力支援用の106㎜多連装自走無反動砲。

LVTP-5　アムトラック（別名：沼のネズミ）
水陸両用トラクター大隊で使用された上陸用装甲強襲兵員・貨物輸送車。

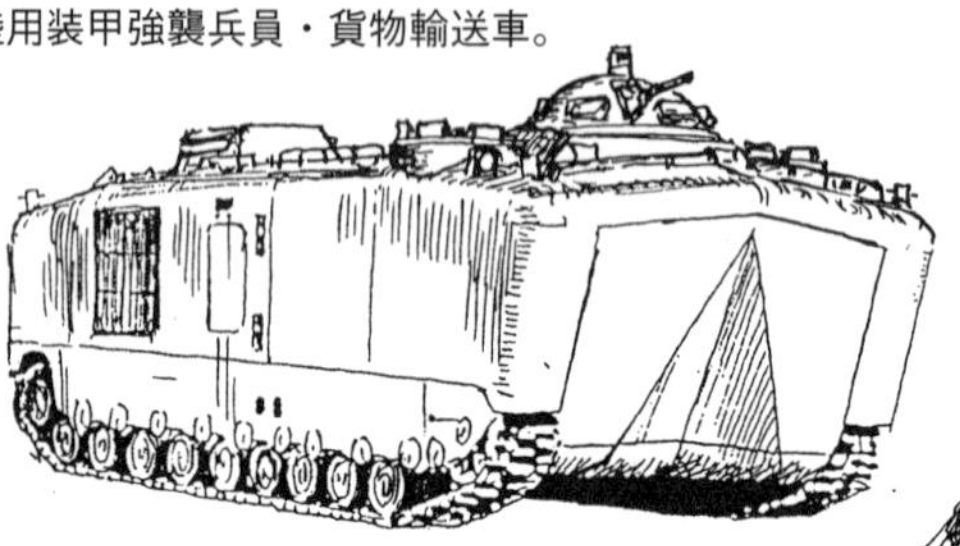

M53
155㎜自走砲

M76オッター
両用輸送車

LVTR（回収車）

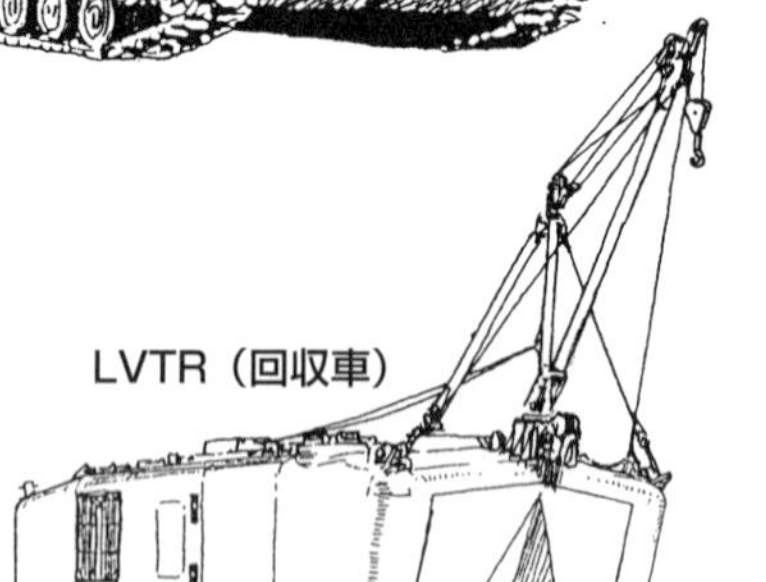

アメリカ軍地上部隊の最初の激戦は1965年11月のアイアドラン渓谷の戦闘で、この戦いはアメリカ軍の精鋭【第1騎兵師団】（エアボーン部隊）と北ベトナム正規軍（3個連隊）との間で行なわれ、エアボーンで送りこまれたアメリカ軍に北ベトナム軍が逆襲し、激しい陣地戦となり戦闘は1ヶ月以上も続き、アメリカ軍の戦死者317名、負傷者700名、北側の戦死者は1700名以上という激戦となった。とくに11月14日から21日までの1週間のアメリカ軍戦死者は240名に達し、朝鮮戦争時の週間平均死者209名を上回った。

'66年以降もアメリカ軍の増強は続けられ、'67年末には47万8200名となった。また韓国、タイ、オーストラリア、ニュージーランドもアメリカの要請に応じて戦闘部隊をベトナムへ派遣している。

LVTE（工兵車）

LVTH
（火力支援車）

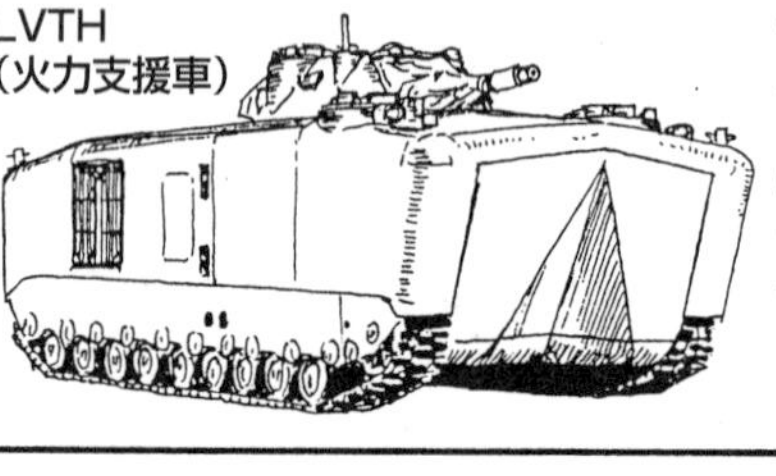

海兵隊のAPCとして活躍したLVTP-5のバリエーション。車内に最大32名を収容できたがベトナムでは車内の暑さと地雷の恐怖から、兵士は車体上部に乗ることが多かった。

○M113装甲兵員輸送車

当初はガソリンエンジンだったが、航続距離の増加と火災の危険性を考慮してディーゼルエンジンに換装されたのがM113A1で、'64年より量産開始。

ベトナム戦のＡＦＶといえばＭ１１３が一番最初にイメージされる。このＭ１１３はアメリカ陸軍がＭ３ハーフトラックの後継として、'56年1月に空輸と空中投下が可能で水陸両用性を備えた装甲兵員輸送車を、という要求に答えてＦＭＣ社が開発した車両でアルミ合金を多用して安価にできあがっていた。

'60年に制式化されたＭ１１３はまず南ベトナム軍に供与され'63年アプバクで初陣となったが、この戦闘でいろいろと弱点や欠点が見つかり、武装の強化や戦闘法の改良によりＭ１１３はベトナム全土の戦場で活躍するようになった。同時に多くの派生型も作られ、後には世界各国軍で使用されライセンス生産も含めて10万台以上が生産されている。

防盾のない機銃は銃手の死傷者が続出した。

銃眼のない兵員室は戦闘中何もできない。

簡単なキットを取りつけて水上走行が可能。

○M113ファミリー

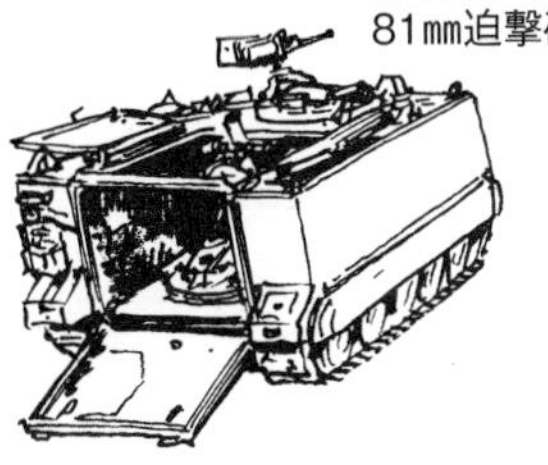

M125（M125A1）
81㎜迫撃砲搭載

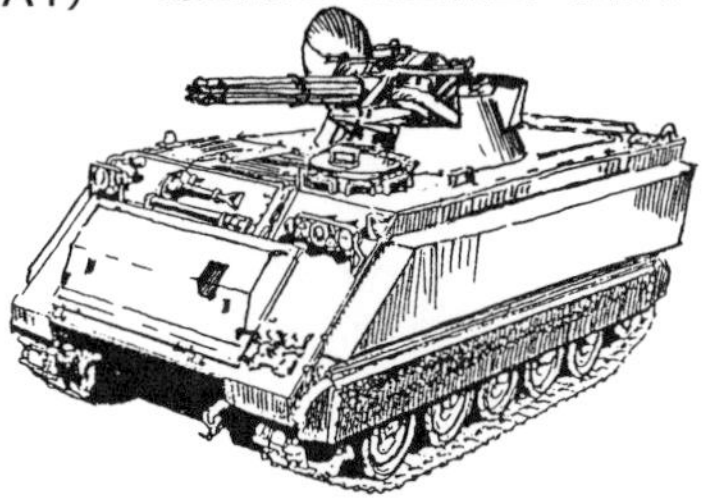

XM741（M163）
20㎜バルカン砲搭載。
対空用だが地上制圧にも使用

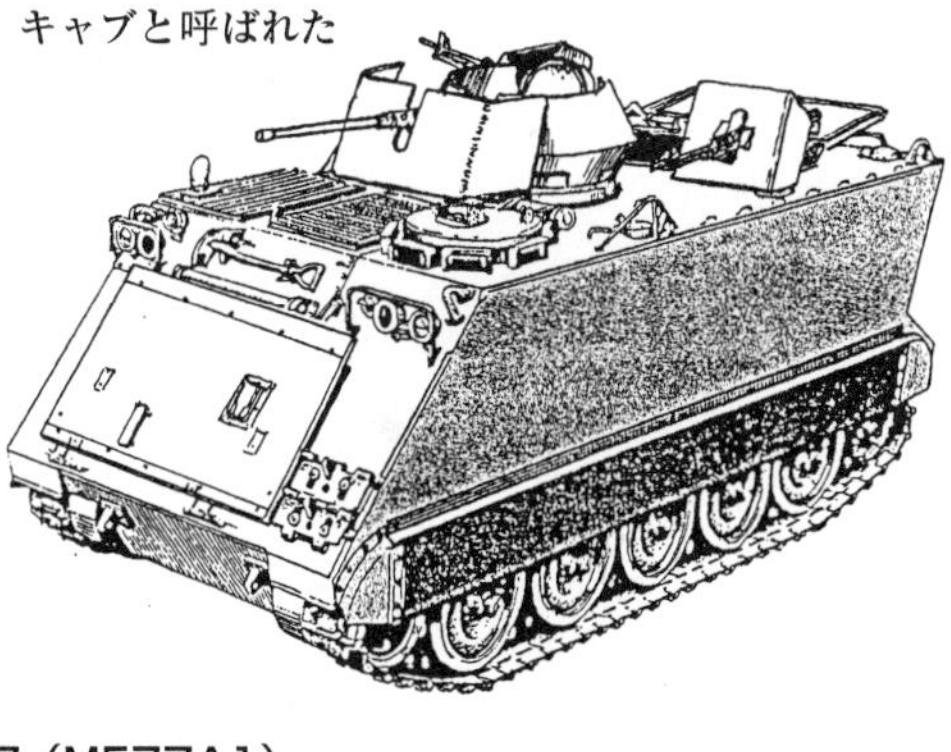

M113（M113A1）ACAV＝装甲騎兵襲撃車両
戦場まで兵士を運ぶ戦場のタクシーとして開発されたM113だったが、戦訓により輸送車両より戦闘車両へと変化し、ベトナムではほとんどのM113がACAVに改修された。兵士達からはエイキャブと呼ばれた

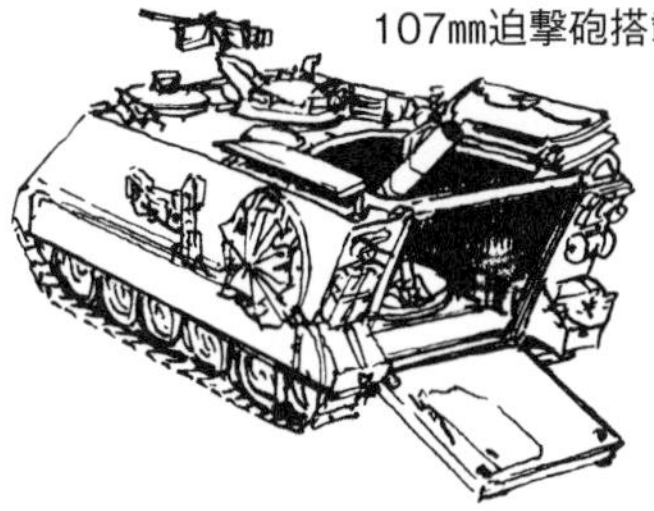

M106（M106A1）
107㎜迫撃砲搭載

M113スローチハット
T50銃塔装備

M577（M577A1）
コマンドポスト

M548貨物輸送車

○オーストラリア陸軍使用

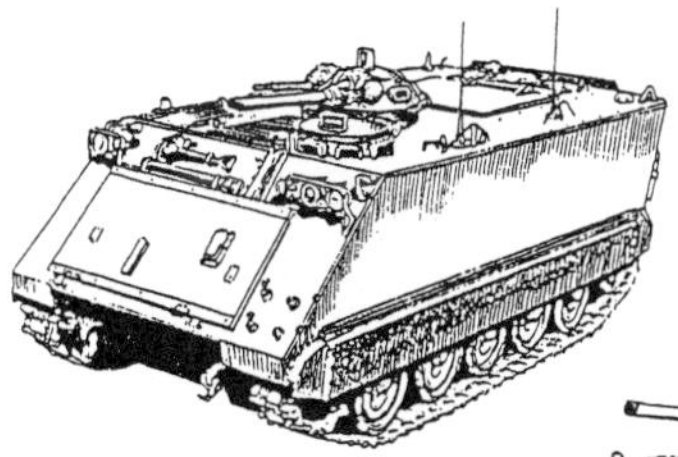

M132（M132A1）
M2火焔放射器搭載

M806A1
回収車

M113FSV
サラディン装甲車の砲塔を搭載した支援車両

M113架橋車両

M113救急車

3. ターニングポイント1968

ケサン基地にはM48戦車6両、M42ダスター2両、オントス10両という戦闘車両が配備されていた。

テト　ベトナムの旧正月で、1年で最も大切な祝日

■テト攻勢とケサン攻防戦

アメリカ軍地上部隊の介入で本格化した戦いは１９６８年に入って最高潮に達した。

その戦いのひとつがこの年の1月末から2月中旬にかけて南ベトナム全土で開始された共産軍のテト攻勢とそれに続くケサン攻防戦だ。これらの戦いはベトナム戦争のターニングポイントと言えるもので、これまでアメリカとベトナム南政府が唱えていた楽観論が覆されてしまい、アメリカの世論が戦争反対へと決定的に傾いたのだ。

ベトナム戦争では、これまでテトの前後48時間は休戦状態となっており、この年も南ベトナム政府は29日から36時間の休戦状態に入ると発表していたが、翌30日の夜明け、共産軍は突然南ベトナム全土で一斉攻勢を開始。とくに首都サイゴンと北部の古都フエに対する奇襲攻撃は猛烈でアメリカ大使館が一時占拠され、この時の様子がテレビ中継されてしまう。NLF（北ベトナム政府軍）の一部の部隊はサイゴン南西部にたてこもり2月14日頃までに市街戦が続く。

フエには北ベトナム軍が進攻し、市内要所を占領。20日間以上にわたり、アメリカ／南ベトナム軍と戦闘を続けた。これらの共産軍の攻勢は戦死者3万人以上の損害を出し、2月下旬までに撃退されたがアメリカの威信は大きく失墜、またアメリカ国民に与えた衝撃は絶大で反戦ムードは一挙に高まった。さらに南北ベトナム境界線の近くにあったアメリカ軍のケサン基地が北ベトナム軍に包囲されてしまった。基地防衛のアメリカ軍海兵隊は、空軍の支援爆撃と軍事物資の空輸により約6ヶ月にわたり戦い抜き、第二のディエン・ビエン・フーといわれたケサン攻防戦は終わった。しかしアメリカ軍はこの基地の放棄を決定、同年7月に海兵隊は撤退を完了している。

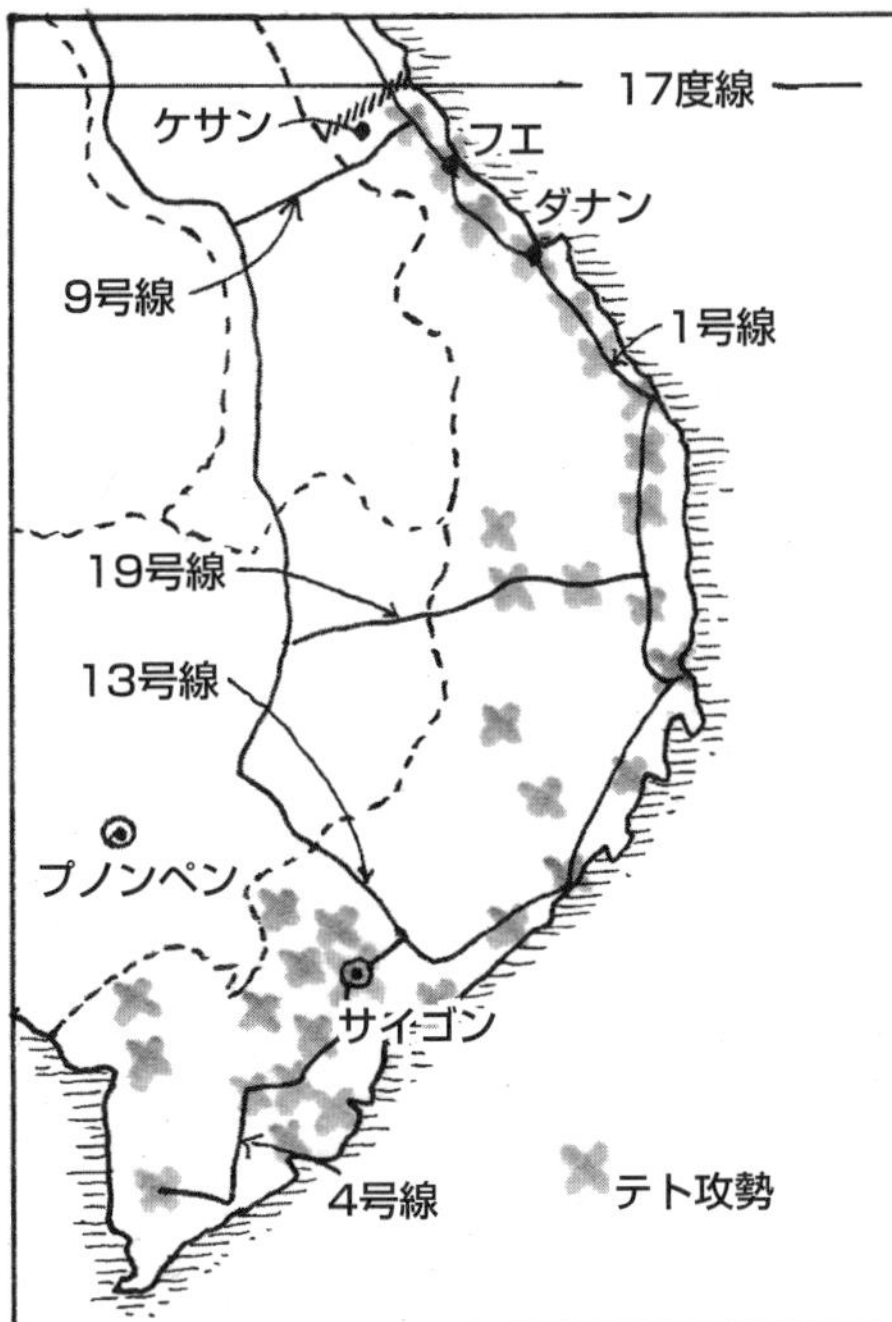
17度線
ケサン
フエ
ダナン
9号線
1号線
19号線
13号線
プノンペン
サイゴン
4号線
テト攻勢

■輸送トラック部隊の戦い

ベトナムでは機甲部隊の任務の一つとして、交通路と輸送部隊（コンボイ）の護衛があった。アメリカ軍は本土からベトナムに、最盛期には1日20ｔもの物資を空と海から送りこんでおり、それを飛行場や港からヘリコプターやトラックにより各基地へと輸送していた。そしてＮＬＦは防御が堅いアメリカ軍拠点よりは、攻撃しやすいコンボイを狙いだしたのだ。コンボイの編成は中規模なものでトラック50台、これをM48 ４両とＭ１１３ ４両が前後を守るといったもので、その全長は約１㎞近くになり、こんな縦隊では攻撃側にとっては好きな部分を襲撃できてしまう。そんなわけでM48はあまり役に立たず、トラック運転手からは「ダリボーイ（役立たず）」と呼ばれてしまう。そして、護衛のＡＦＶが頼りにならないので自分たちのトラックを装甲武装化しだした。これがハーデンド・トラックで、輸送部隊の指揮官も容認したことから'67年の春頃から次第に増え、輸送部隊では10～20台に１台、戦闘輸送部隊では5台に１台という割合で、共産軍の攻撃に対抗するようになった。

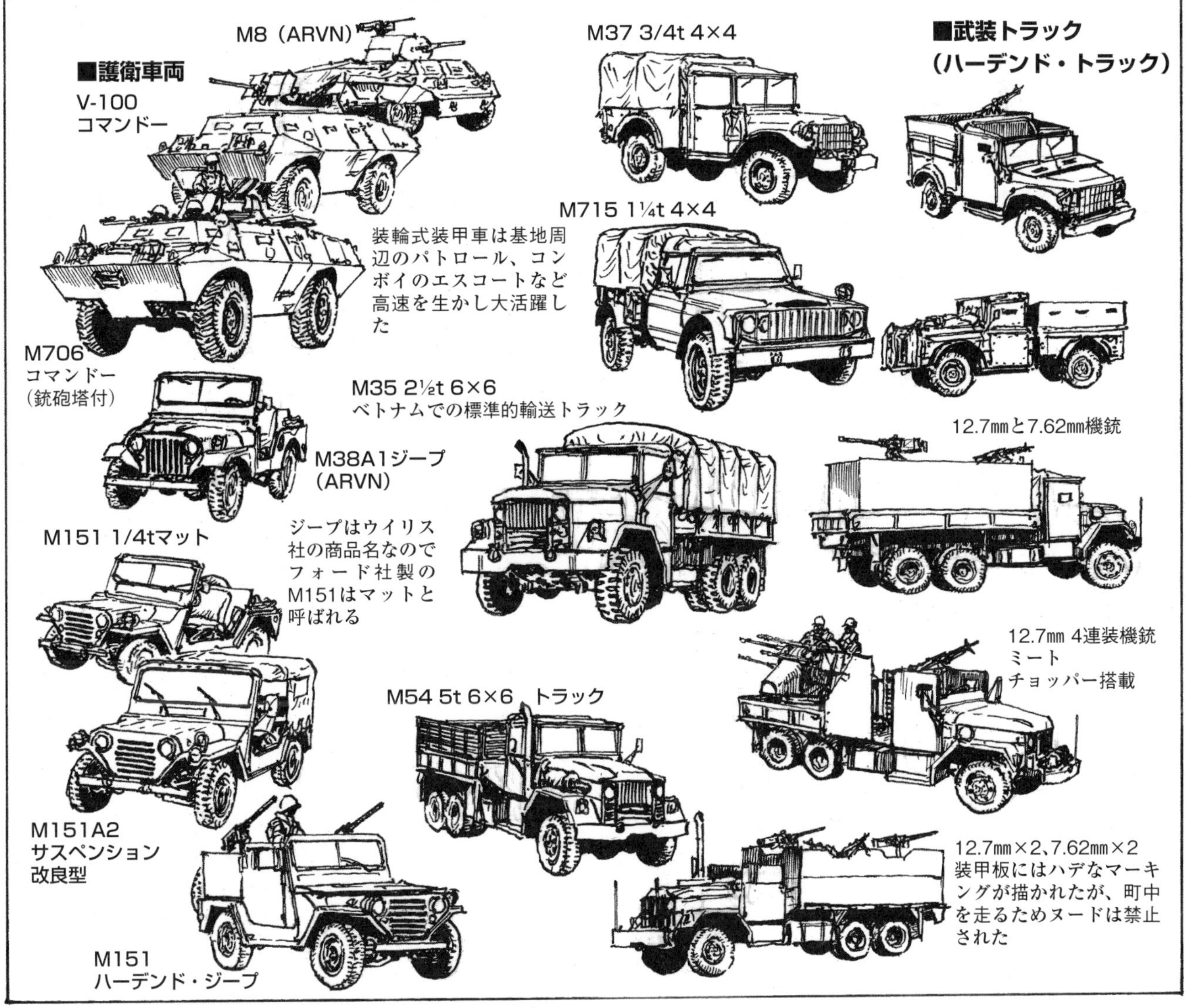
■護衛車両
M8（ARVN）
V-100
コマンドー
M706
コマンドー
（銃砲塔付）
装輪式装甲車は基地周辺のパトロール、コンボイのエスコートなど高速を生かし大活躍した
M38A1ジープ
（ARVN）
M151 1/4tマット
ジープはウイリス社の商品名なのでフォード社製のM151はマットと呼ばれる
M151A2
サスペンション
改良型
M151
ハーデンド・ジープ
M37 3/4t 4×4
M715 1¼t 4×4
M35 2½t 6×6
ベトナムでの標準的輸送トラック
M54 5t 6×6 トラック
■武装トラック
（ハーデンド・トラック）
12.7㎜と7.62㎜機銃
12.7㎜ 4連装機銃
ミート
チョッパー搭載
12.7㎜×2、7.62㎜×2
装甲板にはハデなマーキングが描かれたが、町中を走るためヌードは禁止された

○ヘリコプター

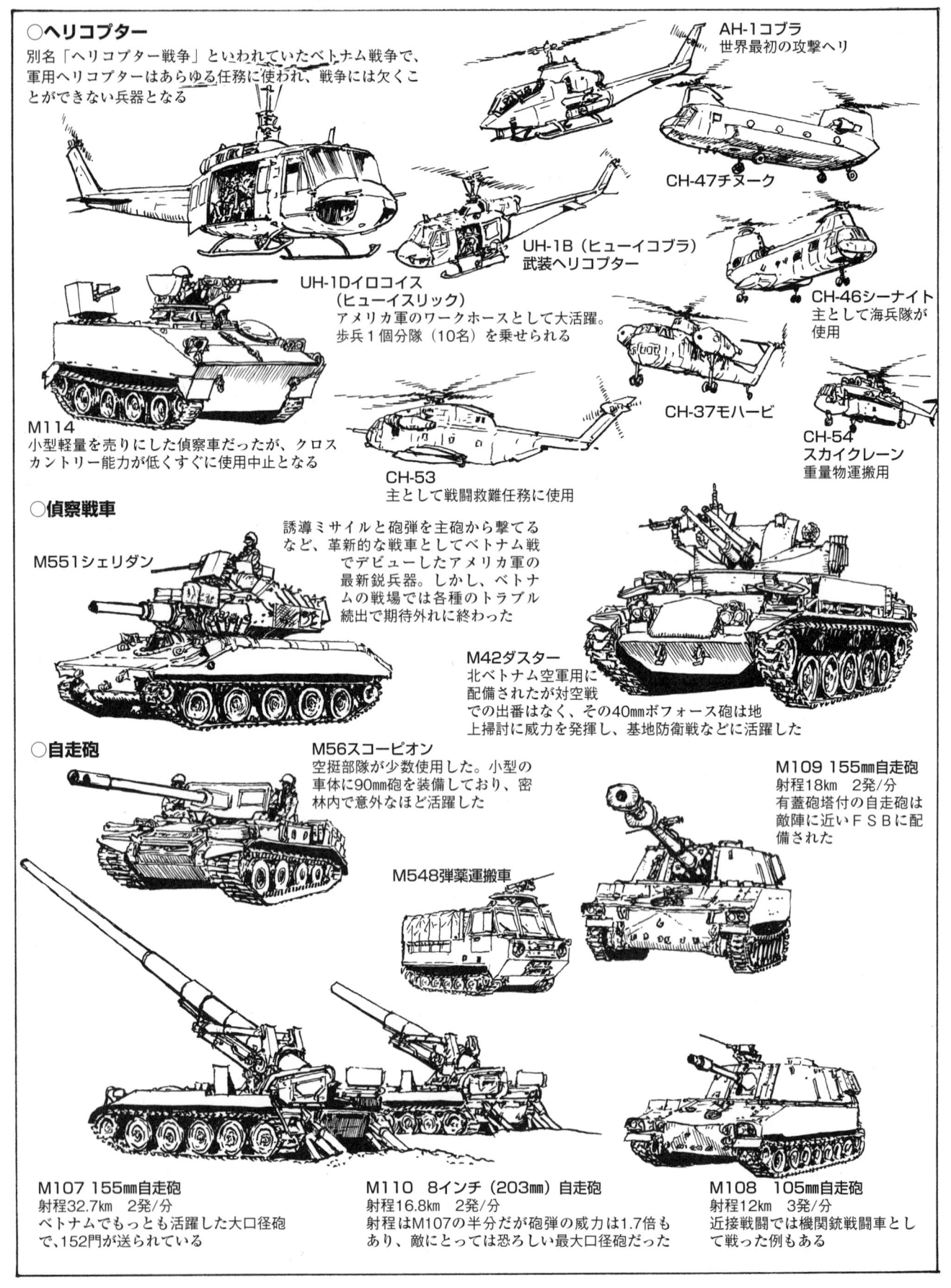

別名「ヘリコプター戦争」といわれていたベトナム戦争で、軍用ヘリコプターはあらゆる任務に使われ、戦争には欠くことができない兵器となる

AH-1コブラ
世界最初の攻撃ヘリ

CH-47チヌーク

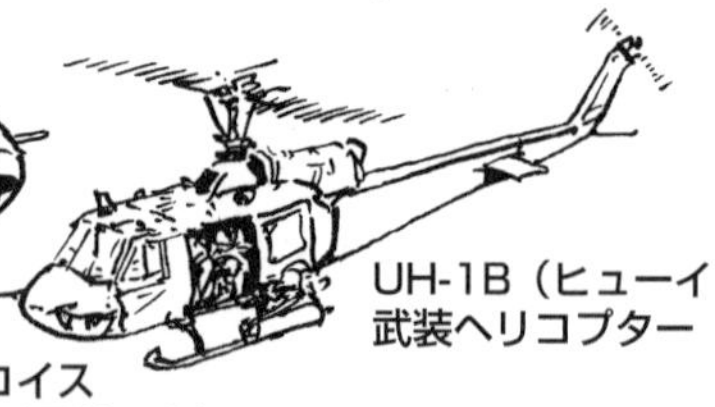

UH-1B（ヒューイコブラ）
武装ヘリコプター

UH-1Dイロコイス
（ヒューイスリック）
アメリカ軍のワークホースとして大活躍。歩兵1個分隊（10名）を乗せられる

CH-46シーナイト
主として海兵隊が使用

M114
小型軽量を売りにした偵察車だったが、クロスカントリー能力が低くすぐに使用中止となる

CH-37モハービ

CH-53
主として戦闘救難任務に使用

CH-54
スカイクレーン
重量物運搬用

○偵察戦車

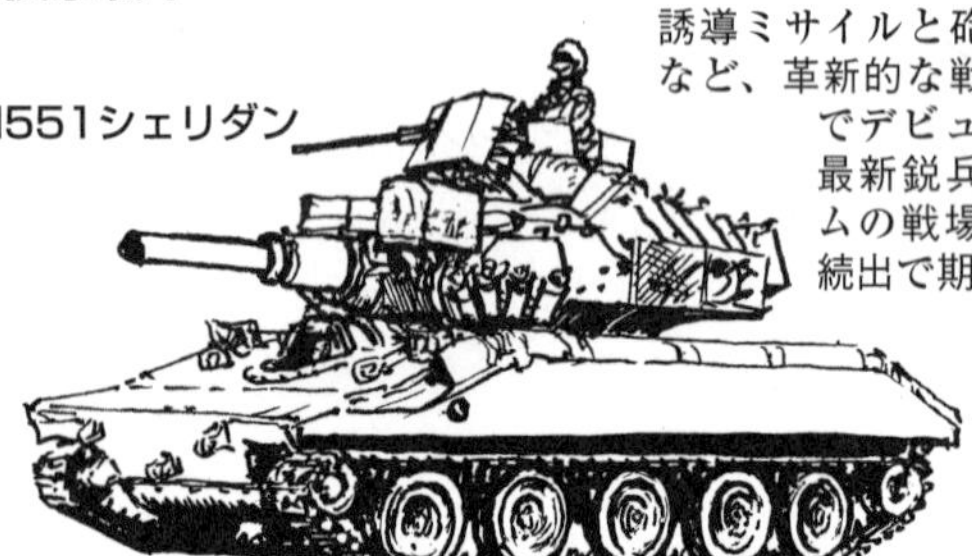

M551シェリダン

誘導ミサイルと砲弾を主砲から撃てるなど、革新的な戦車としてベトナム戦でデビューしたアメリカ軍の最新鋭兵器。しかし、ベトナムの戦場では各種のトラブル続出で期待外れに終わった

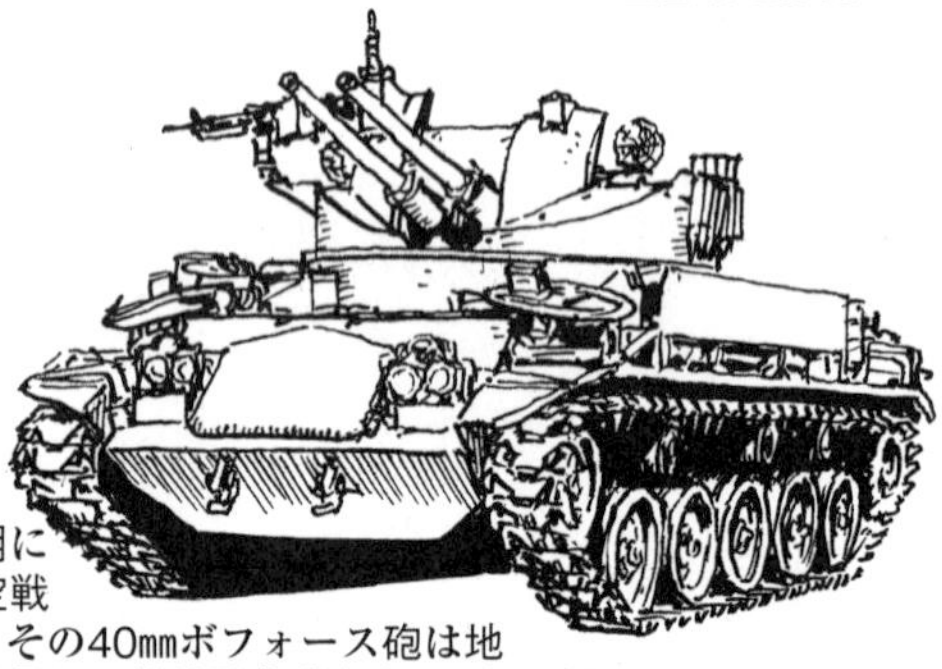

M42ダスター
北ベトナム空軍用に配備されたが対空戦での出番はなく、その40㎜ボフォース砲は地上掃討に威力を発揮し、基地防衛戦などに活躍した

○自走砲

M56スコーピオン
空挺部隊が少数使用した。小型の車体に90㎜砲を装備しており、密林内で意外なほど活躍した

M109 155㎜自走砲
射程18km　2発/分
有蓋砲塔付の自走砲は敵陣に近いＦＳＢに配備された

M548弾薬運搬車

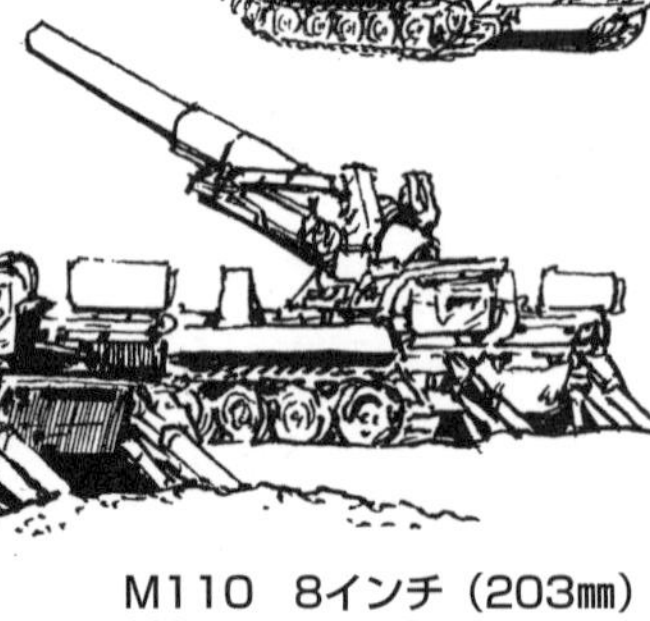

M107 155㎜自走砲
射程32.7km　2発/分
ベトナムでもっとも活躍した大口径砲で、152門が送られている

M110　8インチ（203㎜）自走砲
射程16.8km　2発/分
射程はM107の半分だが砲弾の威力は1.7倍もあり、敵にとっては恐ろしい最大口径砲だった

M108　105㎜自走砲
射程12km　3発/分
近接戦闘では機関銃戦闘車として戦った例もある

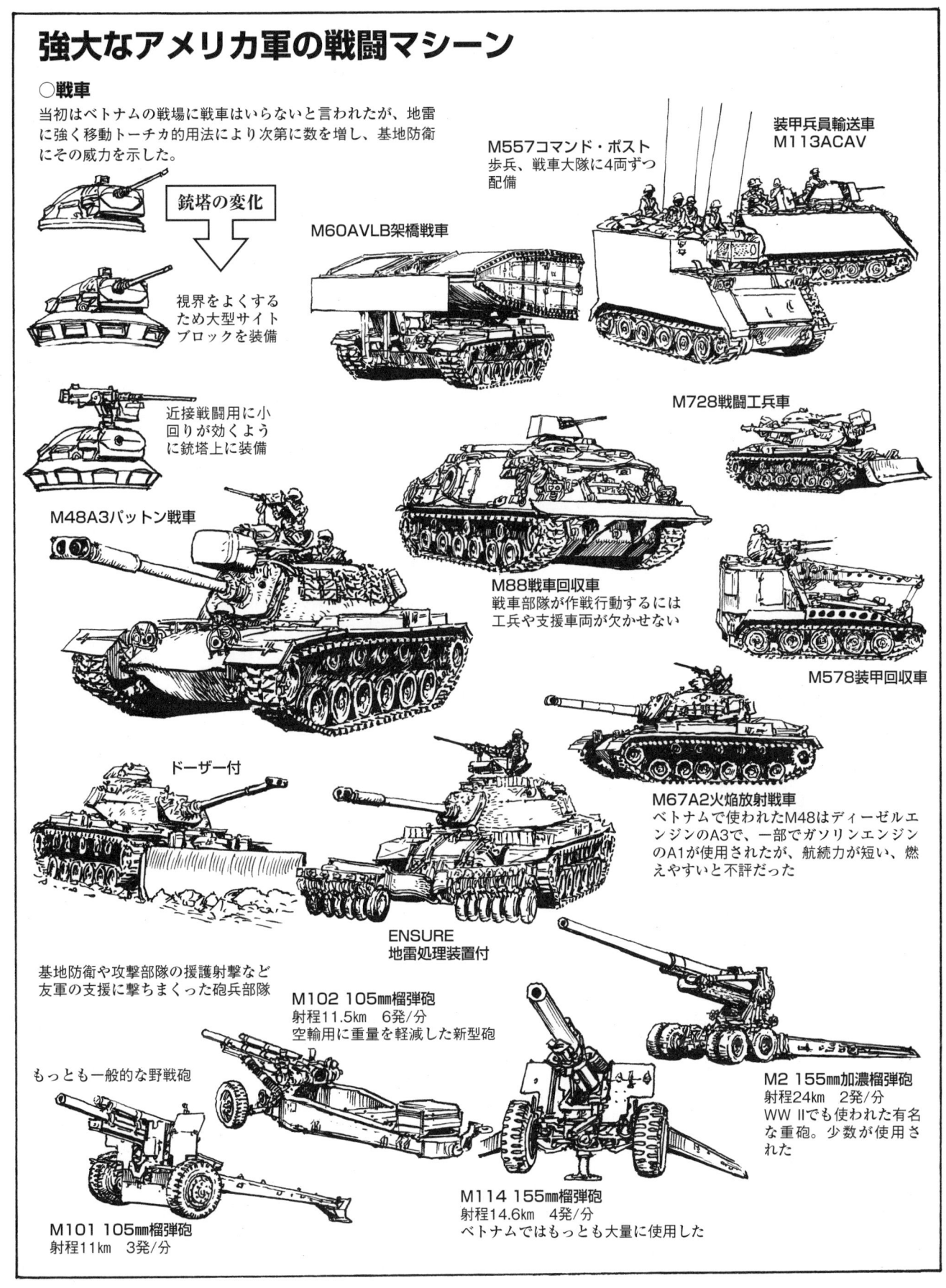

強大なアメリカ軍の戦闘マシーン

◯戦車

当初はベトナムの戦場に戦車はいらないと言われたが、地雷に強く移動トーチカ的用法により次第に数を増し、基地防衛にその威力を示した。

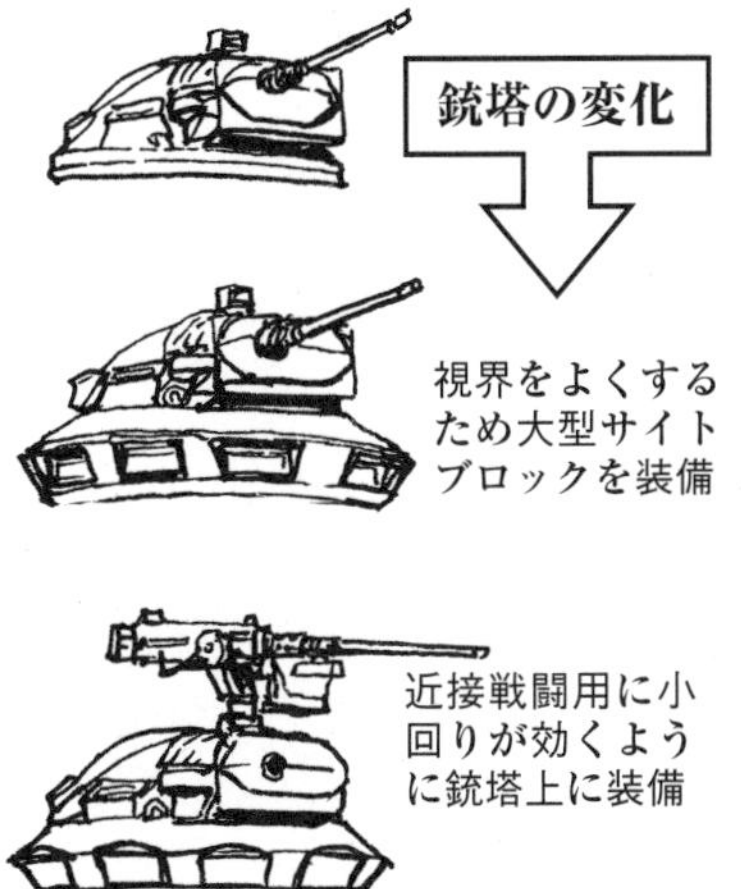
銃塔の変化
視界をよくするため大型サイトブロックを装備
近接戦闘用に小回りが効くように銃塔上に装備

M557コマンド・ポスト
歩兵、戦車大隊に4両ずつ配備

装甲兵員輸送車
M113ACAV

M60AVLB架橋戦車

M728戦闘工兵車

M88戦車回収車
戦車部隊が作戦行動するには工兵や支援車両が欠かせない

M578装甲回収車

M48A3パットン戦車

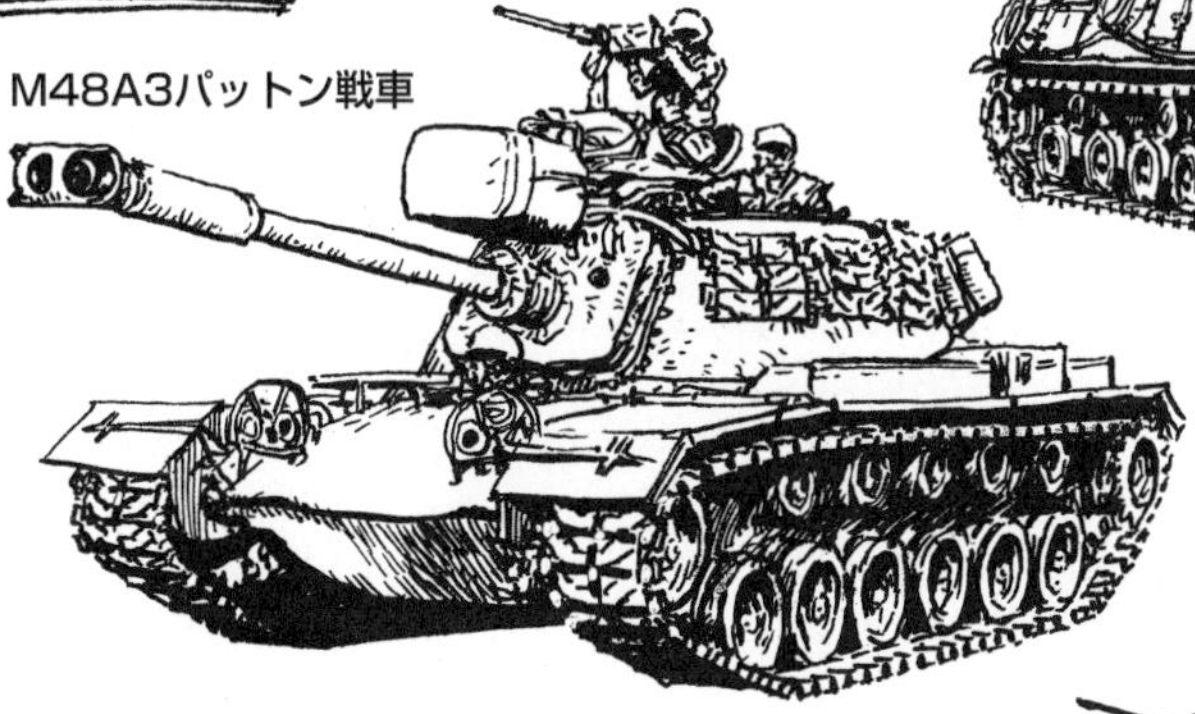

M67A2火焔放射戦車
ベトナムで使われたM48はディーゼルエンジンのA3で、一部でガソリンエンジンのA1が使用されたが、航続力が短い、燃えやすいと不評だった

ドーザー付

ENSURE
地雷処理装置付

基地防衛や攻撃部隊の援護射撃など友軍の支援に撃ちまくった砲兵部隊

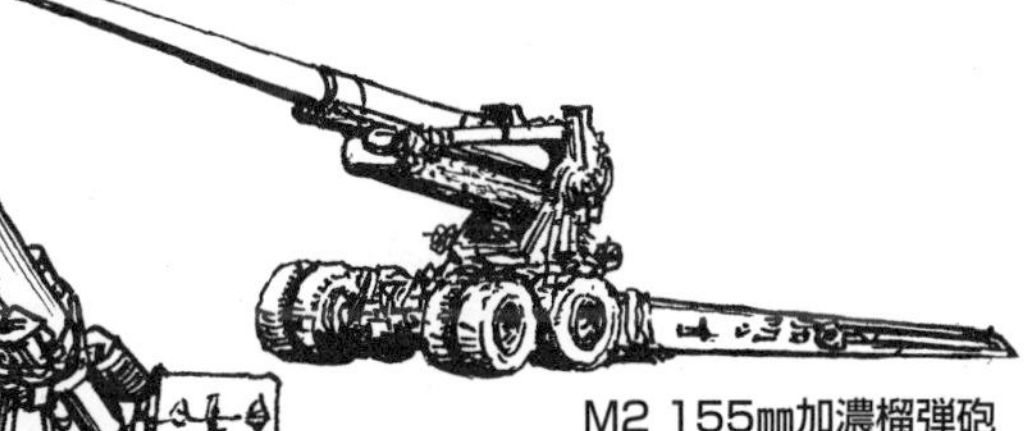

M2 155mm加濃榴弾砲
射程24km　2発/分
WW IIでも使われた有名な重砲。少数が使用された

M102 105mm榴弾砲
射程11.5km　6発/分
空輸用に重量を軽減した新型砲

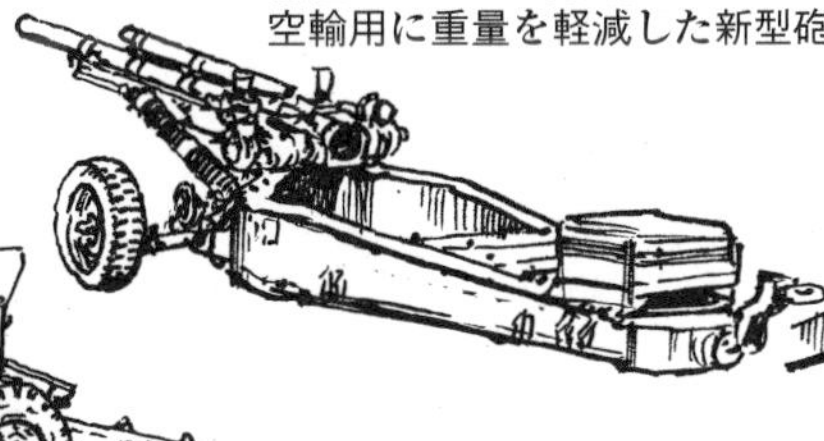

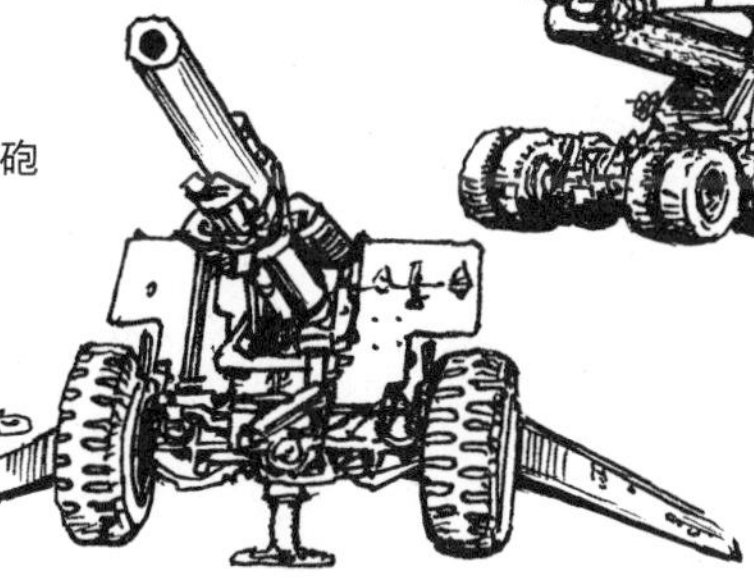

M114 155mm榴弾砲
射程14.6km　4発/分
ベトナムではもっとも大量に使用した

もっとも一般的な野戦砲

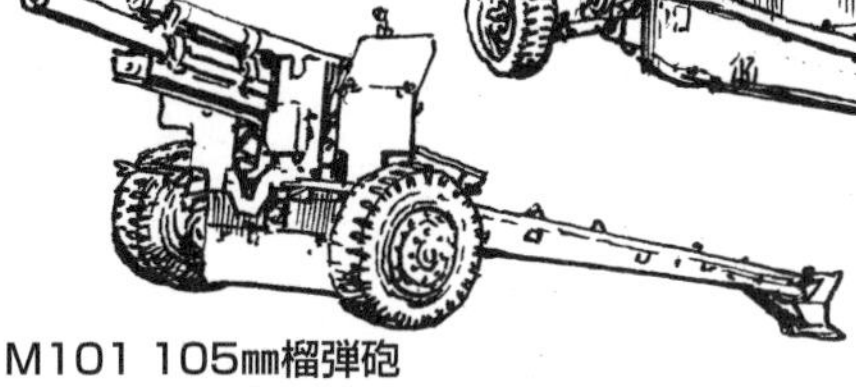

M101 105mm榴弾砲
射程11km　3発/分

4. アメリカ軍の撤退と終戦

■ベトナム戦争の終結

ベトナム戦争のターニングポイントとなった1968年はテト攻勢から始まり、北爆の停止、パリの和平交渉開始と続いた。それはアメリカがベトナムでの勝利をあきらめ撤退を考え始めたという証であった。戦闘が続くなかの1969年、アメリカはベトナム撤退の第一段階に着手、地上部隊の一部帰還、それと同時に南ベトナム政府軍の強化を図り、戦闘の主役を同国軍に移しながらアメリカは段階的に撤退していくというベトナム化政策を開始した。

1973年のアメリカ軍の完全撤退をもって、ベトナム戦争は終結したといってもよく、1975年4月のサイゴン陥落とともに南ベトナム政府は崩壊、15年間にわたるベトナム戦争は北ベトナム・NLFの完全勝利により終結したのだった。

●ベトナム戦争　略史②

1968年1月　テト攻勢
　　　5月　パリ和平秘密予備会談
　　　　　アメリカ軍撤退を発表
　　　　　共産軍二次攻勢
　　　10月　北爆全面停止
1969年1月　第1回パリ和平会議始まる
　　　5月　アメリカ軍一部撤退開始
　　　　　ベトナム化政策発表
1970年2月　ラオス・カンボジア国内混乱
　　　5月　アメリカ、ARVN、カンボジア侵攻
1971年2月　アメリカ、ARVN、ラオス侵攻
1972年3月　共産軍イースター攻勢
　　　4月　北爆再開
1973年1月　パリ和平会議合意
　　　3月　アメリカ軍全面撤退完了
1974年5月　共産軍攻勢開始。アメリカ介入せず
1975年1月～　共産軍大攻勢
　　　4月末　サイゴン陥落。ベトナム戦争終結

ベトナム戦争における戦車戦

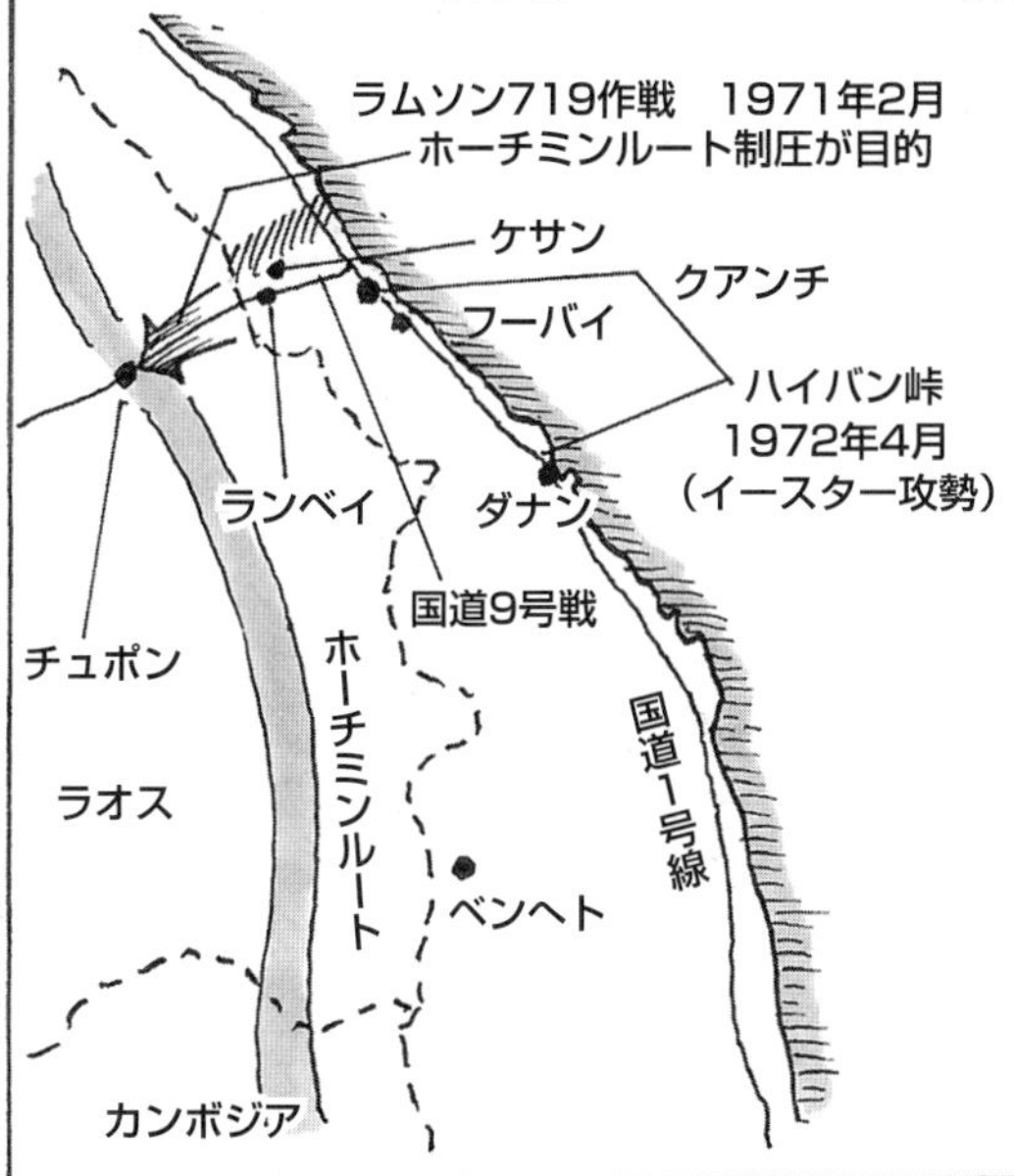

ラムソン719作戦　1971年2月
ホーチミンルート制圧が目的
ケサン
クアンチ
フーバイ
ハイバン峠
1972年4月
（イースター攻勢）
ランベイ
ダナン
国道9号戦
チュポン
ホーチミンルート
国道1号線
ラオス
ベンヘト
カンボジア

■ＰＴ-76 vs グリーンベレー

北ベトナム軍が初めて戦車を戦闘に投入したのは１９６８年２月のテト攻勢の時で７日夜、ＰＴ-76戦車10両を先頭にケサン南西部の拠点ランベイを攻撃、ここには米軍特殊部隊のキャンプがあったが、不意を突かれ混乱し占領されてしまう。しかし１０６㎜無反動砲などで応戦し、３両ほどは破壊したとされている。

■ＰＴ-76 vs アメリカ軍Ｍ48

１９６９年３月３日夜にはベトナム戦争中唯一のアメリカ軍戦車対北ベトナム軍戦車の交戦がある。中部高原のキャンプ・ベンヘトに夜間攻撃してきた共産軍を支援してきた８両ほどのＰＴ-76を第69機甲連隊第１大隊Ｂ中隊のＭ48、４両が迎えうち砲撃戦を行ない、ＰＴ-76は２両がＭ48に、もう１両が地雷にやられて後退した。アメリカ軍のＭ48が戦車戦を経験したのはこの１回だけで、あとは同年にフーバイ村でＢＴＲ-１５２装甲車を破壊した記録があるだけだ。

●本格的な戦車戦 ＰＴ-76、Ｔ-54／55 vs ＡＲＶＮのＭ41、Ｍ48

１９７１年２月から４月にかけてのＡＲＶＮのラオス侵攻（ラムソン７１９作戦）にＮＶＡは連隊規模の戦車兵力を動員して反撃、支援するアメリカ軍のヘリには対空部隊が猛攻を加え、ＡＲＶＮは大苦戦。２月25日［ＦＢＳ31］をめぐる戦いで、南と北の戦車部隊が激突。この戦闘ではＡＲＶＮが１台の損害もなしにＴ-54 ６台、ＰＴ-76 16台を破壊している。しかしこの作戦は結局ＮＶＡの猛反撃で当初の目的を達することなく、大損害を受けて中止となる。南側は75両、北側は１０６両の戦車を失ったとされている。

■ベトナム最大の戦車戦 Ｔ-54／55 vs ＡＲＶＮのＭ41

１９７２年３月のイースター攻撃でＮＶＡは装甲部隊を戦闘に侵攻してきた。このときのクワンチの戦いでＭ41はＡＲＶＮの主力としてＮＶＡの戦車隊を迎撃、一週間の戦闘でＴ-54 19両、ＰＴ-76 ９両を撃破した。ＡＲＶＮはＭ41とＭ48を２両ずつ失った。また、ハイバン峠の戦いではクワンチを迂回したＮＶＡの戦車隊が、対戦車ミサイルの活躍もありＴ-54 ５両、ＰＴ-76 ２両の損害でＡＲＶＮの戦車30両を撃破し、勝利している。このイースター攻勢はアメリカ軍の空爆でＡＲＶＮはからくもＮＶＡの南下を阻止できたのだった。この戦いでは北側はＡＴ-３サガー対戦車ミサイルを使用し、アメリカ軍はヘリコプター搭載のＴＯＷミサイルを登場させ、ともにその威力を見せつけている。

ＡＲＶＮ戦車隊の最後

１９７５年春のＮＶＡ／ＮＬＦのホーチミン攻勢に、北側はＡＦＶ計６００両を投入（うちＴ-54は２５０両）これに対して南側はＭ41 ３００両、Ｍ48 ２００両で応戦したが、味方の歩兵が戦意なく、各個撃破されてしまう。

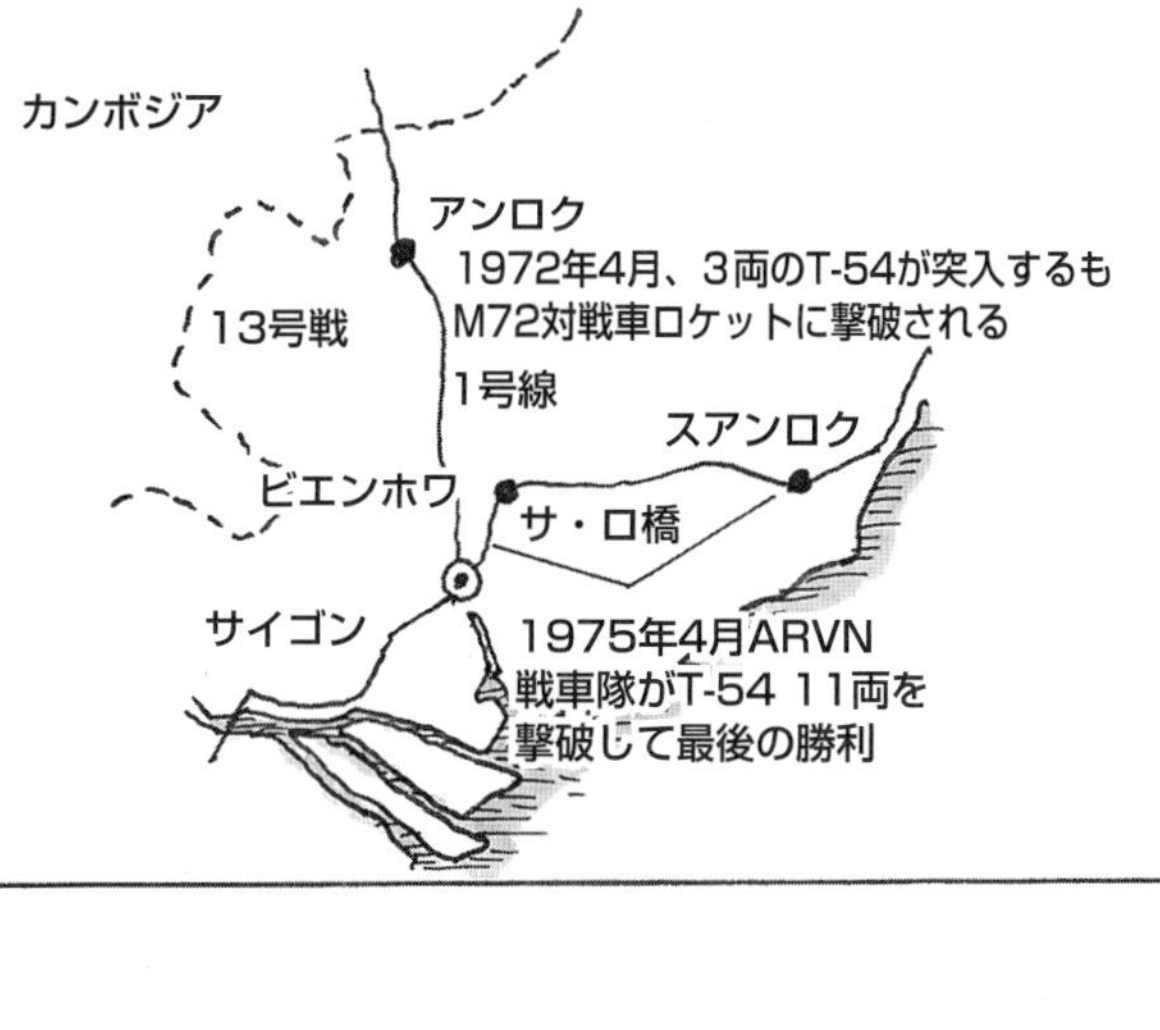

カンボジア
アンロク
1972年4月、3両のT-54が突入するも
M72対戦車ロケットに撃破される
13号戦
1号線
スアンロク
ビエンホワ
サ・ロ橋
サイゴン
1975年4月ARVN
戦車隊がT-54 11両を
撃破して最後の勝利

南ベトナム完全占領後、北側は
Ｍ41、Ｍ48 ５５０両、
Ｍ１１３ １２００両、
各種航空機８００機、
船艇９００隻を
捕獲し、北ベトナム軍の戦力は大幅に増強されアジア有数の機甲兵力を持つ軍隊となったのだった。

北ベトナム軍(NVA)のAFV

1970年頃の機甲兵力は戦車500両、装甲車類500台といわれる。戦闘で消耗した分はすぐに中国、ソ連から補給され、実数は戦争期間中ほとんど変わらなかったそうだ

PT-76水陸両用軽戦車

水陸両用の偵察戦車として開発されたので、大きな車体だが軽装甲で主砲は76.2㎜砲と戦闘力は低く、ベトナムでは歩兵支援用として使用されたものの撃破されやすかった。旧ソ連製でNVAではもっとも大量に使用された(300両以上)。対空機銃を装備

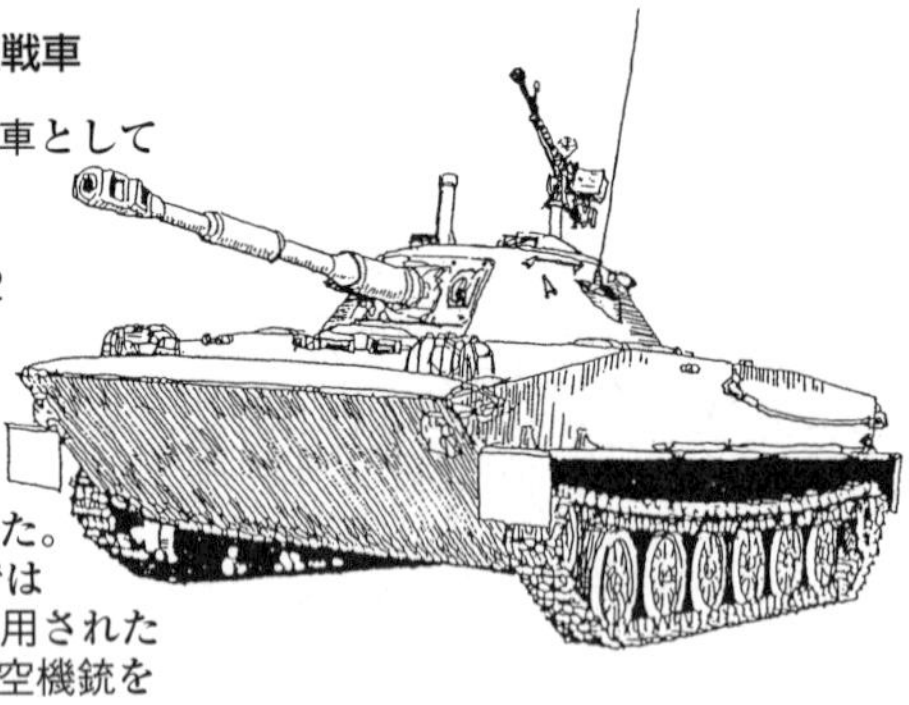

T-34/85

第二次世界大戦の老雄でNVAの戦車隊としてニュースフィルムには多数登場しているが、実戦には投入されなかったようだ

63式水陸両用軽戦車

中国製で85㎜砲を装備した砲塔を持ち、PT-76より強力なので、見誤るとM48でも撃破される恐れがあった。600両前後が中国から供与された

T-54/55戦車

(中国製は59式)

後期型は排煙器が付く

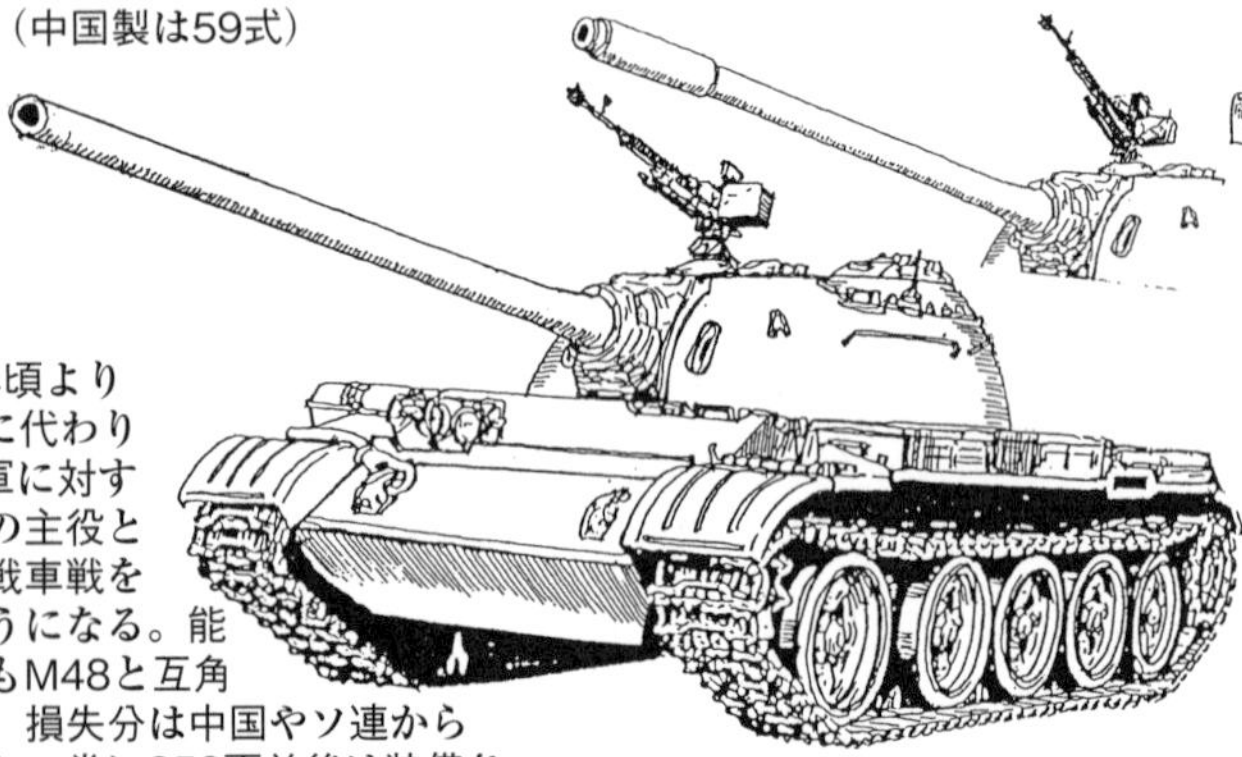

1972年頃よりPT-76に代わりARVN軍に対する攻撃の主役となり、戦車戦を挑むようになる。能力的にもM48と互角だった。損失分は中国やソ連から補充され、常に250両前後は装備されていたという

BTR-50装甲車

1970年頃から使われ始めた水陸両用APC

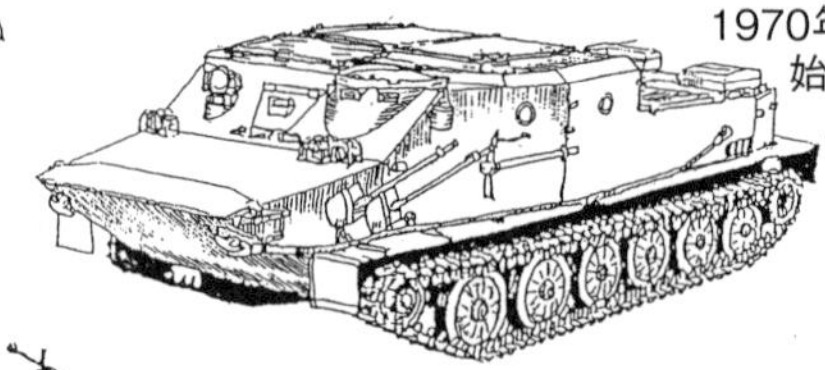

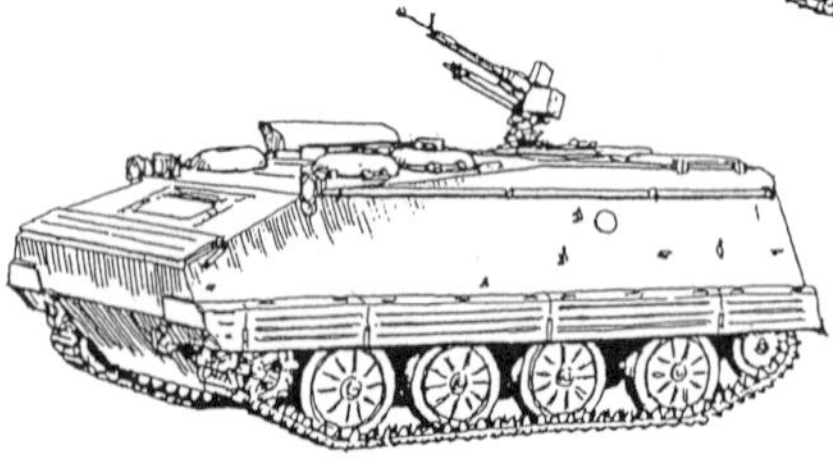

K63装甲車(YW531)

1972年春の[イースター攻勢]が初陣となった、中国軍の最新APC

ZSU-57-2
自走対空砲

長砲身57㎜対空砲を装備。有効射程4000m　発射速度毎分100発で対ヘリコプターには威力を発揮。地上部隊のエスコートに活躍した

T-34/37

T-34の車体に37㎜対空砲を積んだNVA製作の対空戦車。6両ほど作られた

BTR-40ZSU

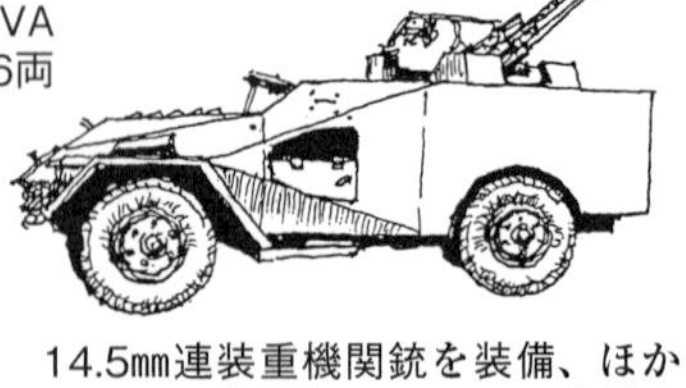

14.5㎜連装重機関銃を装備、ほかにBTR-152装甲車やBTR-50にも対空機関銃を装備した自走対空砲車がある

マズルD-350重トラクター
軌道付砲兵用牽引車

乗員9名　装甲板と上部に機関銃を付け、急造APCとして使用された車両もある

D74 122㎜榴弾砲

最大射程24㎞を誇る

○韓国軍は「ゲリラと戦うのに戦闘車両は不要」というポリシーをベトナムでも通し、戦車は使用しなかった。

南ベトナム政府軍(ARVN)のAFV

南ベトナム軍は最大時100万人以上（民兵と地方軍を含む）と言われているが、アメリカはこれに多くの兵器やAFVを供与していた。主力戦車は1961～64年頃まではM24、その後はM41で1973年にアメリカが撤退すると、その使い古しのM48がARVNへ引き渡されたが、数的にはM41が主力のままだった。

M113ACAV「エイキャブ」
M113はベトナムの戦場にはかかせないAFVで、ACAVはその武装強化型

M41A3 ウォーカー ブルドック軽戦車

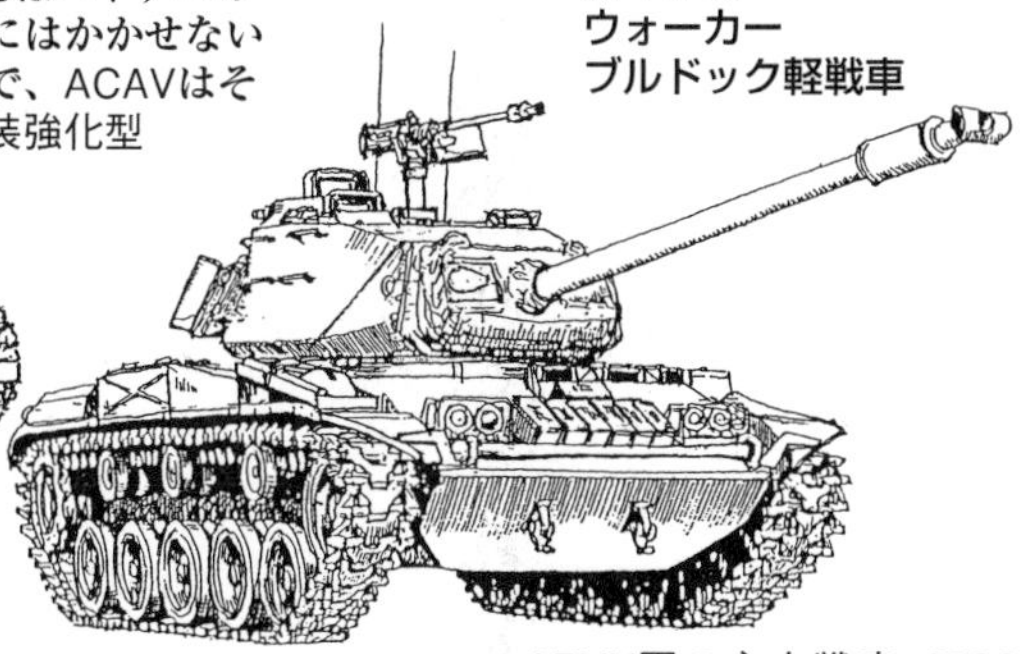

ARVN軍の主力戦車で700両以上がアメリカから供与されている

M24 ジェネラル・チャーフィー 軽戦車

M24はARVN以外でもニュージーランド軍と韓国軍が10両ずつ装備していたが、NLFが戦車を持っていなかったので両軍とも早々に本国へ引きあげている

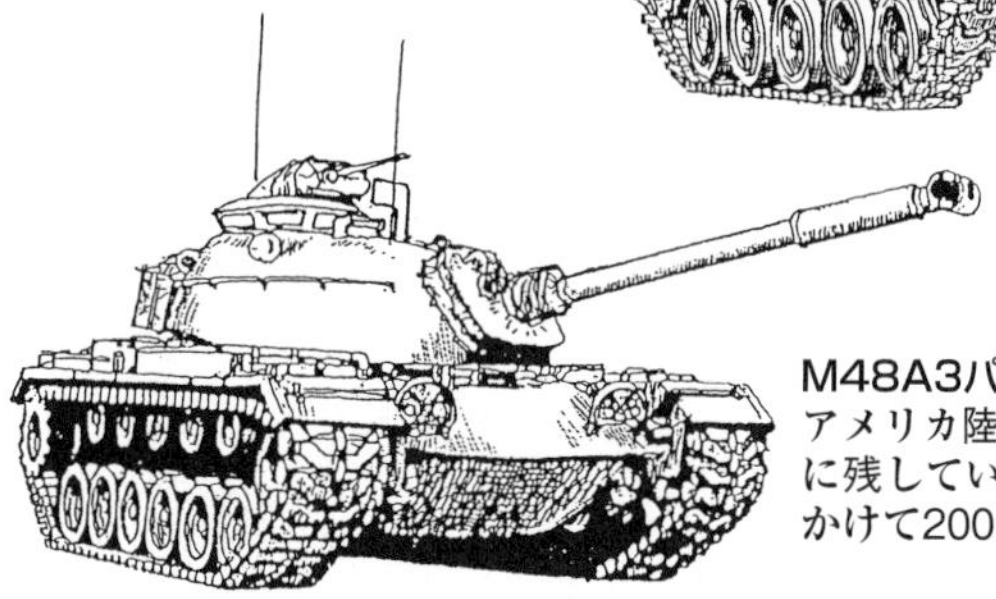

M48A3パットン戦車
アメリカ陸軍と海兵隊が撤退する際に残していたもので、'71～72年にかけて200両ほど供与された

M113

韓国軍、タイ軍、ニュージーランド軍などすべてのベトナム派遣国軍が使用しているが、これらの軍ではACAVは使用されていない

●オーストラリア陸軍

オーストラリア陸軍は全軍でも兵力3万3000名、AFV900両航空機76機という小規模な軍隊だが、ベトナムへは7000名を派遣している

センチュリオンMk.5～Mk.8戦車
動きは鈍いが地雷や被弾に強く、実戦に強い戦車だった。54両が派遣されているがNLF戦車隊との交戦は無かった

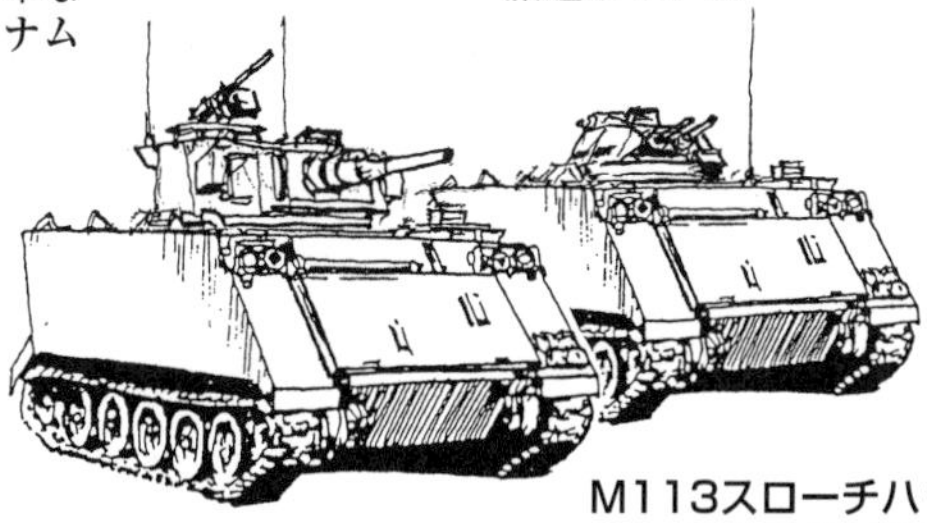

M113FSV

M113スローチハット
オーストラリア軍のM113は、本家のM113ACAVより火力が強力で、歩兵戦闘車としてより有効だった

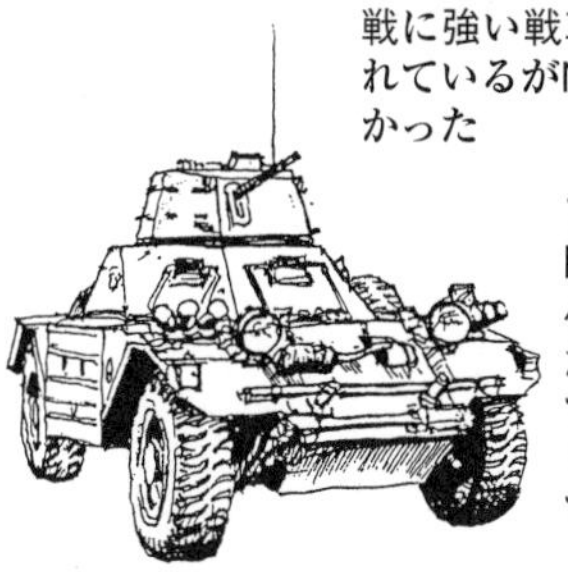

フェレット Mk.2偵察装甲車
小型で軽快さが売りだったが、ベトナムでは不向きとされすぐに引き揚げとなってしまった

※ほかにフィリピン軍が参加しているが、砲兵1個中隊のみでAFVは無し

●**歩兵携行兵器（対戦車用）**
アメリカ軍やARVNを最も苦しめた兵器がRPG-2と改良型の7で、第二次世界大戦のドイツ軍が使用したパンツァーファウストから発展したものだった。アメリカ軍もこの成果を見て、M72を開発した。

RPG-2
（ロケット弾頭は再装填が可能）

1962年頃より大量に使用され、ゲリラ部隊の支援火砲として対戦車、対トーチカとあらゆる目標に向けて発射された。

RPG-7
当たりどころによってはM48も撃破できた

M72LAW
（使い捨て兵器）

	M72	RPG-2	RPG-7
口径	66mm	40mm	40mm
弾頭直径	66mm	82mm	85mm
最大射程	150m	150m	500m
全備重量	2.37kg	4.67kg	9.25kg
全長	0.9m	1.49m	1.23m
装甲貫通力	300mm	180mm	320mm

5. 中越戦争

■中越戦争

ベトナム戦争が終わった4年後の１９７９年、これまで良好な関係であった中国とベトナムが大規模な軍事紛争を起こした。

　中国は「カンボジアに侵攻したベトナムを懲罰するため」とその攻撃目的を明らかにしているが、当時仮想敵国であったソ連と手を結んだベトナムが強国になるのを恐れたのと、ベトナムの華僑を圧迫したこと（海外の華僑は外貨を送金してくれる）、反ベトナムの政策を取るポルポト政権を支援していたことなど、その理由は様々である。また20年以上実戦を経験していない人民解放軍の戦闘力テストも兼ねていたと思われる。

　１９７９年2月17日、中国軍は国境を越えて侵攻を開始した。戦場となった地域は道路事情が悪い山岳地帯だったが、中国軍は戦車部隊を含む10個師団を投入した。これを迎え撃ったベトナム軍は正規軍と地方軍が半々だったが、その地方軍の民兵はベトナム戦争の経験があるベテラン兵で、地形をたくみに利用した防御陣地で中国軍の侵入を許しながらもかなりの被害を与えた。中国軍は戦車を先頭に人海戦術でベトナム軍の防御陣地を制圧していったが、甚大な損害を受けていた。中国軍の攻略目標であったランソン、カオバン、ラオカイの３都市周辺では激戦が続き、とくに首都ハノイまで１４０kmにある要衝ランソン市は両軍とも一歩もゆずらぬ死闘を繰り広げたが、３月３日ついに中国軍が占領した。

　多大な損害を出しながらもランソンを占領したことで中国軍は「ベトナム懲罰」の面子は立ったとし、３月４日ベトナム領からの撤収を発表した。戦火は急速に収まっていき15日には中国軍は一兵残らず撤退したことを発表し、約３週間にわたる中越戦争は終了した。

戦場が山地で戦車の行動に不向きなのに中国軍は800～1000両、ベトナム軍は150～200両と両軍とも多くの戦車を投入、59式戦車は敵・味方と双方で使用され砲火を交えている

■ベトナム軍のAFV

PT-76水陸両用戦車

T54／55戦車
中国からの59式戦車もあり

当時ベトナム軍は約1500両の戦車を装備、他に捕獲したアメリカ軍のM41/48とM113等多数保有

T34／85戦車
中国軍に撃破された写真がある289号車

M41とM48は550両。これらは戦闘に使用されなかったようだ

M113装甲兵員輸送車
1400両を保有していたといわれ中越戦争では多数が使用され活躍している

M151も当然多数使われた

■火砲

この戦争中、天候不順で両軍の空軍はあまり出動せず、代わりに砲撃戦が活発だった

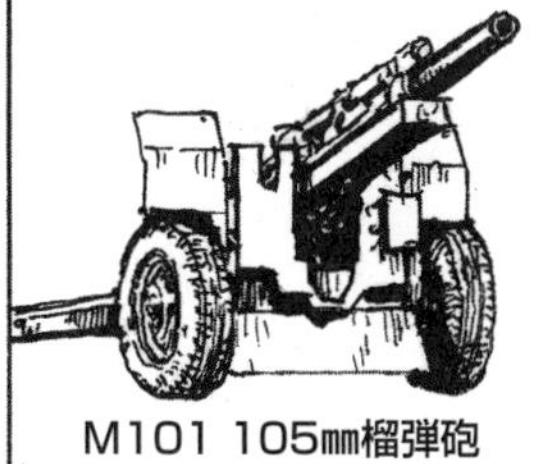

M101 105㎜榴弾砲

66式152㎜榴弾砲（D-20）

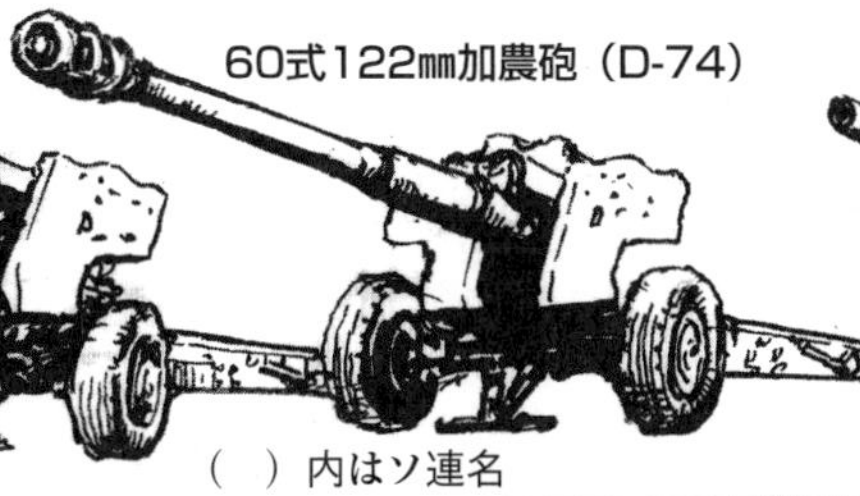

60式122㎜加農砲（D-74）

54式122㎜榴弾砲（M1938）

（　）内はソ連名

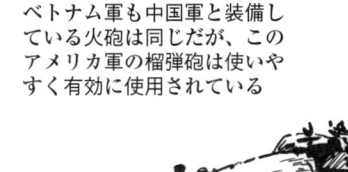

ベトナム軍も中国軍と装備している火砲は同じだが、このアメリカ軍の榴弾砲は使いやすく有効に使用されている

山岳地帯で威力を発揮すると中国軍が期待した62式軽戦車は、ソ連がイラク経由で送りこんだサガーやRPG7等を装備するベトナム地方軍兵士により撃破されてしまい、結局中国軍は犠牲の多い人海戦術でベトナム軍を圧倒したのだった

○ベトナム地方軍

平常は農民や労働者をやっている国境警備の民兵。強力なアメリカ軍と戦ったベテラン兵で、朝鮮戦争以来実戦経験のない中国兵とは戦闘力が大違いだ。またアメリカ軍から入手していた携帯式無線機を有効に使い、中国軍を各所で撃破した。

■中国軍のAFV

中国軍は各種合わせて約1万両を持つ世界第３位の戦車保有国で基本的にはソ連製戦車だが、国産化が進んでいる中越戦争では対戦車戦闘はなかったようで、中国戦車はトーチカの破壊に使用された

59式戦車
T-54を国産化した中国の主力戦車。合計1万両近く生産され、共産各国へ輸出されている

63式水陸両用戦車
ソ連のPT76系の車体に85㎜砲装備の砲塔を搭載、これもベトナム戦争時ベトナムへ供与している

63式装甲兵員輸送車
中国最初の本格的APCで、多くのバリエーションがある

62式軽戦車

中越戦争が初の実戦となった中国設計の軽戦車。自国の広大な山岳地帯の防衛と治安任務を目的として開発されたが、この戦争では歩兵の対戦車ロケット弾で簡単に撃破されてしまった

戦車回収車
車体は59式戦車

70式130㎜多連装（19発）ロケットランチャー
躍進NJ130型（ユエジン）

北京BJ212型（ベイジン）
中国初の小型4輪駆動車

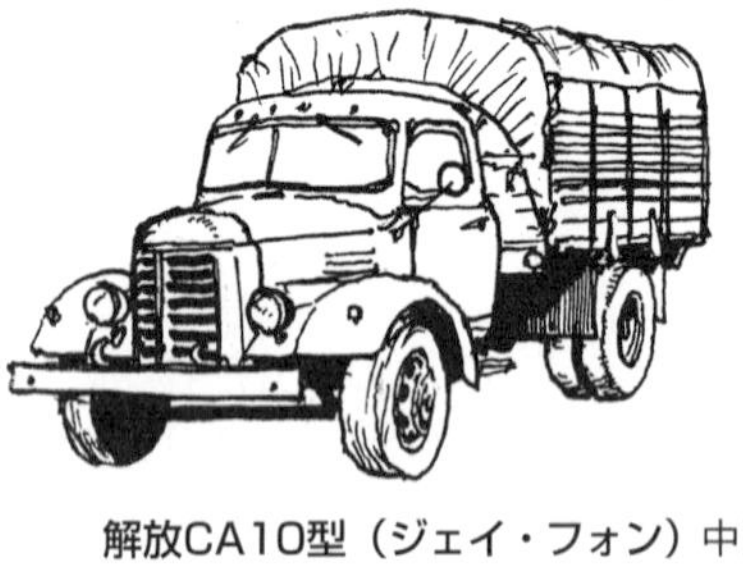

解放CA10型（ジェイ・フォン） 中国軍ではもっとも一般的な軍用車両

東風型（越野車）

■中国軍の近代化

中国軍は、建国以来8回の戦争を経験している

- 朝鮮戦争（1950～'53年）
- 台湾海峡での台湾と2度の戦争（1959～'78年）
- チベットの反乱の鎮圧（1959年）
- 中印国境での軍事紛争（1959～'62年）
- 中ソ国境での軍事紛争（1969年）
- 南シナ海で南ベトナムとの海戦（1974年）
- 中越戦争（1979年）

朝鮮戦争において近代戦を経験した中国軍は近代化・正規化への必要性を痛感。ソ連からの兵器援助を受け近代化は歩みはじめたが、60年代文化大革命が発生し、その混乱で停滞。おまけにソ連とも対立するようになり軍の近代化はピンチとなる。文革期に失脚した鄧小平を始めとする軍幹部が復活した'80年代に入り、軍の近代化は急ピッチとなった。'88年には階級制が復活し、現在では陸・海・空軍、戦略ミサイル部隊を持つ世界有数の軍隊へと成長してる。

山地戦ではゲートルを巻く
スチールヘルメットは全兵士には支給されていない

○中国は現在ロシアに次ぐ第2位の戦車保有国になっている。ちなみに3位がアメリカ

■中ソ紛争

中国とソ連は60年代後半から国境線において大小の衝突を繰り返している。
（中国軍発表 約4000回）
（ソ連軍発表 約3800回）

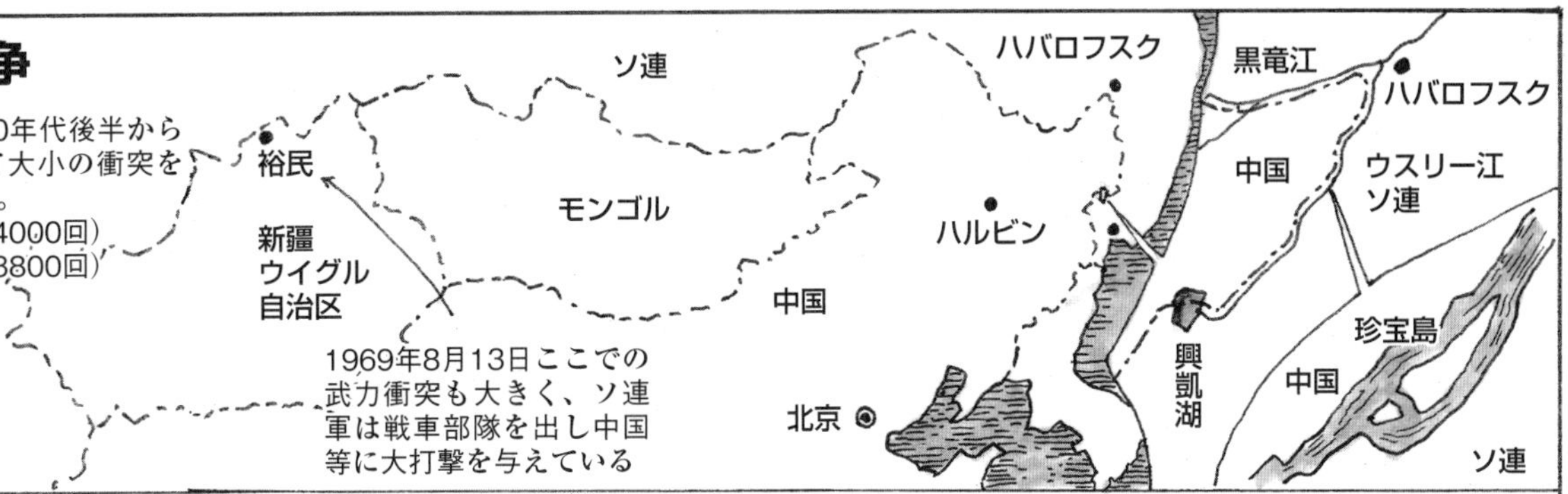
ソ連
ハバロフスク
黒竜江
ハバロフスク
裕民
新疆
ウイグル
自治区
モンゴル
ハルビン
中国
ウスリー江
ソ連
中国
珍宝島
興凱湖
中国
北京
ソ連
1969年8月13日ここでの武力衝突も大きく、ソ連軍は戦車部隊を出し中国等に大打撃を与えている

T-62戦車
ソ連は当時最新鋭型のこの戦車を中国との戦闘（T-54対策）に備えて配備していた
BTR-60装甲兵車
545
545号車
中国軍が必死に回収したT-62は、北京の軍事博物館で展示されている
梱包弾薬

中国軍はこの紛争でノモンハンにおける日本軍のようにソ連軍の強さを知り、軍近代化の必要性を強く自覚していたのだが、なかなか実行に移すことができなかったのだ

中国軍は10名1組の対戦車チームが、各個撃破を目指し、犠牲も多かったがソ連軍装甲車両を50両近く撃破した

■珍宝島の衝突

第二次世界大戦後、中国（中華人民共和国）とソ連（ソビエト社会主義共和国連邦）とは友好国であり、ソ連は自由主義陣営に対するアジアの防壁として中国軍の近代化に援助してきたが、１９５０年代後半になると毛沢東とフルシチョフとの間で国際共産主義についての路線対立が起こり、両国の関係は悪化。60年代にはソ連に駐在していた技術者の一斉引き揚げに繋がった。

'66年に文化大革命が始まり、中国国内の混乱によって工業発展は大きく遅れることになる。そんななかで中ソ国境では４０００回以上の武力衝突が発生した。そして'69年には部隊同士による本格的な衝突が起きていた。

１９６９年３月２日の朝、ウスリー江上の小島、珍宝島において中ソ両軍のパトロール隊が遭遇、銃撃戦となった（お互いに相手が突然発砲したとしている）。ソ連軍は装甲車を投入し、やがてお互いに激しい砲撃戦となるが、夕暮れとともに両軍とも撤退した。しかしその後両軍ともこの方面への兵力を増強、とくにソ連軍は戦車部隊を待機させている。

３月15日ソ連軍は今度は珍宝島の完全占領を目指し、装甲車両50両と1個大隊の兵力で攻撃を開始。それを中国軍は3個大隊の歩兵部隊による肉迫攻撃をもって戦車を迎撃、一度は撃退するがソ連軍の猛烈な支援砲撃を浴びて数百名の死傷者を出し、9時間に渡る激戦のすえに両軍とも撤退している（中国側では島は死守しており、のちに撃破したT-62を回収しているので、ソ連軍は無理に上陸して完全占領はしなかったようだ）。両国とも相手を激しく非難しているが、これ以上衝突の規模を大きくしようとはせず、休戦へと入っている。

コラム2〔戦車兵の軍装：東側諸国篇〕

■ワルシャワ条約軍
○ソ連／ロシア
(1975年)
ダークグレーで戦車帽のパットの数が1本多くなる
(1988年)
ナイトゴーグル付つなぎ服になる
SMG＝サブマシンガン
短銃身のAKS74Uやチェコのスコーピオン SMG、西ドイツが採用したイスラエルのウージー SMGは戦車兵の自衛火器だ
○東ドイツ
一般兵と同じカムフラージュ服
○ポーランド
黒皮の上下服
○ルーマニア
黒のつなぎ
○ブルガリア
冬服で夏はソ連式のつなぎ
○エジプト
(1982年)
一般兵と同じシャツスタイル
○ヨルダン
(1970年)
中東でここだけは西側装備だった。M47戦車搭乗員
○中国
(1990年)
戦車兵ヘルメット着用
(1988年)
○イラク
(1990年)
湾岸戦争時親衛部隊ではつなぎ服を着用
○チェコスロバキア
グレーのつなぎ服
○ハンガリー
一般兵と同じ戦闘服

第3章
中東戦争

Istanbul
GEORGIA
Ankara
ARMENIA
Izmir
TURKEY
Yerevan
CYPRUS
Nicosia
Aleppo
SYRIA
LEBANON
Beirut
Damascus
ISRAEL
IRAQ
Baghdad
Jerusalem
'Amman
JORDAN
Cairo
EGYPT
SAUDI
ARABIA

1. 第一次、第二次中東戦争

○第一次中東戦争はアラブ側で「パレスチナ戦争」、イスラエル側では「独立戦争」または「建国戦争」と呼んでいる

■第一次中東戦争(1948年5月〜'49年7月)

いまも続く中東戦争のはじまりは1948年5月ユダヤ人がシナイ半島にイスラエルの国を建設したことによる。これは、それまでその地に住んでいたアラブ人(パレスチナ人)を押しのけての建国だったため、これに反発した周囲のアラブ諸国からの攻撃を受けることになった。

二回の休戦期間や多くの一時停戦を含んでこの戦いが終わったのは1949年7月だった。開戦当初は装備が優秀なアラブ側が圧倒的に優勢で、国境周辺のユダヤ人居住区は次々にアラブ軍に占領され、エルサレムも孤立してしまった。特にアラブ軍の主力トランス・ヨルダン軍の「アラブ軍団」は英国出身のグラブ将軍に指揮されエルサレムの旧市街地まで進出。しかしアラブ側は指揮系統の連携に不備があり、団結堅いイスラエル軍が兵器を手に入れ各所で反撃を開始。当初の危機を脱すると戦局は次第にイスラエル側に有利となり、開戦二ヶ月後には国連がパレスチナ分割策で認めたユダヤ人居住地区をほとんど奪還していた。そして国連の'48年12月の停戦決議を両陣営が受け入れ、'49年1月にイスラエルとエジプトが休戦に同意。続いてレバノン、ヨルダン、シリアの順で7月20日全面的休戦協定が発効され、休戦ラインが国境線とされたのだった。

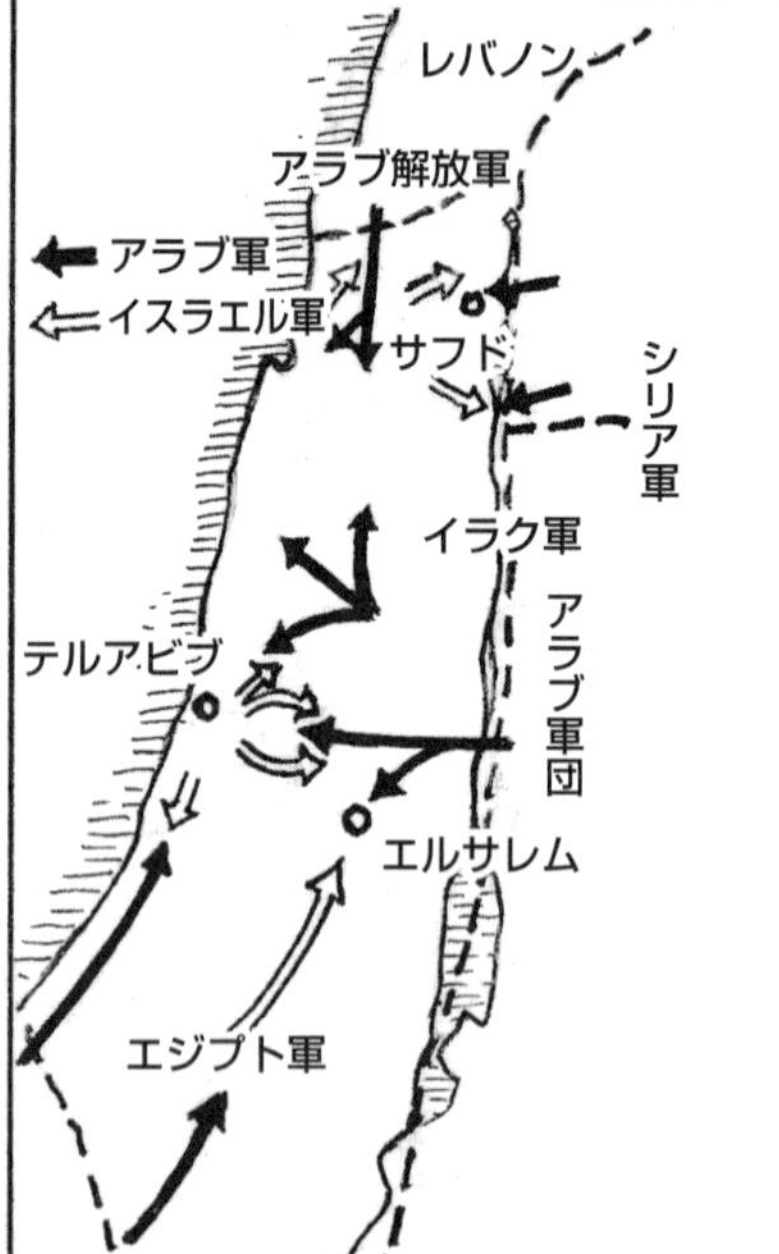

■第二次中東戦争（1956年10月〜11月）

第一次中東戦争の結果、イスラエルは最初のパレスチナ分割決議で定められたよりも23パーセントも領土を広げたことになり、アラブ側はイスラエル国家の消滅に失敗し、逆にその独立を確固たるものにしてしまった。

この敗北は、エジプト、シリア、イラクの王制を弱体化させ革命を誘発させた。そして誕生した革新的軍事政権により、アラブ諸国に新しい民族主義運動の波が高まり、断固としてイスラエル国家の存在を認めないという方針を決めたのだ。

革命後のエジプトはソ連陣営と接近、'55年9月にはチェコスロバキアと軍事援助協定を結び、大量にソ連及びチェコ製兵器を手に入れて軍事力を大幅に強化した。この軍事力をバックにナセル大統領はスエズ運河とアカバ湾のイスラエル船の通行禁止など、イスラエルへの経済ボイコットを強化。さらに英国に対しスエズからの撤退を要請。そして'56年7月26日、スエズ運河国有化を宣言したのだった。

このようなアラブ側の圧力を受け、イスラエルは英、仏と共謀してエジプトに対する開戦に踏み切った。

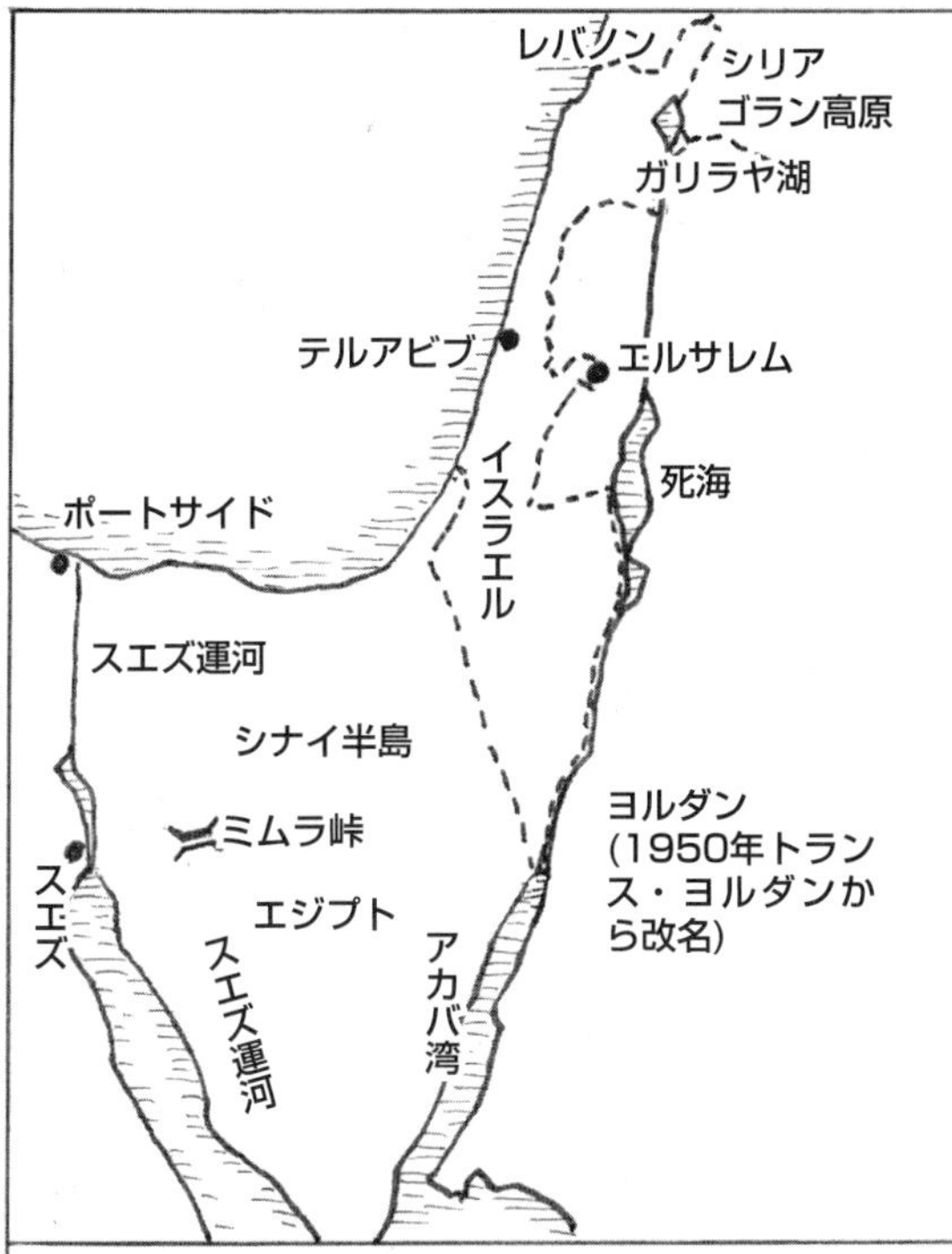

SU-100は待ち伏せ攻撃でシャーマンキラーぶりを発揮したが、T34/85は戦車戦でシャーマンに完敗

■イスラエル戦車隊の活躍

10月29日、イスラエル軍はシナイ半島侵攻作戦（カテッシュ作戦）を発動。空挺部隊のミトラ峠降下に連携して、機動歩兵部隊がスエズ運河へと突進した。この戦いで第7機甲旅団は、ダヤン参謀総長の「歩兵の後から進め」と言う命令に反し、要衝アブ・ゲイラを攻略後、半島を一気に突破横断してしまった。もちろんイスラエル空軍が開戦当初より制空権を確保したこともあるが、これによりイスラエル軍内にあった戦車は歩兵直協兵器とするという意見はなくなり、機甲部隊は空挺部隊と並ぶエリート部隊となったのだ。イスラエル軍は一週間余でシナイ半島のほぼ全域を制圧したのだった。

■英・仏軍の介入（スエズ動乱）

第二次中東戦争には、英仏軍もスエズ運河国有化に反発して軍事介入した。11月5日、英仏両軍の空挺部隊がスエズ運河の出口ポートサイド地区へ降下、同時に上陸作戦も決行された。エジプト軍も激しく抵抗したが、ポートサイドは英仏軍に占領されてしまう。しかし、英・仏・イスラエル3国に対し国際世論は厳しく、ソ連は即時撤退を要求。全面戦争の危機が叫ばれ、これにアメリカも反対しなかったため、11月6日英仏は停戦に同意、イスラエルも続いて8日に停戦、占領地からの撤退に同意した。

戦争には敗れたものの、エジプトはシナイ半島を取り戻し、スエズ運河の国有化にも成功したのである。

ポートサイド市内でのセンチュリオンとSU-100の戦車戦は、SU-100が地の利を生かし互角に戦った

○第二次中東戦争をアラブ側は「スエズ戦争」、イスラエル側は「シナイ作戦」と呼んでいる　○ナセルはアルジェリアの独立運動を支援しており、フランスとしてもほっておけなかった

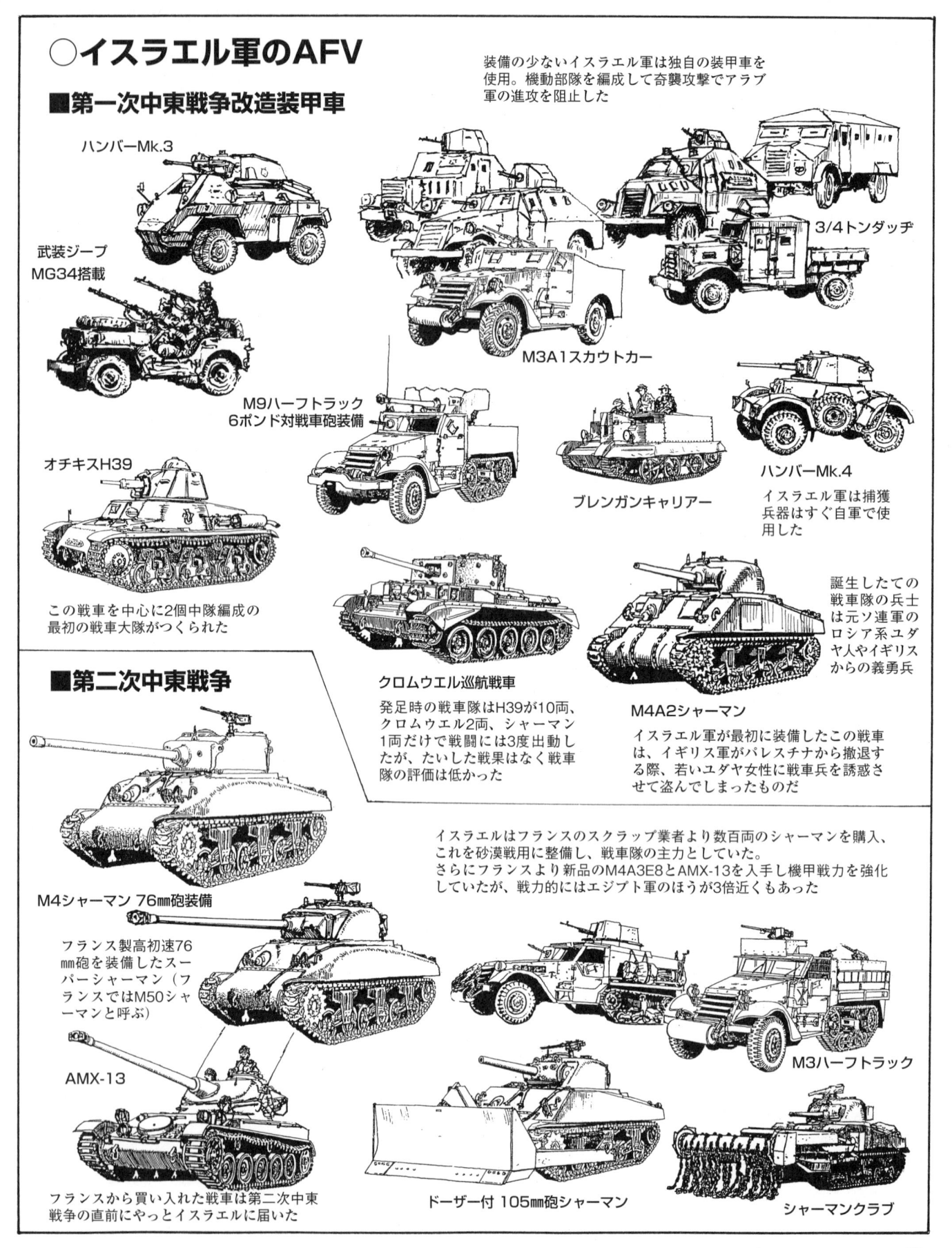

○イスラエル軍のAFV

装備の少ないイスラエル軍は独自の装甲車を使用。機動部隊を編成して奇襲攻撃でアラブ軍の進攻を阻止した

■第一次中東戦争改造装甲車

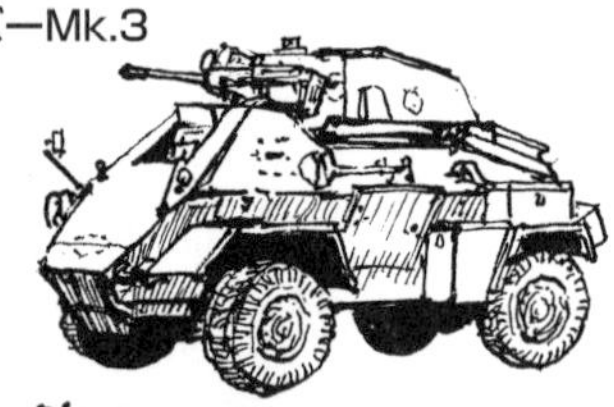

ハンバーMk.3

3/4トンダッヂ

M3A1スカウトカー

武装ジープ
MG34搭載

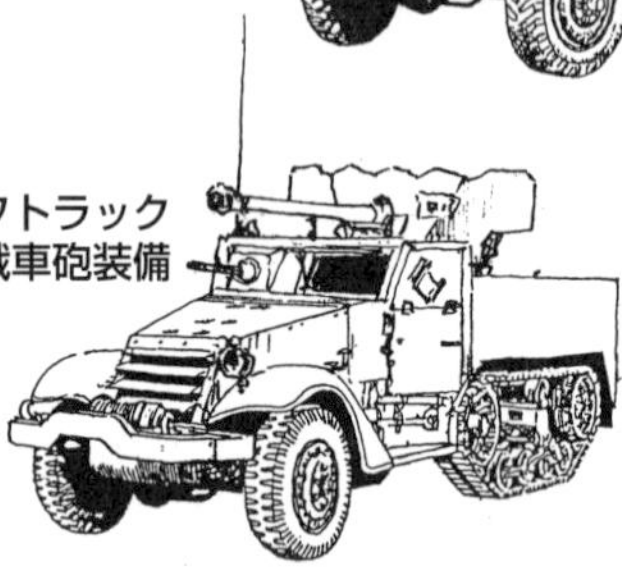

M9ハーフトラック
6ポンド対戦車砲装備

ブレンガンキャリアー

ハンバーMk.4

イスラエル軍は捕獲兵器はすぐ自軍で使用した

オチキスH39

この戦車を中心に2個中隊編成の最初の戦車大隊がつくられた

クロムウエル巡航戦車

発足時の戦車隊はH39が10両、クロムウエル2両、シャーマン1両だけで戦闘には3度出動したが、たいした戦果はなく戦車隊の評価は低かった

M4A2シャーマン

誕生したての戦車隊の兵士は元ソ連軍のロシア系ユダヤ人やイギリスからの義勇兵

イスラエル軍が最初に装備したこの戦車は、イギリス軍がパレスチナから撤退する際、若いユダヤ女性に戦車兵を誘惑させて盗んでしまったものだ

■第二次中東戦争

イスラエルはフランスのスクラップ業者より数百両のシャーマンを購入、これを砂漠戦用に整備し、戦車隊の主力としていた。

さらにフランスより新品のM4A3E8とAMX-13を入手し機甲戦力を強化していたが、戦力的にはエジプト軍のほうが3倍近くもあった

M4シャーマン 76㎜砲装備

フランス製高初速76㎜砲を装備したスーパーシャーマン（フランスではM50シャーマンと呼ぶ）

AMX-13

フランスから買い入れた戦車は第二次中東戦争の直前にやっとイスラエルに届いた

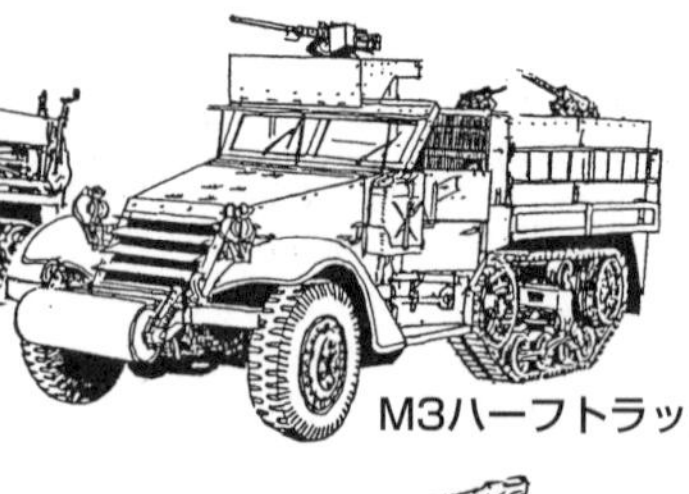

M3ハーフトラック

ドーザー付 105㎜砲シャーマン

シャーマンクラブ

○アラブ陣営のAFV

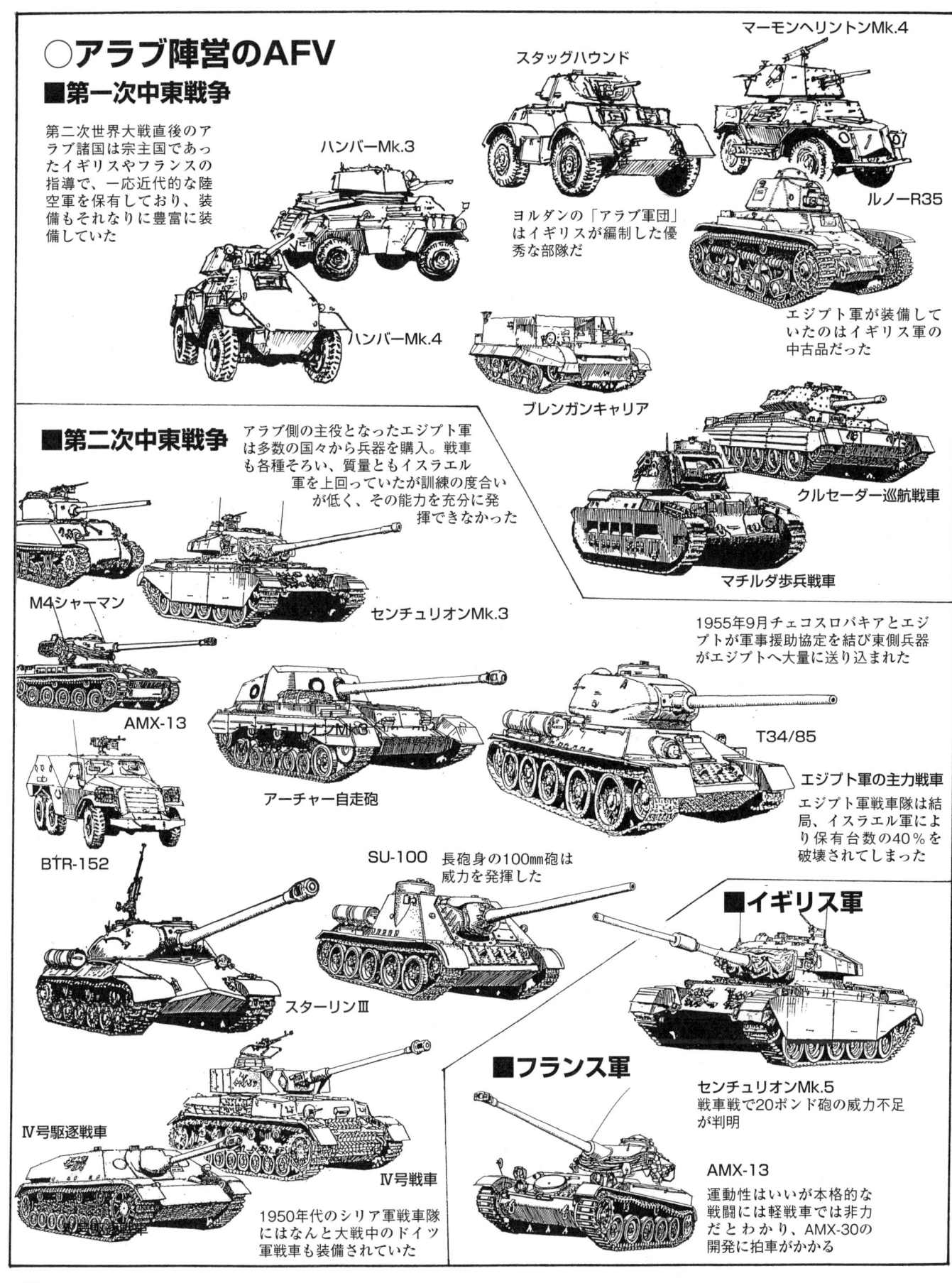

■第一次中東戦争

第二次世界大戦直後のアラブ諸国は宗主国であったイギリスやフランスの指導で、一応近代的な陸空軍を保有しており、装備もそれなりに豊富に装備していた

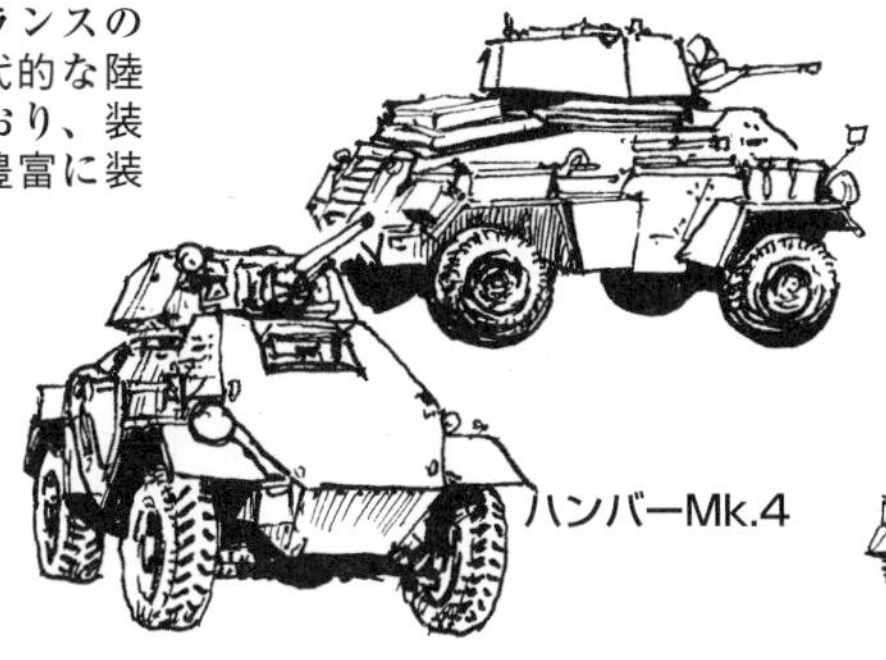

ハンバーMk.3

ハンバーMk.4

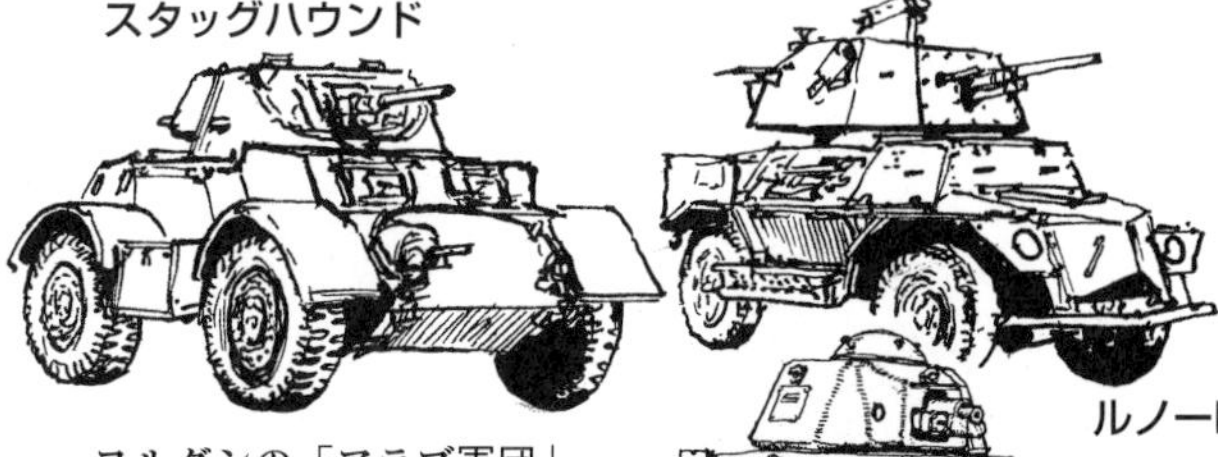

スタッグハウンド

マーモンヘリントンMk.4

ヨルダンの「アラブ軍団」はイギリスが編制した優秀な部隊だ

ルノーR35

エジプト軍が装備していたのはイギリス軍の中古品だった

ブレンガンキャリア

■第二次中東戦争

アラブ側の主役となったエジプト軍は多数の国々から兵器を購入。戦車も各種そろい、質量ともイスラエル軍を上回っていたが訓練の度合いが低く、その能力を充分に発揮できなかった

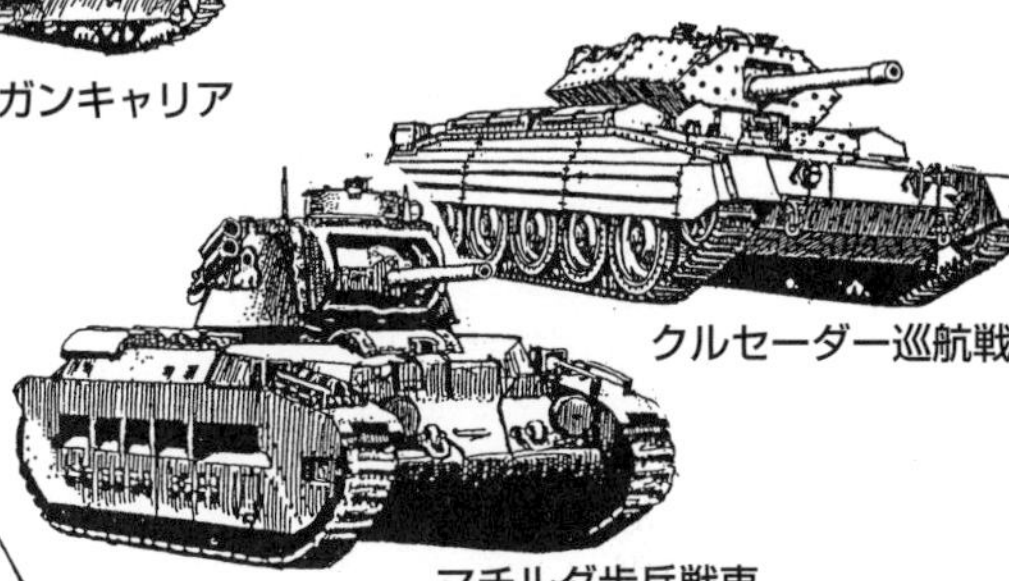

クルセーダー巡航戦車

マチルダ歩兵戦車

M4シャーマン

センチュリオンMk.3

AMX-13

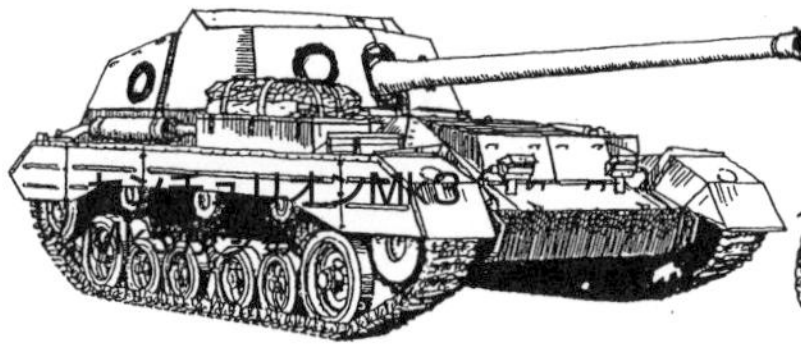

アーチャー自走砲

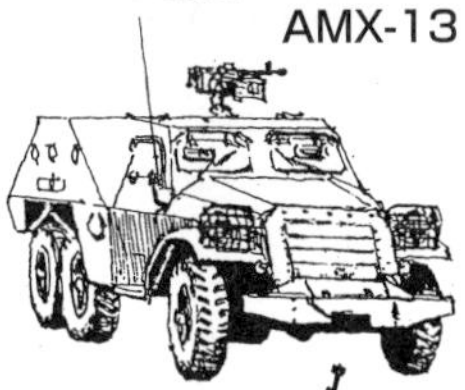

BTR-152

1955年9月チェコスロバキアとエジプトが軍事援助協定を結び東側兵器がエジプトへ大量に送り込まれた

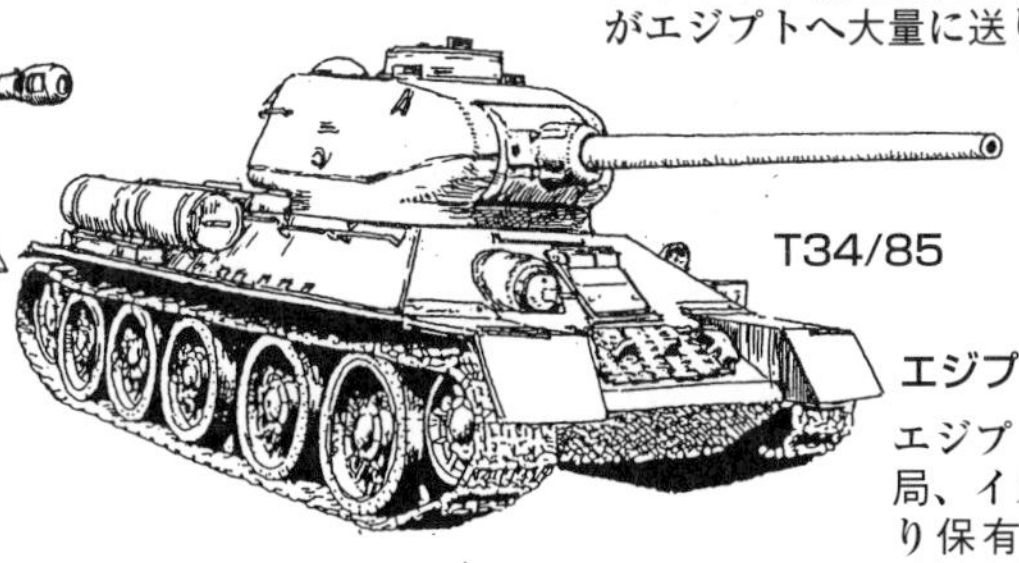

T34/85

エジプト軍の主力戦車

エジプト軍戦車隊は結局、イスラエル軍により保有台数の40％を破壊されてしまった

スターリンⅢ

SU-100 長砲身の100㎜砲は威力を発揮した

Ⅳ号戦車

Ⅳ号駆逐戦車

1950年代のシリア軍戦車隊にはなんと大戦中のドイツ軍戦車も装備されていた

■イギリス軍

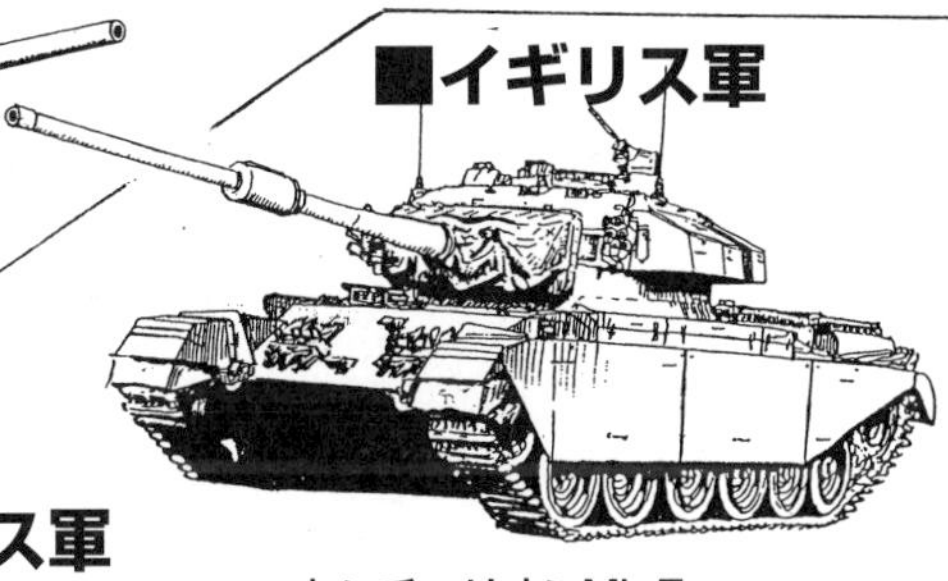

センチュリオンMk.5

戦車戦で20ポンド砲の威力不足が判明

■フランス軍

AMX-13

運動性はいいが本格的な戦闘には軽戦車では非力だとわかり、AMX-30の開発に拍車がかかる

2. 第三次中東戦争

○第三次中東戦争のアラブ側呼称「6月戦争」、イスラエル側呼称「6日戦争」

PLO　パレスチナ解放機構

■第三次中東戦争（1967年6月5日～10日）

第二次中東戦争で手痛い損害を受けたアラブ側は1962年頃から次第に戦力の増強に務め、'67年頃には量的にはイスラエルを大幅に上回っていた。

エジプトはソ連から約20億ドルの軍事援助を得て、前の戦争で壊滅した空軍と機甲部隊を再建し、シリアは軍の質の向上と、ゴラン高原に「小マジノ線」と呼ばれる国境陣地を構築し、ヨルダン川西岸を手に入れていたヨルダンは英軍仕込みの機甲部隊の戦力を強化、その軍事力を着実に増強し続け、イスラエルに対する対決政策を進めていった。さらに、アラブ諸国はPLOのゲリラ活動にキャンプ地を提供するなど支援、そしてアラブ世界の盟主をもって任ずるエジプトのナセル大統領は'67年5月に、シナイ半島の駐留部隊を大幅に増強し、国境に駐留している国連緊急軍の撤退を要求。続いて、アカバ湾のイスラエル艦船の航行を封鎖すると声明しイスラエルに対して強硬姿勢に出た。

これらアラブ側の外圧に、イスラエルは「先手必勝」の策に出る。アラブ世界に孤立している小国イスラエルは周囲のアラブ側から一度に攻め入れられれば、たちまち滅亡の危機に瀕することは百も承知で、戦争のイニシアティブは、是が非でもイスラエルが取る必要があったのだ。

結局第三次中東戦争は、イスラエルが先制奇襲攻撃を成功させ、わずか6日間で決着がつくという短期戦でイスラエルの圧勝に終わったのだった。

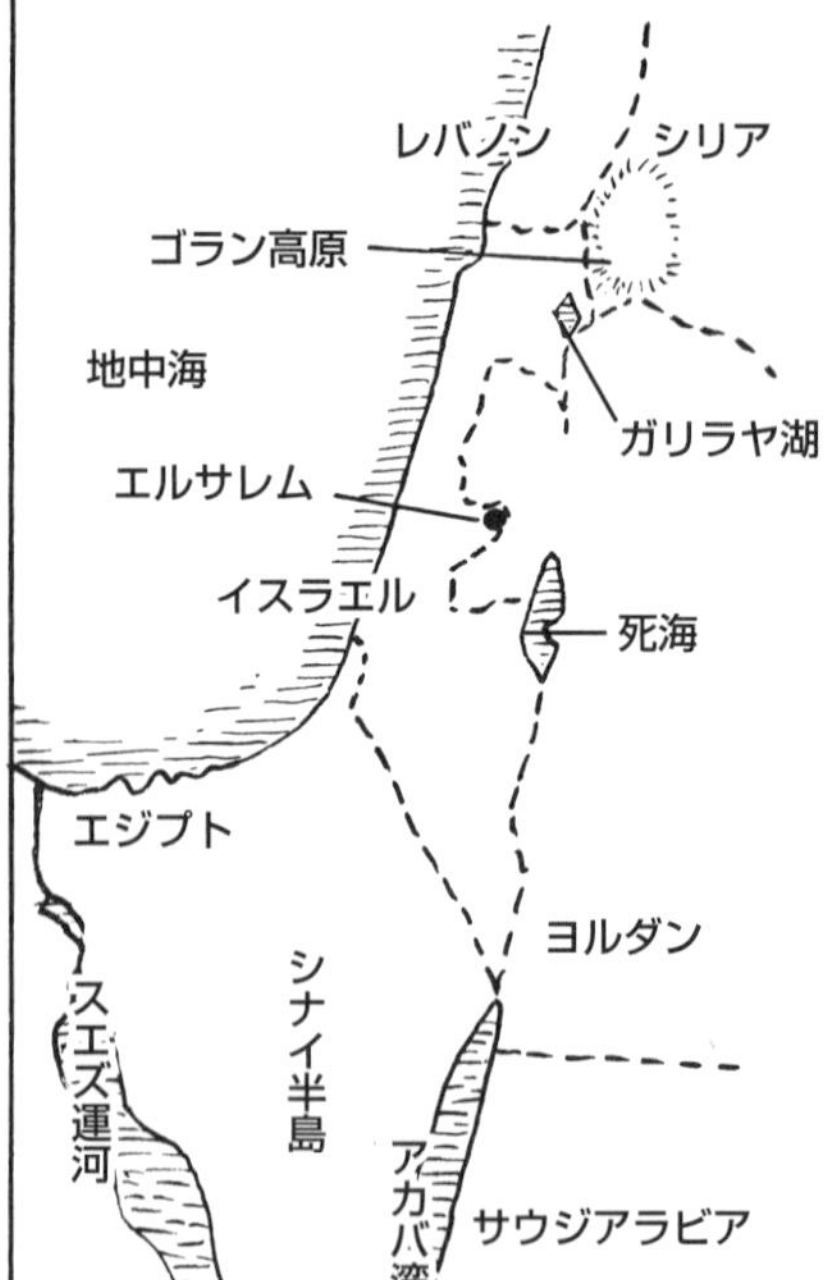

■シナイ半島の戦闘

■モケド作戦

6月5日払暁、出撃したイスラエル空軍部隊はアラブ側のレーダー警戒網を避けて、いったん地中海に出てから、低高度でアラブ側空軍基地へ奇襲攻撃をかけ、アラブ側空軍機を地上において撃滅することに成功、一挙に制空権を確保したのだった。

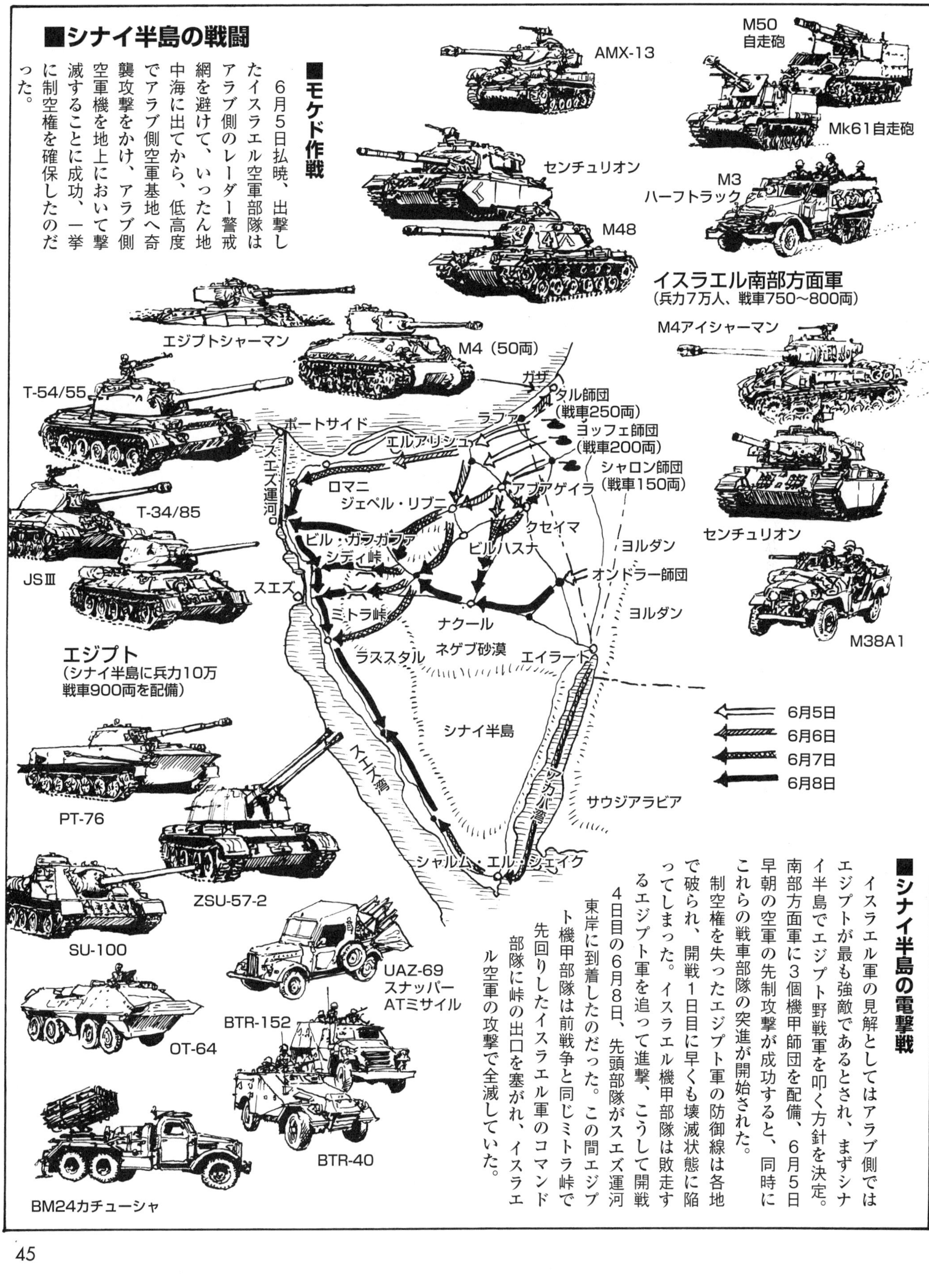
AMX-13
M50
自走砲
Mk61自走砲
センチュリオン
M3
ハーフトラック
M48
イスラエル南部方面軍
(兵力7万人、戦車750〜800両)
M4アイシャーマン
エジプトシャーマン
M4(50両)
T-54/55
ガザ
タル師団
(戦車250両)
ラファ
ヨッフェ師団
(戦車200両)
ポートサイド
エルアリシュ
シャロン師団
(戦車150両)
ロマニ
ジェベル・リブニ
アブアゲイラ
スエズ運河
T-34/85
クセイマ
センチュリオン
ビル・ガフガファ
シディ峠
ビルハスナ
ヨルダン
JSⅢ
スエズ
オンドラー師団
ミトラ峠
ナクール
ヨルダン
ネゲブ砂漠
エイラート
ラスス タル
M38A1
エジプト
(シナイ半島に兵力10万
戦車900両を配備)
6月5日
6月6日
6月7日
6月8日
シナイ半島
スエズ湾
アカバ湾
サウジアラビア
PT-76
シャルム・エル・シェイク
ZSU-57-2
SU-100
UAZ-69
スナッパー
ATミサイル
BTR-152
OT-64
BTR-40
BM24カチューシャ

■シナイ半島の電撃戦

イスラエル軍の見解としてはアラブ側ではエジプトが最も強敵であるとされ、まずシナイ半島でエジプト野戦軍を叩く方針を決定。南部方面軍に3個機甲師団を配備、6月5日早朝の空軍の先制攻撃が成功すると、同時にこれらの戦車部隊の突進が開始された。

制空権を失ったエジプト軍の防御線は各地で破られ、開戦1日目に早くも壊滅状態に陥ってしまった。イスラエル機甲部隊は敗走するエジプト軍を追って進撃、こうして開戦4日目の6月8日、先頭部隊がスエズ運河東岸に到着したのだった。この間エジプト機甲部隊は前戦争と同じミトラ峠で先回りしたイスラエル軍のコマンド部隊に峠の出口を塞がれ、イスラエル空軍の攻撃で全滅していた。

■ヨルダン河西岸とゴラン高原

■ゴラン高原

シリア軍は開戦当初、エジプト軍やヨルダン軍がイスラエル軍と激戦中も攻勢には出ず、砲撃を実施するだけだった。また、イスラエル軍も「小マジノ線」を警戒し、攻勢を控えていたので、この戦線では4日間何事も起こらなかった。しかしエジプトとヨルダンとの両戦線をかたずけたイスラエル軍は9日よりゴラン高原へ進攻、航空支援のもと10日午後までに同地を占領確保した。

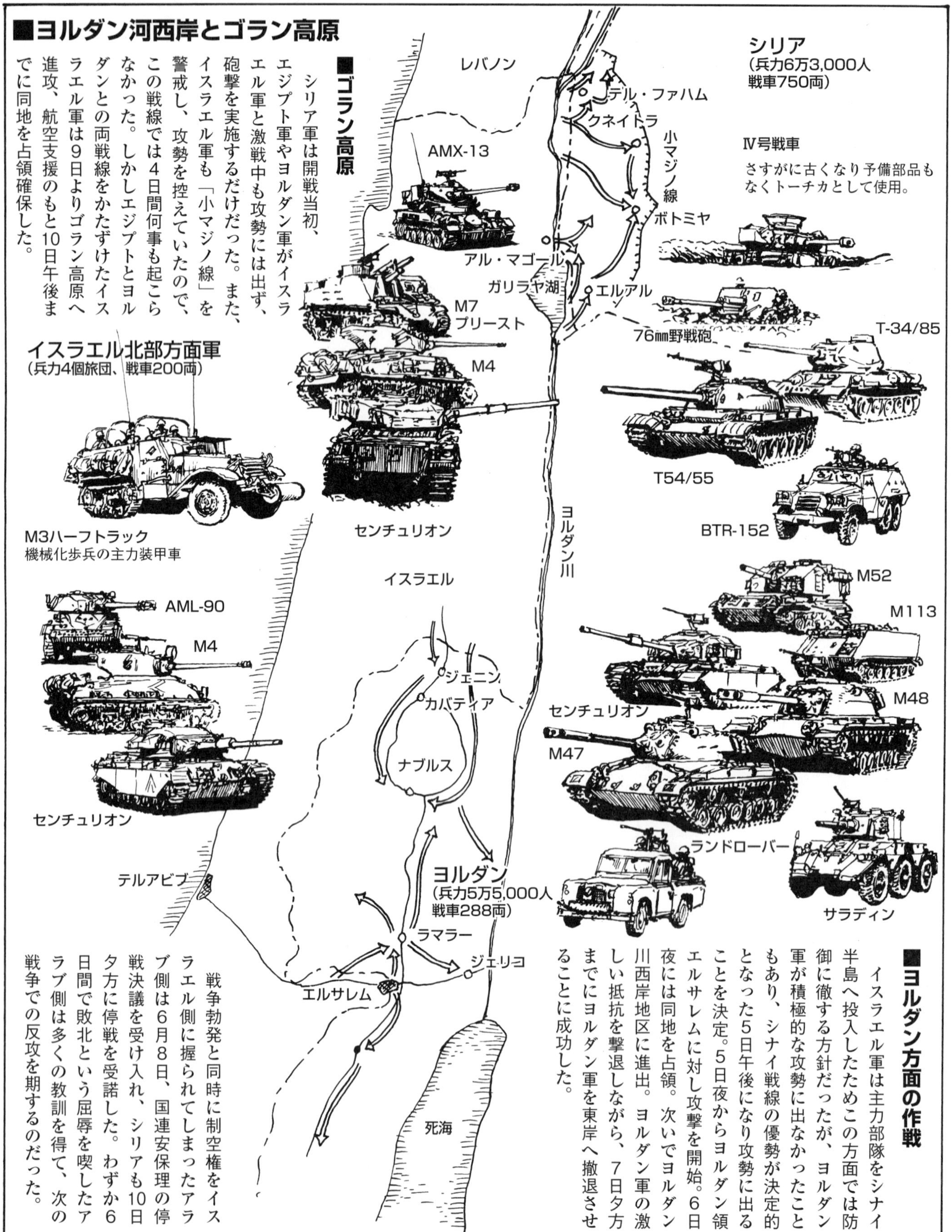
レバノン
シリア
(兵力6万3,000人
戦車750両)
テル・ファハム
クネイトラ
小マジノ線
Ⅳ号戦車
さすがに古くなり予備部品もなくトーチカとして使用。
AMX-13
ボトミヤ
アル・マゴール
ガリラヤ湖
エルアル
M7
プリースト
76㎜野戦砲
T-34/85
イスラエル北部方面軍
(兵力4個旅団、戦車200両)
M4
T54/55
ヨルダン川
BTR-152
M3ハーフトラック
機械化歩兵の主力装甲車
センチュリオン
イスラエル
AML-90
M52
M113
M4
ジェニン
カバティア
センチュリオン
M48
M47
ナブルス
センチュリオン
ランドローバー
ヨルダン
(兵力5万5,000人
戦車288両)
テルアビブ
サラディン
ラマラー
ジェリコ
エルサレム
死海

■ヨルダン方面の作戦

イスラエル軍は主力部隊をシナイ半島へ投入したためこの方面では防御に徹する方針だったが、ヨルダン軍が積極的な攻勢に出なかったこともあり、シナイ戦線の優勢が決定的となった5日午後になり攻勢に出ることを決定。5日夜からヨルダン領エルサレムに対し攻撃を開始。6日夜には同地を占領。次いでヨルダン川西岸地区に進出。ヨルダン軍の激しい抵抗を撃退しながら、7日夕方までにヨルダン軍を東岸へ撤退させることに成功した。

戦争勃発と同時に制空権をイスラエル側に握られてしまったアラブ側は6月8日、国連安保理の停戦決議を受け入れ、シリアも10日夕方に停戦を受諾した。わずか6日間で敗北という屈辱を喫したアラブ側は多くの教訓を得て、次の戦争での反攻を期するのだった。

■イスラエルで甦ったシャーマンファミリー

M4A2　イスラエル陸軍最初の戦車

75㎜砲

第二次世界大戦中で最も生産された戦車シャーマンは戦後も多くの国で使用されたが、その中で最も有効かつ長期にわたり活用したのがイスラエルであった。初期にはスクラップとして購入したものを再生し、その後、主砲やエンジンを換装し最強のシャーマンM51を造り上げたのだった。1953年頃から東側に兵器供給を受けたエジプトはチェコからT-34/85を中心とする戦車を輸入、これに対し、イスラエルも当時最大の兵器供給国であるフランスから、AMX-1を100両、および76㎜砲型M4A1を60両輸入し、機甲部隊の主力とした。イスラエルでは、この76㎜砲型をM1シャーマンと呼んでいる。

M4A3　75㎜砲型と105㎜砲型

M4A1 76㎜砲型

（M1と呼称）

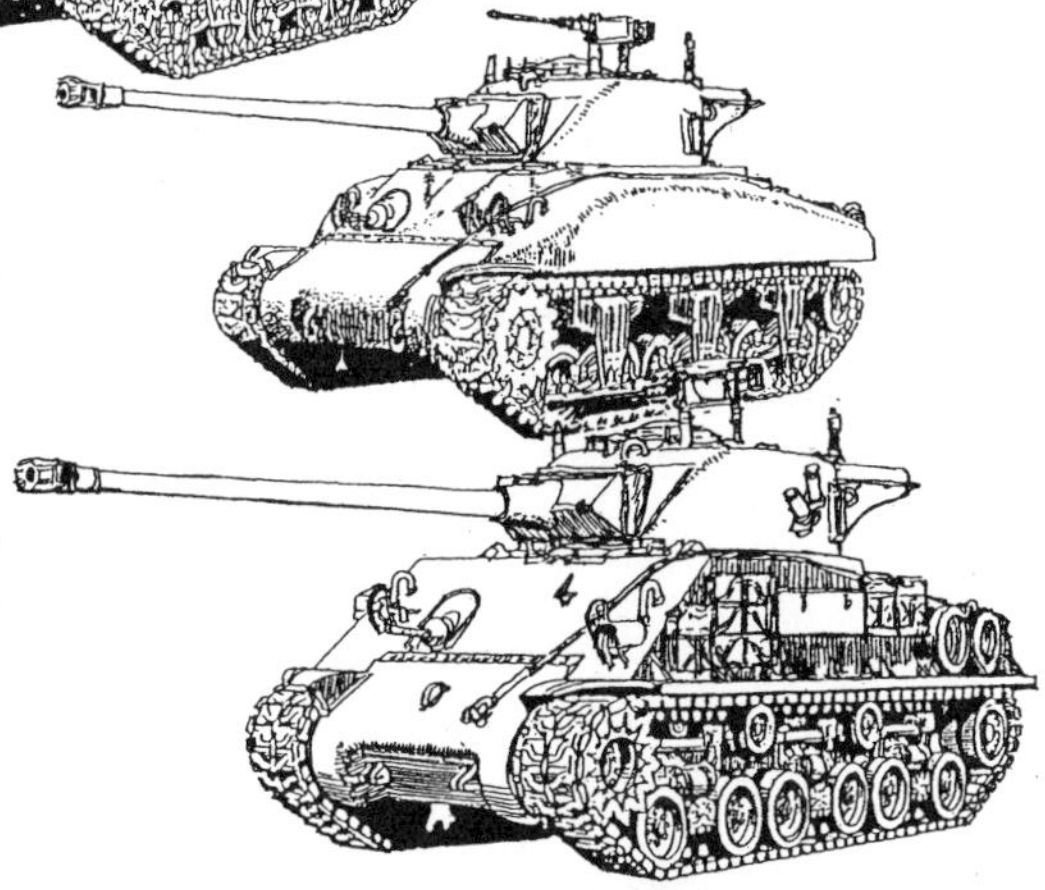

M50スーパーシャーマン

AMX-13用に開発された高初速75㎜砲を装備（パンター戦車の戦車砲を改造したもの）。M50Mk.2はエンジンをディーゼルに換装、懸架装置もHVSSになり機動性が増す。第三次中東戦争時、シナイ半島でM51を運用したのはシャロン師団とタル師団であった。

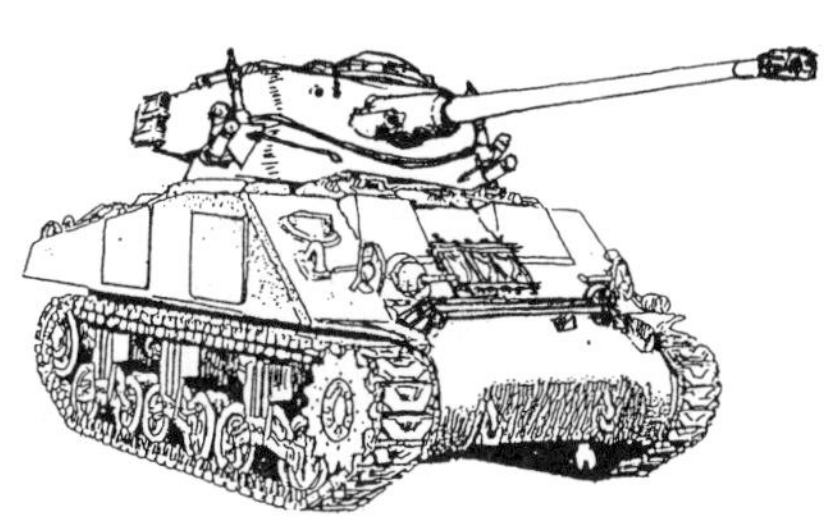

エジプト側が改造したシャーマンでAMX-13の砲塔をそのまま搭載したものだが、ソ連戦車を大量装備したこともあり、少数が使用された。

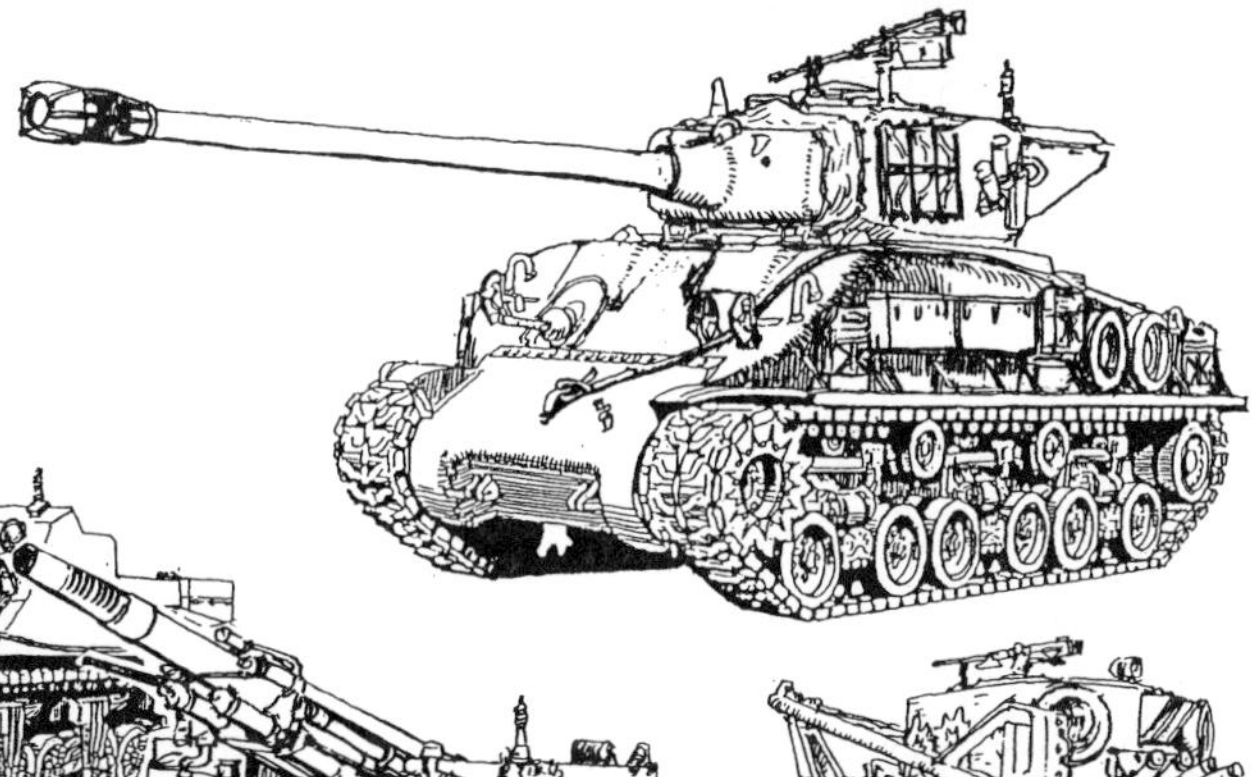

M51アイシャーマン

これまたフランスのAMX-30用に開発された105㎜砲を改造して、シャーマンの砲塔に装備。第三次中東戦争が実戦参加となったシャーマン戦車の究極型。アラブ側のソ連製新型戦車も多数撃破しており、その強さを見せている。

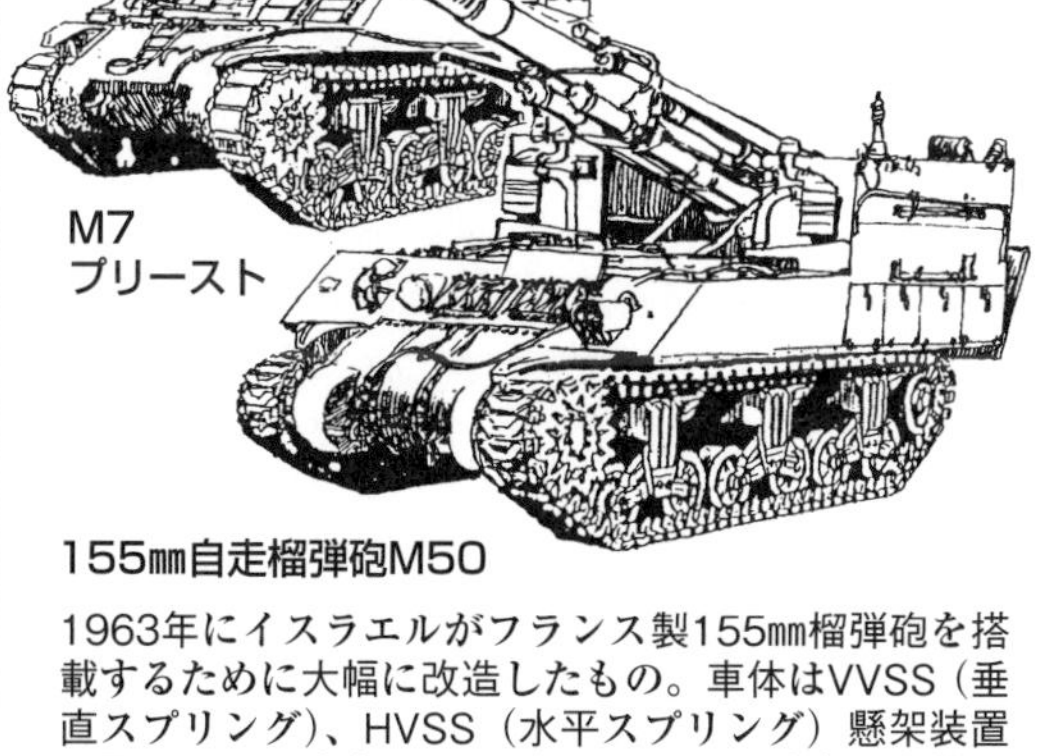

M7
プリースト

155㎜自走榴弾砲M50

1963年にイスラエルがフランス製155㎜榴弾砲を搭載するために大幅に改造したもの。車体はVVSS（垂直スプリング）、HVSS（水平スプリング）懸架装置の両タイプがあり、この後シャーマン戦車の車体は自走砲等のベースへと多くが改造されていった。

M32戦車回収車イスラエル仕様

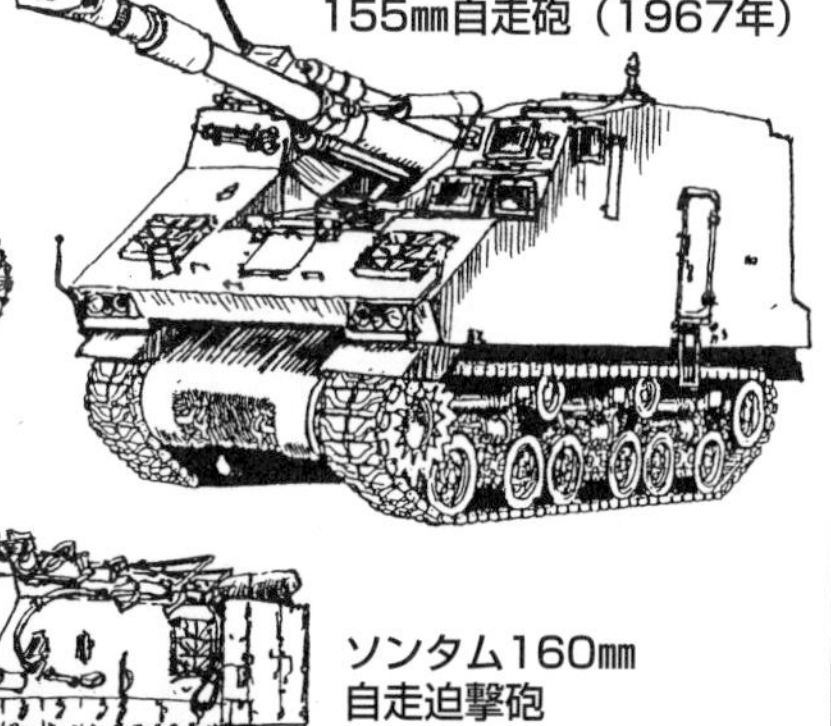

ソンタムL33
155㎜自走砲（1967年）

ソンタム160㎜
自走迫撃砲
（1968年）

第四次中東戦争より実戦参加

○アラブ側では10月戦争は「ラマダーン戦争」、イスラエル側では「ヨム・キプール戦争」と呼称

3. 第四次中東戦争

■第四次中東戦争（1973年10月6日～28日）

これまでの三度の戦争で負けっぱなしのエジプトとシリアは、かねてからの打ち合わせどおり、1973年10月6日突如奇襲攻撃に出た。この日はユダヤ暦で「償いの日（ヨム・キプール）」の祭日、またアラブ諸国にとってもラマダーン（断食月）であり、この先制奇襲はさすがのイスラエル軍を「あっ」といわせたものだった。

イスラエルの情報機関はアラブ側の兵力集中、部隊移動を察知していたが、それを定期演習とみて（アラブ側の欺瞞工作の成功）彼らの開戦意図に確信が持てず、対応策に遅れが出てアラブ側の先制奇襲攻撃を許してしまった。

エジプト軍は20数ヶ所でスエズ運河を渡河。イスラエルがスエズ運河沿いに設けたパーレブラインは突破された。反撃に出たイスラエル機甲部隊はエジプト軍の装備した対戦車ミサイルの集中攻撃を受け、大損害を出してしまう。頼みのイスラエル空軍も出動が遅れた上、濃密な対空砲火により活躍できず、一時的にはシナイ半島のイスラエル空軍は壊滅状態に陥ったが、エジプト軍が進撃に躊躇しているあいだに、なんとか戦線を保ち得て、14日に開始されたエジプト軍の攻勢を第二次世界大戦中のクルスク線以来といわれる大戦車戦で迎撃し、15日夜には逆にスエズ運河を渡河しエジプト領に攻め込んだ。

一方ゴラン高原ではシリア軍が7日朝までに10㎞以上も進出、この方面のイスラエル軍戦車は3倍以上の敵戦車を相手に善戦。その地理的位置からこの地域を失えば、たちまちイスラエル北部が脅かされる戦線でイスラエル兵は決死の戦いで徐々にシリア軍を押し返し、10日には反撃を開始した。

第四次中東戦争もイスラエルに有利な戦局になった10月28日に終結したのだった。

■ゴラン高原の戦闘

シリア軍はゴラン高原に5個師団を配置、兵力は約8万人、戦車1500両以上、火砲約1000門で、攻撃はエジプト軍と時を合わせて10月6日午後2時5分に激しい砲爆撃に続いて、進軍を開始した。

これに対するイスラエル軍は2個機甲旅団がパープルライン沿いに並列に配置されており、戦車170両、火砲約60門を装備していたが急襲攻撃により混乱。とくに南部戦線では6日夜までに兵力は半減、7日朝までにシリア軍に10km以上も進撃を許してしまった。

しかし、その後はイスラエル軍が次々に到着する予備役部隊を投入し、なんとかシリア軍をくいとめることに成功。8日には逆にシリア軍を押し返しはじめる。

ゴラン高原の北部ではヘルモン山山頂の監視塔がシリア軍にいちはやく奪取され観測に支障をきたしたものの、けわしい岩山の地形を利用しイスラエル軍戦車は波状的に襲来するシリア軍戦車部隊を迎撃、激戦地「涙の谷」では最後に残った18両の戦車で100両以上の敵戦車部隊を阻止。10日の朝には、この谷は戦車260両その他の車両200両のシリア軍機甲部隊の墓場となった。

シリア軍の進攻を阻んだイスラエル軍は10日より反攻を開始。パープルラインより先への進撃は政治判断によりダマスカスより10km手前までとされ13日には進撃を停止。イラク軍やヨルダン軍の側面攻撃を撃退して停戦を迎えた。

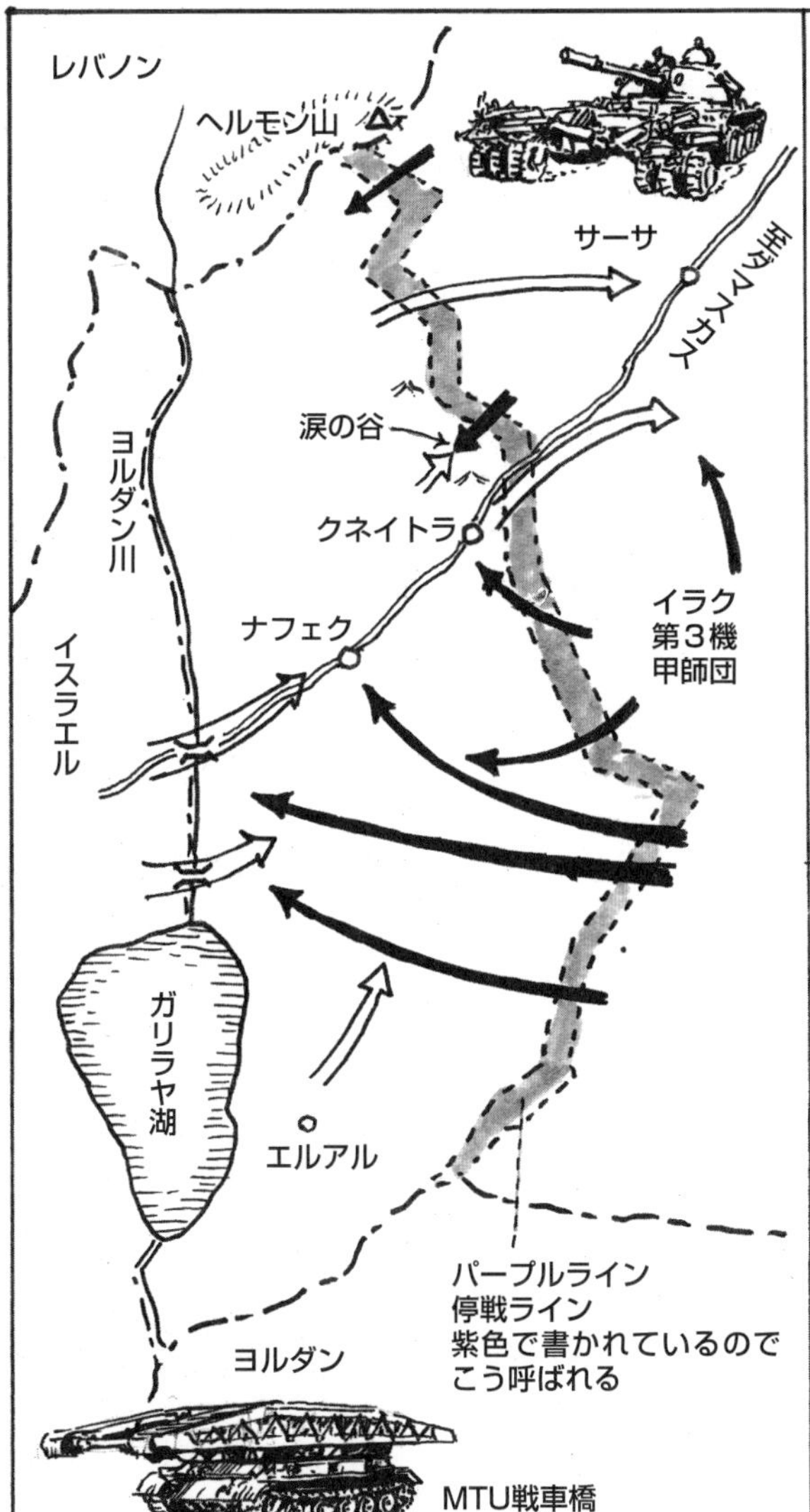

レバノン
ヘルモン山
サーサ
至ダマスカス
涙の谷
クネイトラ
ヨルダン川
ナフェク
イラク
第3機
甲師団
イスラエル
ガリラヤ湖
エルアル
パープルライン
停戦ライン
紫色で書かれているので
こう呼ばれる
ヨルダン
MTU戦車橋

○ゴラン高原にはシリア軍の他に、イラク、モロッコ、アルジェリア、リビア、ヨルダン、サウジアラビア、スーダン軍が小兵力ながら参加。さらにクウェート、パキスタン、イラクらが物資援助を行っておりイスラエルは文字通りアラブ諸国を相手にしていた。

○第四次中東戦争の新兵器

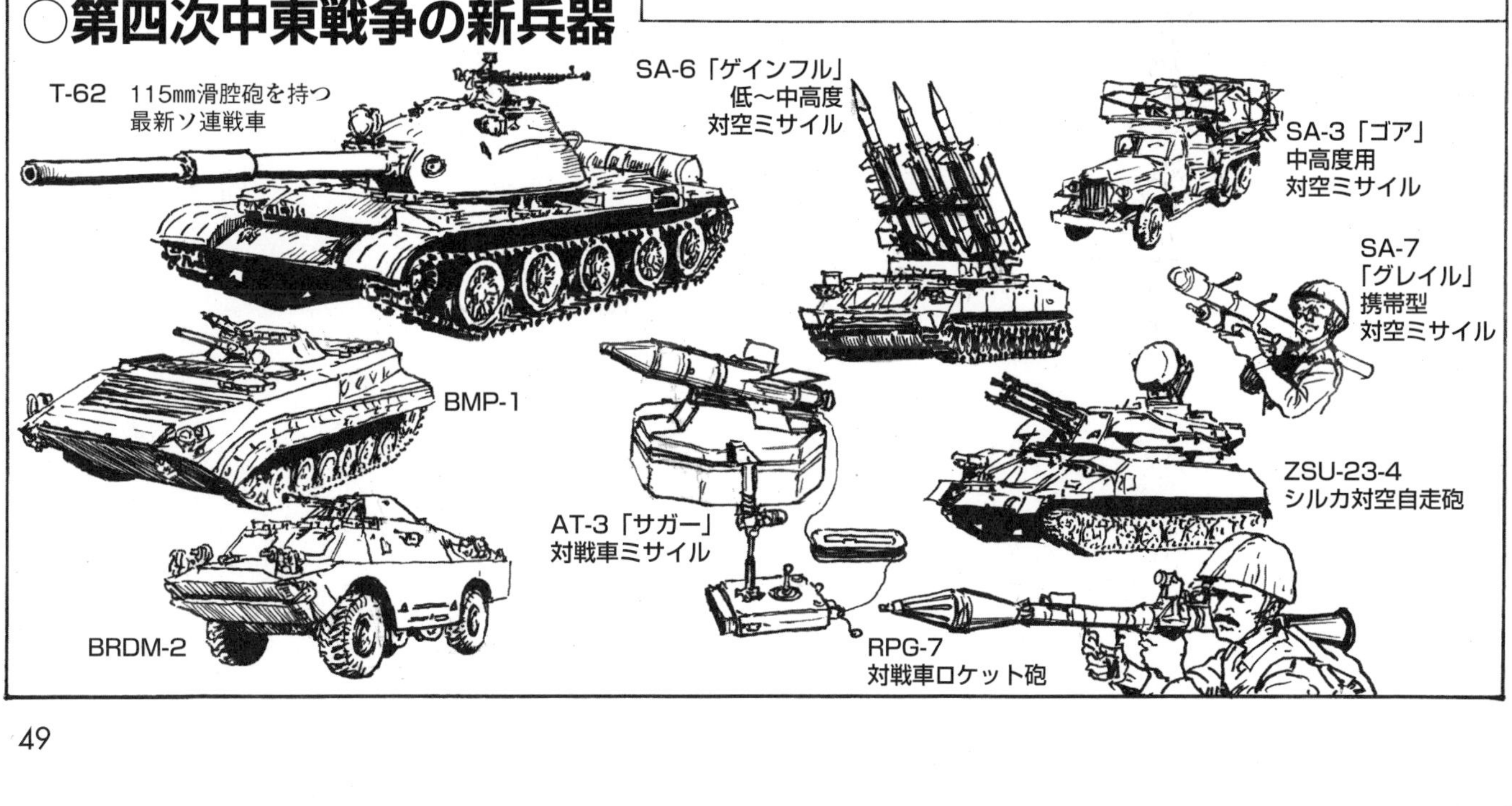

T-62　115㎜滑腔砲を持つ
最新ソ連戦車
SA-6「ゲインフル」
低〜中高度
対空ミサイル
SA-3「ゴア」
中高度用
対空ミサイル
SA-7
「グレイル」
携帯型
対空ミサイル
BMP-1
ZSU-23-4
シルカ対空自走砲
AT-3「サガー」
対戦車ミサイル
BRDM-2
RPG-7
対戦車ロケット砲

バーレブ線　建設に尽力した当時参謀総長ハイム・バーレブにちなんで呼ばれる。

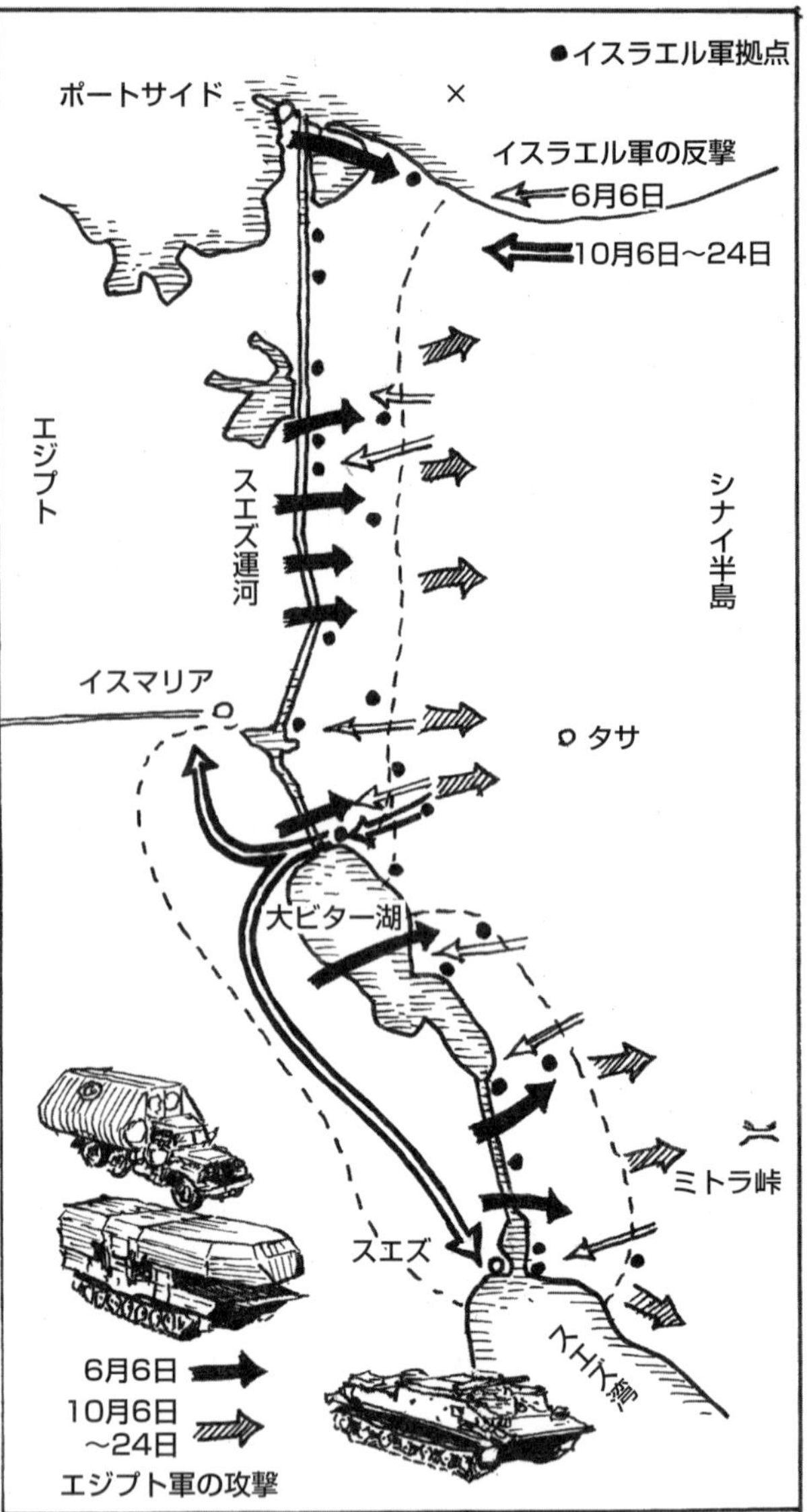
●イスラエル軍拠点
ポートサイド
イスラエル軍の反撃
6月6日
10月6日～24日
エジプト
スエズ運河
シナイ半島
イスマリア
タサ
大ビター湖
ミトラ峠
スエズ
スエズ湾
6月6日
10月6日
～24日
エジプト軍の攻撃

■シナイ半島の戦闘

第三次中東戦争後から１９６９年にかけてイスラエルはスエズ運河の東岸沿いに長大な防衛線を築いた。これがバーレブ線だ。運河東岸は、運河を掘った土を積み上げ、高さ20メートル、傾斜45度の土手があり、これに運河沿いの32ヶ所に強化防御拠点を設け、敵が運河を渡って来た場合は、この防御地帯で侵攻を遅らせ、内陸の機甲部隊で反撃するというのがイスラエルの運河防御案であった。

エジプト軍はサダト大統領の発案により充分な欺瞞工作を行ない10月6日午後2時、約２５０機によるイスラエル軍の諸軍事施設猛爆と同時に火砲約４０００門の砲撃によって奇襲攻撃「バドール」作戦を開始。運河の土手を爆破、その後高圧放水ポンプの水流により切り通しを造り、エジプト軍部隊は仮設橋梁を渡り、続々とシナイへと突入した。

バーレブ線突破の報に、これまでの勝ち戦から一気にエジプト軍を運河に追い落とそうと、イスラエル機甲部隊が戦車部隊単独で反撃を開始した。しかしエジプト軍はソ連製対戦車ミサイルをふんだんに装備し、突進してくるイスラエル戦車を次々に撃破してしまった。イスラエル軍は夕方までに戦車１００両を失い、バーレブ線機動防御部隊の2ヶ戦車旅団は壊滅状態となってしまう。イスラエル軍は驚異的なペースで予備役を全面招集し、なんとか戦線を保持。

一方エジプト軍は運河西岸からの対空ミサイルの傘から外に進撃することをためらっていたが14日シリア軍を援護するために全軍が戦車１０００両をもって進撃を開始。これをイスラエル軍戦車８００両が迎え撃ち、大戦車戦が展開され、この戦車戦はイスラエルの圧勝に終わった。

15日、イスラエル軍は2個機甲旅団をエジプト領内へ渡河させることに成功。そのためエジプト軍はシナイ正面の兵力をさいてこの敵にあたるしかなく、スエズ市を守り抜いたところで国連の停戦決議が入り、10月28日第四次中東戦争は終結した。

イスラエルは緒戦の大損害により危機に陥ったが、後半の盛り返しで敗北からなんとか引き分けの休戦に持ち込んだ戦争だった。

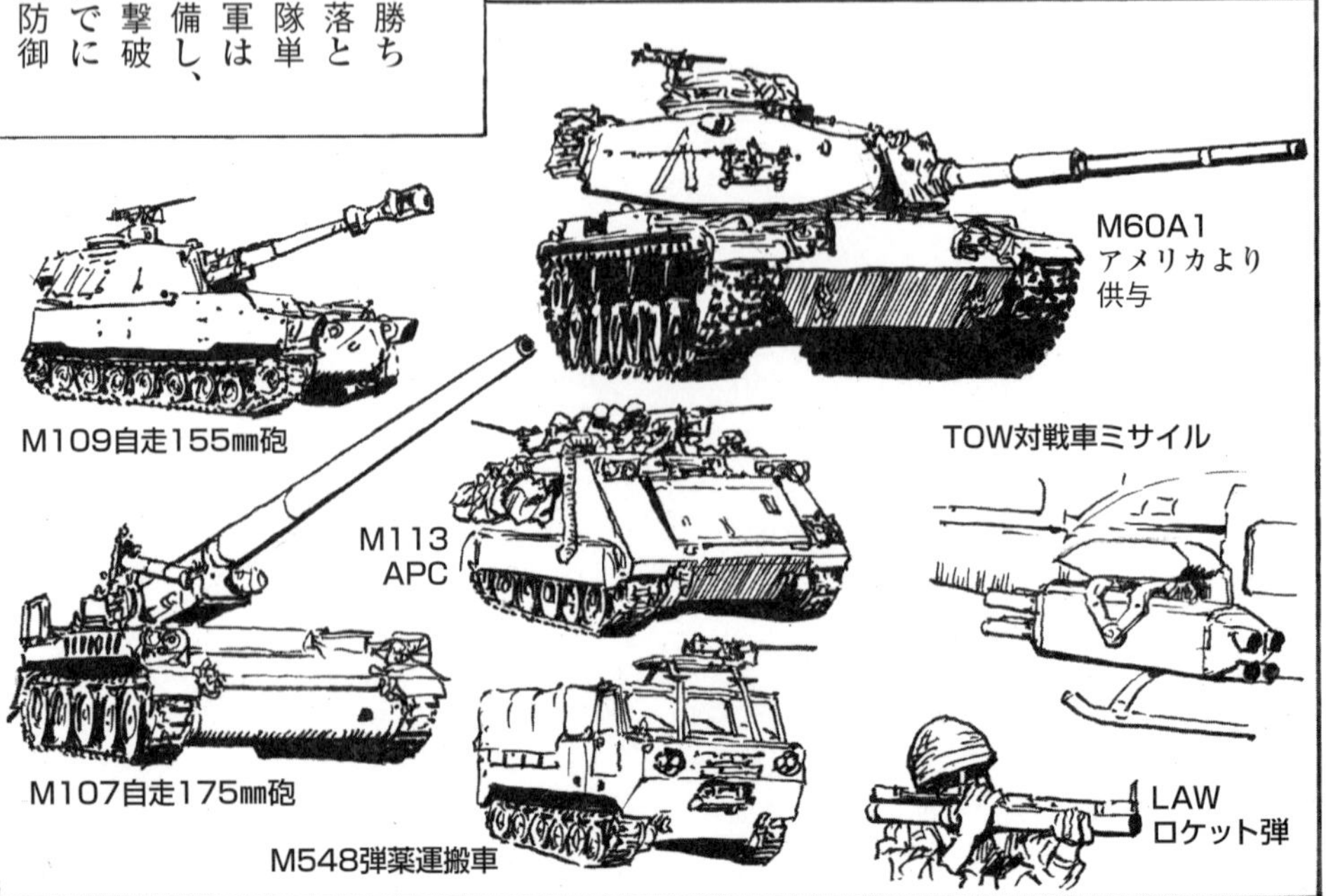
M60A1
アメリカより供与
M109自走155㎜砲
TOW対戦車ミサイル
M113
APC
M107自走175㎜砲
LAW
ロケット弾
M548弾薬運搬車

中東戦争の戦車戦、ソ連戦車をやっつけろ！

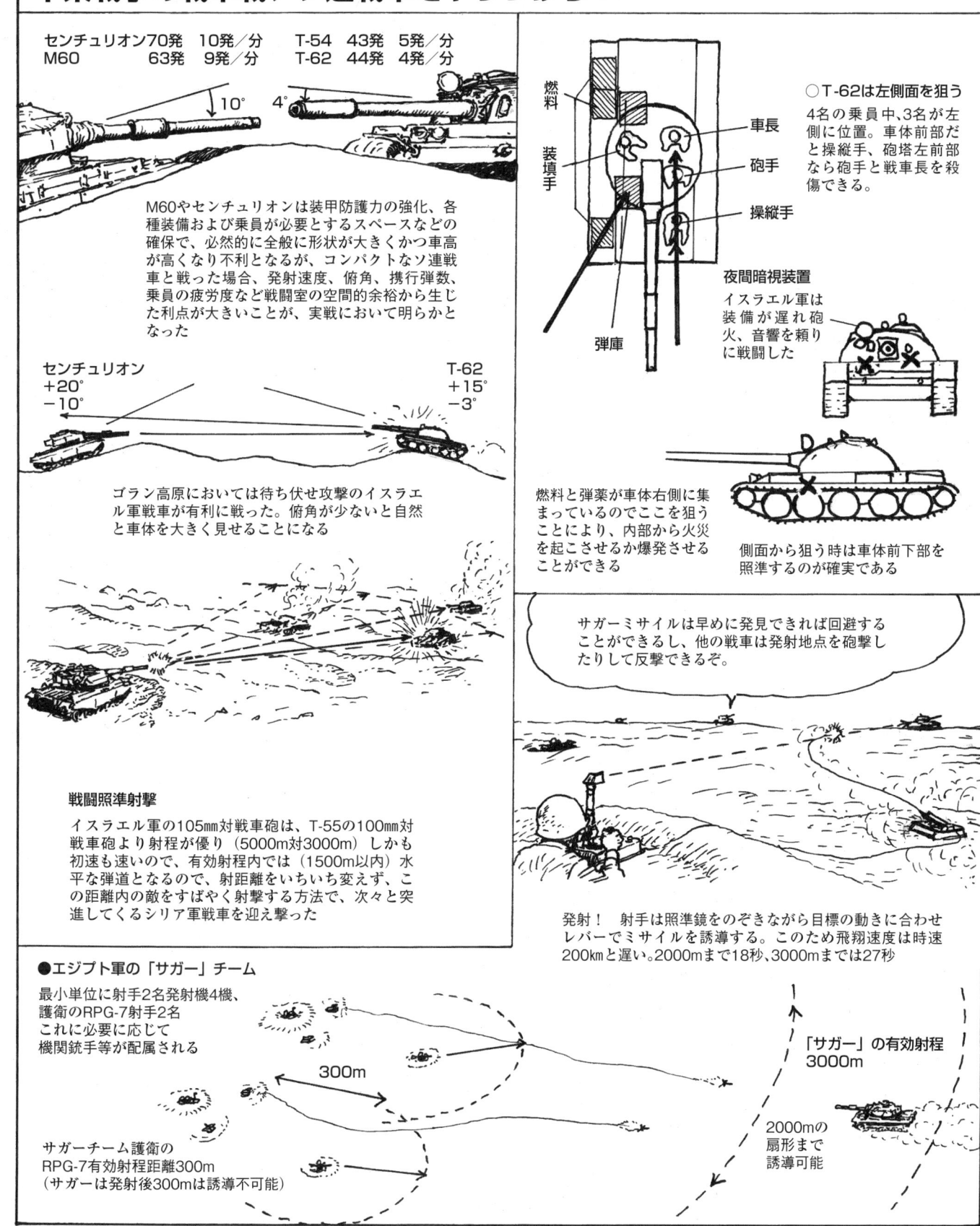

センチュリオン70発　10発／分　　T-54　43発　5発／分
M60　63発　9発／分　　T-62　44発　4発／分

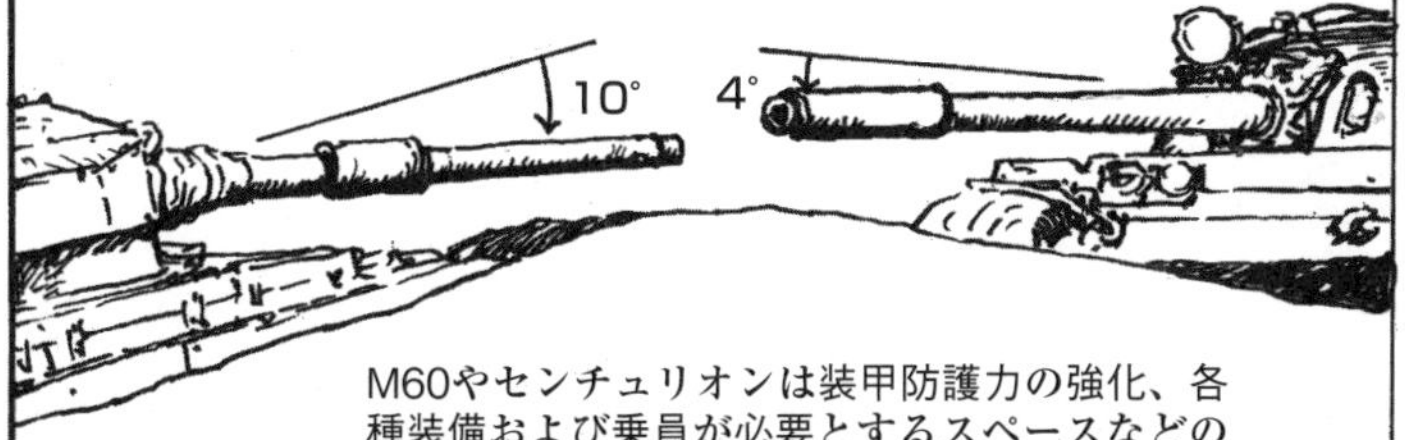

10°
4°

M60やセンチュリオンは装甲防護力の強化、各種装備および乗員が必要とするスペースなどの確保で、必然的に全般に形状が大きくかつ車高が高くなり不利となるが、コンパクトなソ連戦車と戦った場合、発射速度、俯角、携行弾数、乗員の疲労度など戦闘室の空間的余裕から生じた利点が大きいことが、実戦において明らかとなった

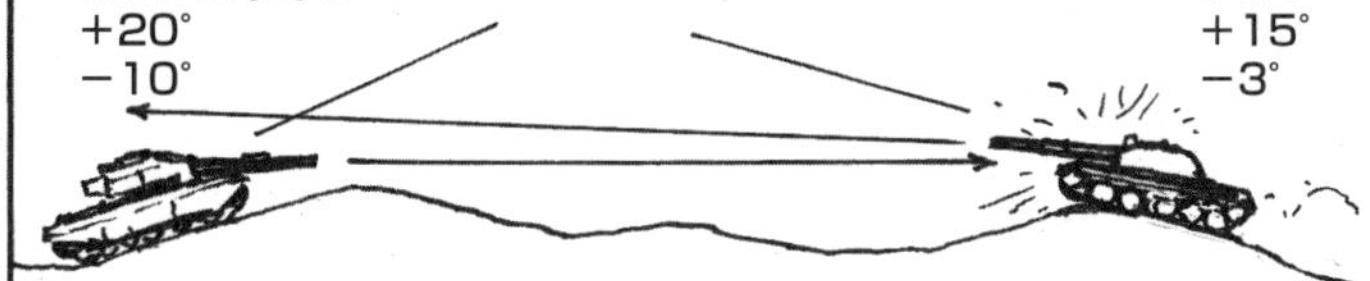

センチュリオン
+20°
−10°
T-62
+15°
−3°

ゴラン高原においては待ち伏せ攻撃のイスラエル軍戦車が有利に戦った。俯角が少ないと自然と車体を大きく見せることになる

戦闘照準射撃

イスラエル軍の105㎜対戦車砲は、T-55の100㎜対戦車砲より射程が優り（5000m対3000m）しかも初速も速いので、有効射程内では（1500m以内）水平な弾道となるので、射距離をいちいち変えず、この距離内の敵をすばやく射撃する方法で、次々と突進してくるシリア軍戦車を迎え撃った

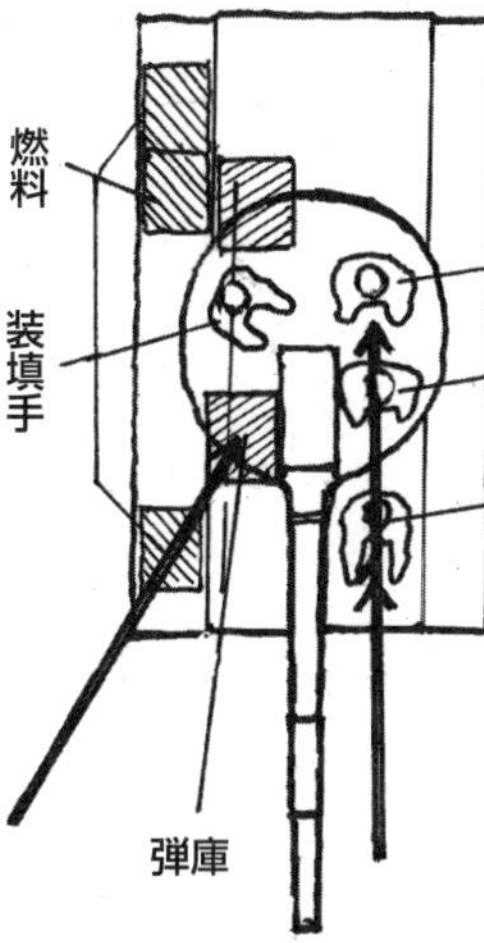

燃料
装填手
車長
砲手
操縦手
弾庫

○T-62は左側面を狙う

4名の乗員中、3名が左側に位置。車体前部だと操縦手、砲塔左前部なら砲手と戦車長を殺傷できる。

夜間暗視装置

イスラエル軍は装備が遅れ砲火、音響を頼りに戦闘した

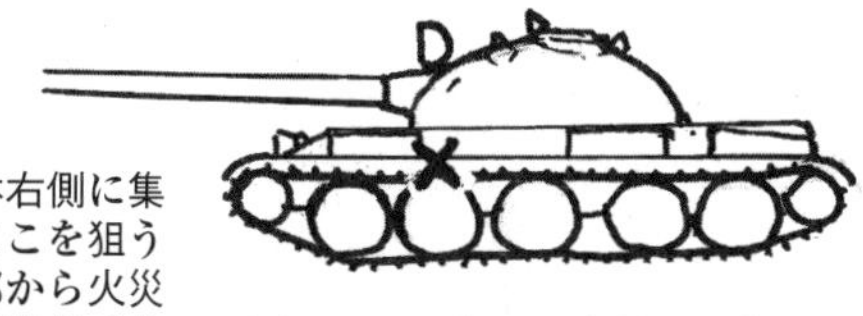

燃料と弾薬が車体右側に集まっているのでここを狙うことにより、内部から火災を起こさせるか爆発させることができる

側面から狙う時は車体前下部を照準するのが確実である

サガーミサイルは早めに発見できれば回避することができるし、他の戦車は発射地点を砲撃したりして反撃できるぞ。

発射！　射手は照準鏡をのぞきながら目標の動きに合わせレバーでミサイルを誘導する。このため飛翔速度は時速200㎞と遅い。2000mまで18秒、3000mまでは27秒

●エジプト軍の「サガー」チーム

最小単位に射手2名発射機4機、
護衛のRPG-7射手2名
これに必要に応じて
機関銃手等が配属される

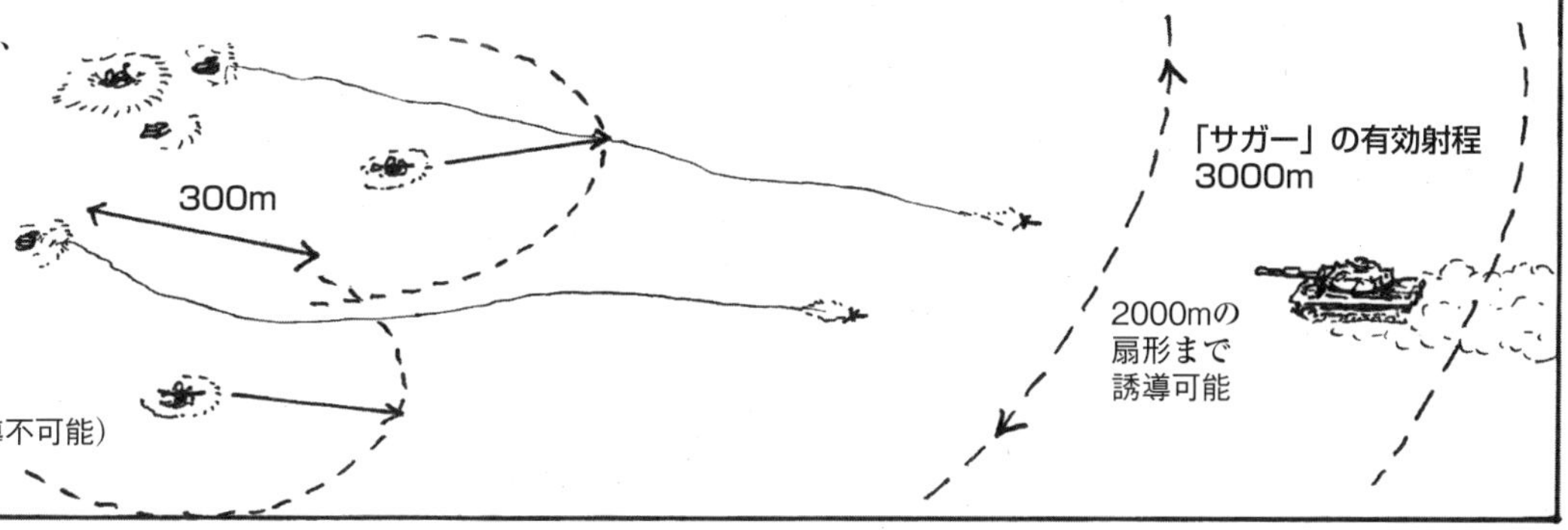

300m
「サガー」の有効射程
3000m
2000mの
扇形まで
誘導可能

サガーチーム護衛の
RPG-7有効射程距離300m
（サガーは発射後300mは誘導不可能）

4. レバノン戦争

○レバノン戦争をアラブ側は「レバノン侵攻作戦」、イスラエル側は「ガリラヤ作戦」と呼ぶ

■レバノン侵攻（1982年6月〜9月）

　イスラエルの隣国レバノンは従来から非常に不安定な政治状況にあった。イスラエルの支援を受けたキリスト教右派と、シリアに支援されたPLOの二大組織による内戦状態が続いており、これは1976年のシリア軍のベイルート駐屯で一応は鎮静化してはいたが、レバノン国内にはいくつもの派閥があり、血で血を洗う戦いがくり返されていた。その中でも強大な勢力をもつPLOが南部レバノンを支配し、イスラエルに対し砲撃やゲリラ攻撃をしかけていた。

　1982年6月6日、イスラエル軍の攻撃により、第五次『ミニ』中東戦争ははじまった。イスラエルの目的はPLO軍事組織の壊滅とレバノンを実質的に支配し、PLOを支援しているシリア軍をレバノンから排除することだった。国境には国連レバノン暫定部隊がいたが、イスラエル軍はこれを無視して目の前をベイルートを目ざして突進。作戦開始後、数日間でPLOの支配地域を制圧し、13日にはベイルート郊外に達し、PLO本部を攻撃、破壊した。この間レバノン駐留のシリア軍との交戦では第四次中東戦争の戦訓を充分に生かし、地対空ミサイル陣地を撃滅し、航空戦に圧勝、地上戦においてもソ連の誇る最新鋭戦車T・72を、イスラエル国産のメルカバ戦車が撃破し、17日にはシリア軍との停戦が成立したのだった。ベイルートで包囲されたPLOは2ヶ月間がんばったが、ついに撤退を開始。イスラエル軍の作戦開始から3ヶ月後にPLOはレバノンから全面撤退を余儀なくされたのだった。その後イスラエル軍はレバノンに駐留し、PLOの残存勢力とシリア軍との小競り合いをくり返すことになるが、「ガリラヤ平和作戦」はイスラエルの勝利に終わった。しかしその裏でキリスト教右派民兵によるイスラム系住民への虐殺行為や、アラブ過激派の爆弾テロ等が相次ぎ、イスラエル国民に反軍反戦ムードをもたらした戦争だった。

◎シリア軍
第1及び第3機甲師団を主力とし、戦車700両をもって有利な地形ベッカー高原でイスラエル軍を迎え撃ったが400両の損害を受け敗退した
レバノン駐留部隊
・兵力2万5000名
・機甲旅団2
・機械化旅団2
・コマンド大隊
「ガリラヤ平和作戦」
停戦ライン
6月12日
6月26日
PLO拠点
シリア軍
機甲旅団
機械化旅団
キリスト教
民兵支配地
イスラエル軍上陸作戦
ベイルート
レバノン
6月13日
イスラエル軍
PLO本部を砲撃
ダマスカス街道
ザハレ
タムール
サイタ
ジェジン
ベッカー高原
SAM
展開地域
6月7日
サラファンド
ナバティエ
ヘルモン山
リタニ川
ボーフェート
要塞
シリア
タイラ
国連
レバノン
暫定部隊
ラシディ
カナ
国連兵力引き離し監視隊
ゴラン高原
ハダド・ランド
6月6日
BTR-60PA
BMP-1
T-55
T-62
2S3
152㎜
自走砲
T-72
ベッカー高原に配置されていた地対空ミサイル陣25カ所のSAM基地のうち23カ所が破壊されてしまった
SA-2
T-72
SA-6
SA-3
最大口径の戦車砲125㎜滑腔砲を装備したソ連の最新鋭戦車多数がイスラエル軍に捕獲され、西側諸国にじっくり調査されてしまった。
◎PLO
130㎜M36野砲
イスラエルに長距離砲撃をしかけていた
ZSU23-4
T-55
シリアより
供与され
少数を装備
AMX-13
23㎜2連装
これらソ連製火砲を450門も持っていた
PLOも数両を保有
14.5㎜3連装
PLOはこれらガントラックを多数装備
100両ほど
装備している
T-34/85
BTR-152

ハダド・ランド　右派キリスト教民兵支配地（サアド・ハダド少佐指揮）

SAM　対空ミサイル

◎イスラエル軍

3個機甲師団を3方面から投入
海岸地帯では海軍の艦艇が揚陸作戦を行なっている

ヒューズ500M-Dデフェンダー

ベルAH-1ヒューイコブラ
ベッカー高原における戦車戦には約50機が投入され、戦果をあげている

センチュリオン
MK8/10

TOW
対戦車ミサイル
を装備

RPV(無人偵察機)
シリア軍の対空陣地等を偵察飛行。イスラエルは1年も前から情報収集を続け、レバノン侵攻に備えていた

M3ハーフトラックを
まだ使用している

M113APC

マガフ4
M60A1に
爆発反応装甲を
装着

M109自走155㎜榴弾砲

T-72の125㎜砲に対し、イスラエル戦車の105㎜砲は引けをとらず、T-72の装甲も撃ち貫けることがわかった

メルカバMk.1

M113増加装甲付
M113は兵士達からはゼルダの愛称で呼ばれ、5000両近くを保有している

M163
20㎜
対空自走砲

多正面作戦を強いられるイスラエル機甲部隊は戦車トランスポーターを多数保有し、戦車部隊の急進輸送に備えていた

地上戦における両軍の損害

	イスラエル	シリア	PLO
戦車	80両	450両	ー
兵員	約300人	約400人	約1000人
捕虜	1人	約250人	約6000人
航空機	20機	約70機	ー

この他、イスラエル軍は、T-62、T-72戦車約180台を捕獲している

MCRS(地雷処理機)

○シリア軍はＨＯＴミサイル搭載のガゼル攻撃ヘリを使用

イスラエル軍は開戦５日目の航空戦とＳＡＭ陣地撃滅戦に勝利した。次の日からのベッカー高原（海抜７００～８００メートル）での戦車戦では防御に有利な地形と、対戦車火器を持つコマンド部隊を投入したシリア軍だったが、制空権を確保したイスラエル軍が対戦車ヘリを有効に使用、戦車隊の活躍もあり、この戦車戦（イスラエル軍約２５０両、シリア軍約６００両）に勝利。これがシリア軍が早期に停戦に応じる要因となった。

◎イスラエル国産戦車メルカバ

メルカバはイスラエル初の国産戦車。その特徴は乗員の残存性を最も重視しているところで、被弾率の高い前部にエンジンを配置、車体後面にも乗員用ハッチを設け、数名の兵士や担架を乗車させることができる。

イスラエル独自の用兵思想が生かされているユニークなMBTだ

メルカバMk.1（1979年）

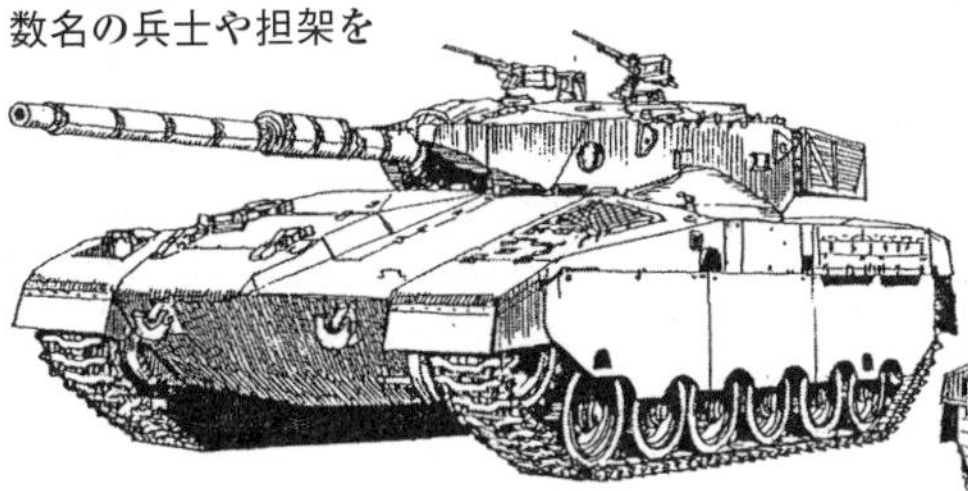

メルカバMk:2（1983年）

機動力30%アップ

レバノン戦における戦訓により、各所が強化され、さらに残存性がアップ。メルカバは地雷や爆薬に対処するため車体下部も強化されている

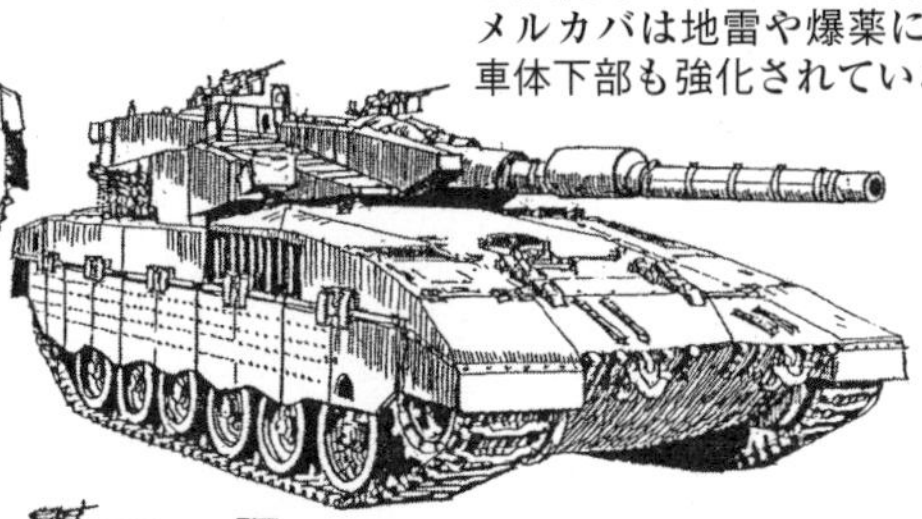

メルカバMk.3（1989年）

主砲を120㎜滑腔砲に換装。
上面防護も向上させている

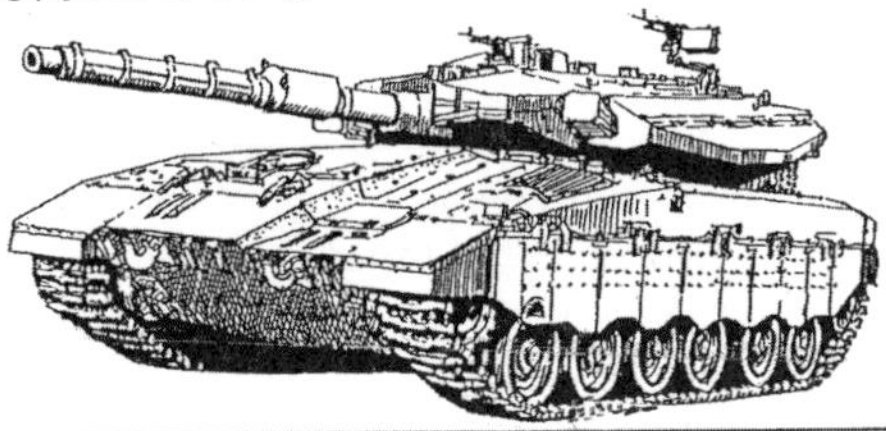

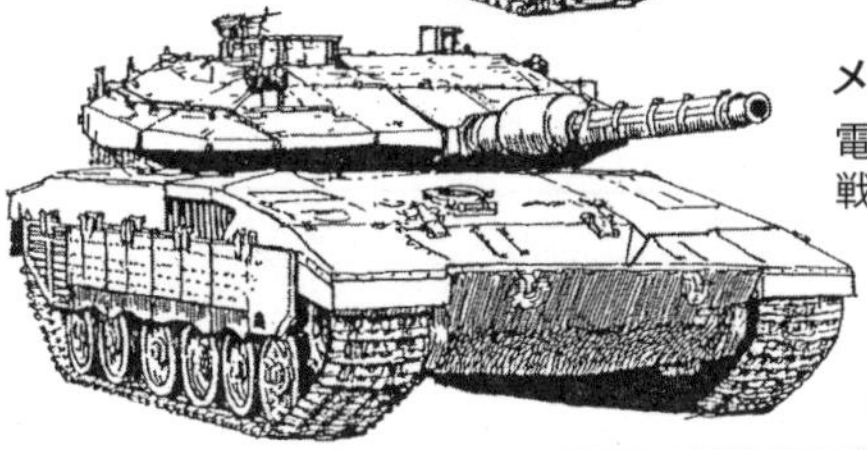

メルカバMk.4（2002年）

電子機器を一新、
戦闘能力が一段と向上した

イスラエル軍は旧式の戦車や装甲車を徹底的に改造して常に第1線で使用してきた。これは国防予算の負担を少しでも減らすためと、国際情勢により諸外国から安定的に兵器を輸入することが難しいためだ。イスラエルの兵器は多くの戦訓と各国兵器のイイトコ取りで、優秀なものが多い

M48およびM60
イスラエルではマガフ戦車と呼ぶ

センチュリオン
メルカバの実戦化に
伴い退役し改造車両に

「マガフ7A」
追加装甲により
外見が一新された

「ナグマショット」
戦闘工兵車両

「プーマ」
ナグマショットの改良型

「マガフ7C」
楔型の砲塔となる輸出型は「サブラ」と呼ばれ120㎜滑腔砲を装備している

「ナグマチョン」
市街戦用の装甲兵車
歩兵7〜8名搭乗

M113

T-55

「ナクバドン」
ナグマチョン同様、
市街戦用戦闘工兵車

◀増加装甲トーガ(TOGA)によりRPGに対し防御力が向上

「アチザリット」 歩兵突撃車両
通常7名の歩兵が乗車できる

T-55-S戦車
(T-62は改造されず二線級部隊で使用)

第3次中東戦争で捕獲した車両をイスラエル仕様にしヨム・キプール戦争で使用。イスラエル製105㎜砲に換装等をしている

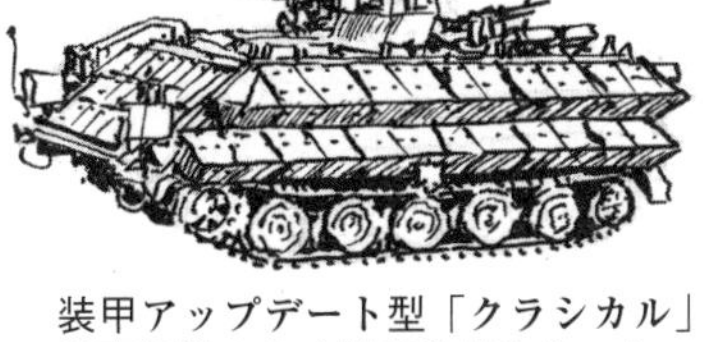

装甲アップデート型「クラシカル」
は高価格のため限定生産となった

5. メルカバ戦車
防御第1のイスラエル軍主力戦車

メルカバMk.4の実戦

2006年7月～9月のレバノン侵攻に参加。8月11日のヒズボラの待ち伏せ攻撃で、24両中11両が被弾、戦車兵8名が死亡した。全周よりのミサイル攻撃でほかの戦車ならば死傷者は50名といわれた戦闘で、メルカバの防御性能で少ない被害で反撃し、ヒズボラをほぼ全滅させたのだった。

メルカバMK.1
105㎜砲

120㎜砲の
チーフテン戦車

115㎜砲を装備。
当時世界最強と恐れ
られていたT-62

■イスラエル国産戦車の開発

１９６０年代、イスラエルはアラブ諸国が当時最新鋭のソ連戦車T-72を導入しようとしていることから、英国のチーフテン戦車の共同開発を'66年より開始したが、アラブ諸国の圧力で英国は'69年に開発契約を一方的に破棄した。

そのため増強されるアラブ側の機甲戦力に対抗し、イスラエルは主力戦車は国産化すべしと決断したのだった。

メルカバの開発は１９７０年８月より開始され、これまでの戦車戦の経験から防御力を最優先とされた設計は、車体の前部にエンジンを搭載し、これを乗員の盾とした。戦闘室は車体後方に後面ドア付で位置し、すべての装置機材はそれを護るように配置された。砲塔はライセンス生産された１０５㎜Ｌ７Ａ１砲を装備し、なるべく小さく設計された。

こうしてイスラエル独自の思想と技術によったユニークな主力戦車メルカバは１９７４年に試作１号車が完成し、'79年には量産車が第７機甲師団に配備され、'82年のレバノン侵攻作戦から実戦に参加。アラブ側の新鋭T-72を撃破したが、実戦初参加ゆえの被害もありメルカバはさらにサバイバル性の向上を図り、装甲強化、射撃統制装置やトランスミッションの改良など進化を続けている。

当初メルカバは歩兵戦闘車の役割も兼ねるといわれたが、兵員室とみられた場所は本来、弾薬庫であり、最大85発を搭載して戦車戦に備えていた。

○現在のイスラエル軍制式拳銃は国産のIMIモデル・ジェリコ941。口径9㎜

■イスラエル戦車兵

中東戦争におけるイスラエル軍の強さは兵器と兵員の優秀さによるが、とくに航空戦や機動戦では兵士の質が決定的な要素となり、高度な教育と訓練が不可欠だ。

中東最強を誇るイスラエル戦車隊は常に最高の戦闘力を発揮できる状態に維持されているという。

1948年
独立戦争時の戦車兵
この時のイスラエル兵は英軍の古着などバラバラで統一されていない

機甲部隊帽章

この兵士は米軍のM1941ジャケットと英軍のウールのコマンド帽を着用
米軍のワッペンがそのまま付いている
モーゼルミリタリー
英軍のズボン

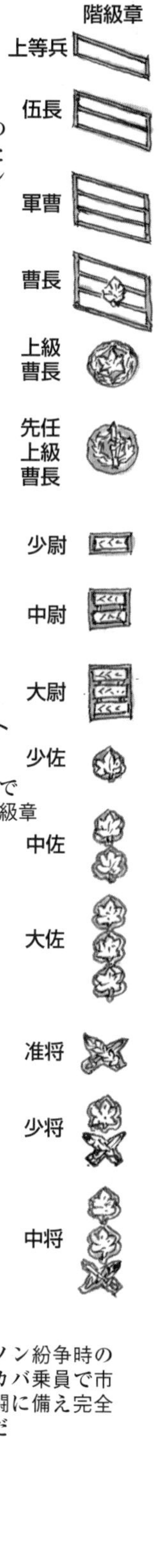

先任上級曹長

1967年
戦車兵のヘルメットはサンドカラーに着色された米軍放出のタンカーズヘルメットM1938
このころのイスラエル軍制式拳銃は9㎜ベレッタM1951だ

1973年
601型CVCヘルメット
米軍がベトナム戦より使用していたヘルメット
戦車兵の自衛火器はウージーサブマシンガン
難燃性生地のノーメックス製のオーバーオール
60年代にあったオーバーオールは燃えた際に脱ぎにくいと実戦では戦車兵に敬遠されていた

1985年
安全ピンで止めた階級章
ノーメックスグローブ
ガリルSARアサルトカービン
レバノン紛争時のメルカバ乗員で市街戦闘に備え完全装備だ
乗員の生存性に重点をおくイスラエル軍は戦車兵にも防弾チョッキを支給

戦車兵はブラックベレー

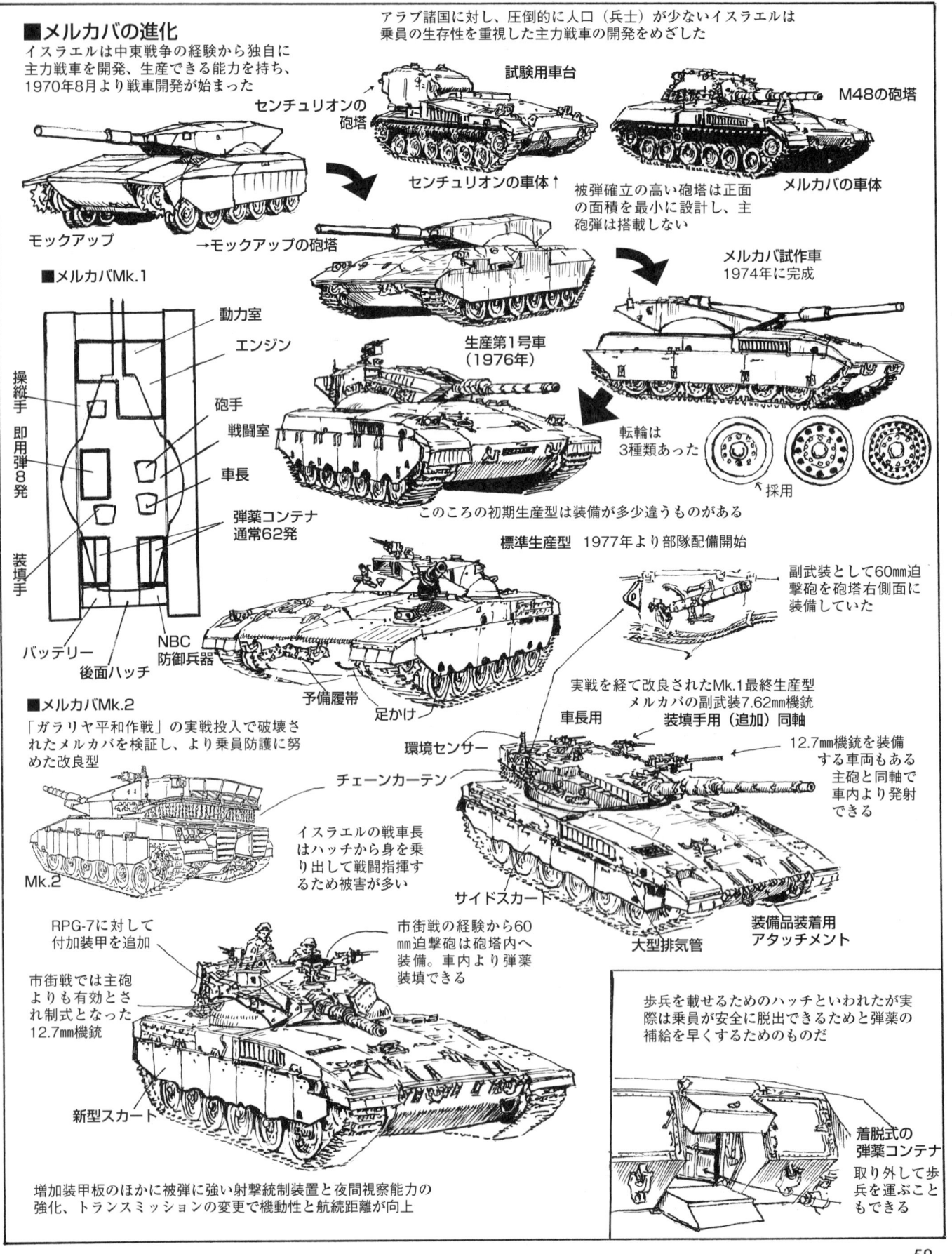

■メルカバの進化

イスラエルは中東戦争の経験から独自に主力戦車を開発、生産できる能力を持ち、1970年8月より戦車開発が始まった

アラブ諸国に対し、圧倒的に人口（兵士）が少ないイスラエルは乗員の生存性を重視した主力戦車の開発をめざした

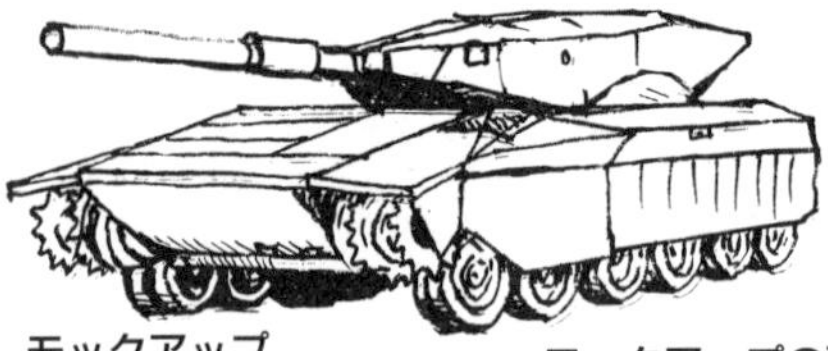

モックアップ

試験用車台
センチュリオンの砲塔
センチュリオンの車体↑

M48の砲塔
メルカバの車体

被弾確立の高い砲塔は正面の面積を最小に設計し、主砲弾は搭載しない

→モックアップの砲塔

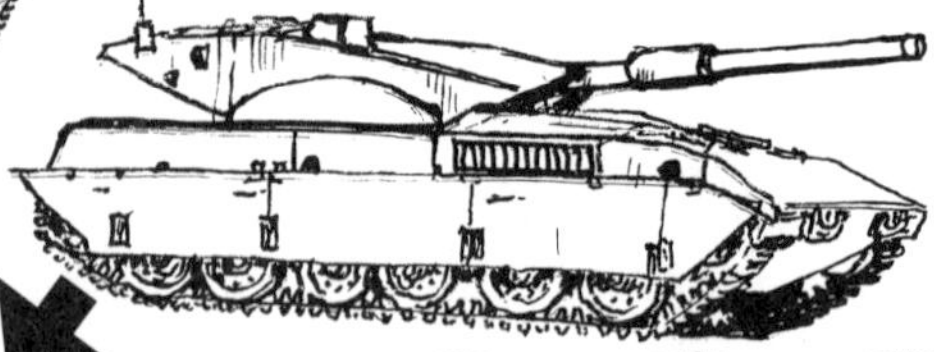

メルカバ試作車
1974年に完成

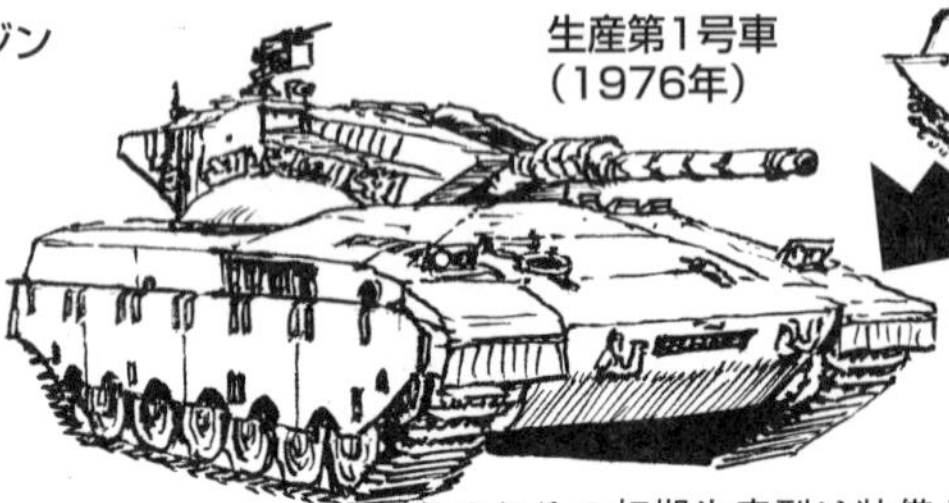

生産第1号車
（1976年）

転輪は
3種類あった
採用

このころの初期生産型は装備が多少違うものがある

■メルカバMk.1

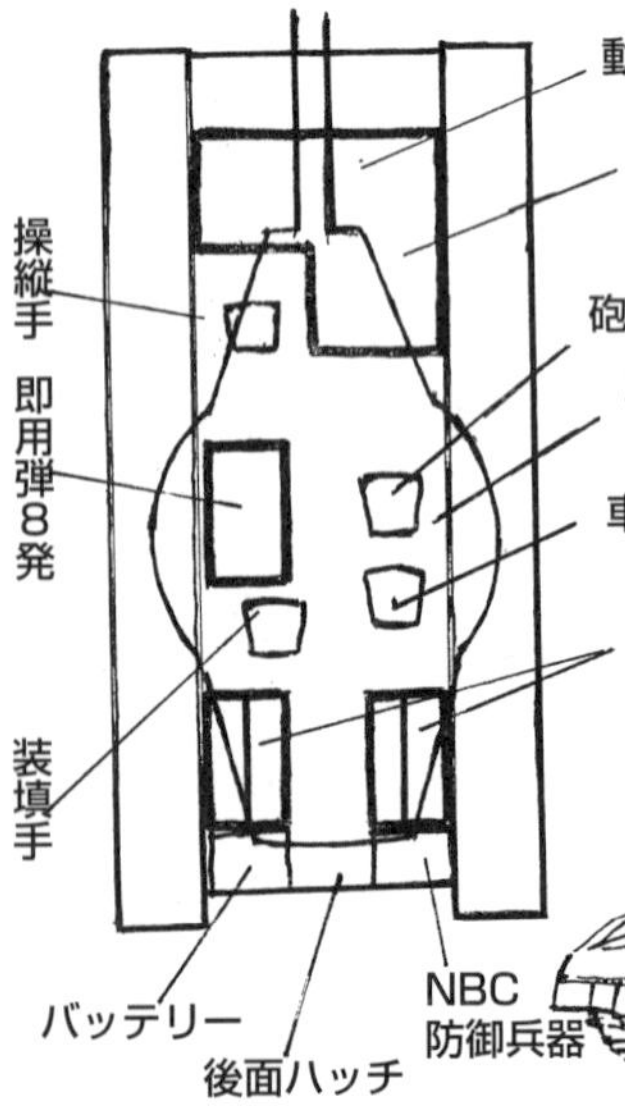

動力室
エンジン
操縦手
即用弾8発
砲手
戦闘室
車長
弾薬コンテナ
通常62発
装填手
バッテリー
後面ハッチ
NBC
防御兵器

標準生産型　1977年より部隊配備開始

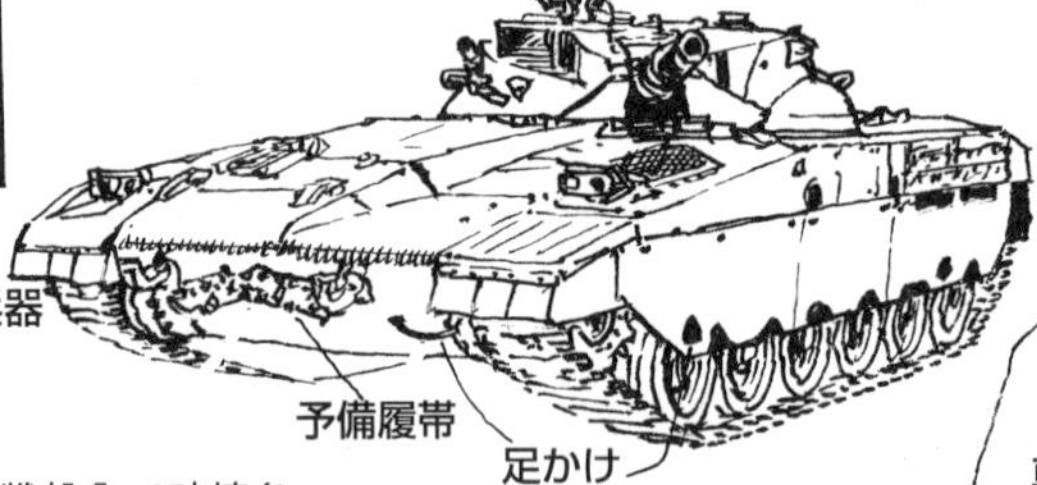

予備履帯
足かけ

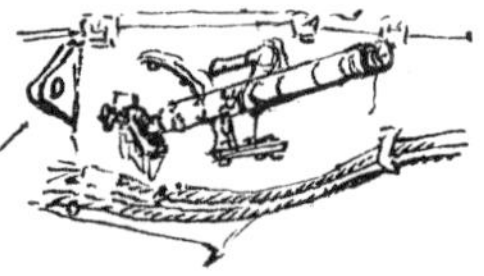

副武装として60㎜迫撃砲を砲塔右側面に装備していた

実戦を経て改良されたMk.1最終生産型

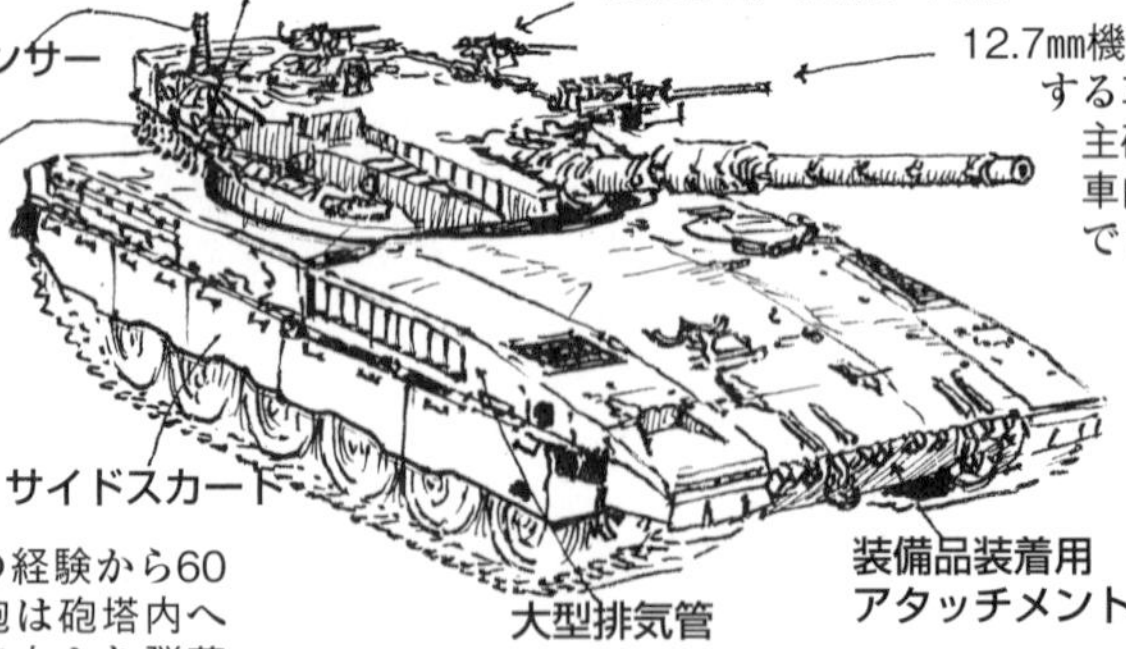

メルカバの副武装7.62㎜機銃
車長用
装填手用（追加）同軸
環境センサー
12.7㎜機銃を装備
する車両もある
主砲と同軸で
車内より発射
できる
チェーンカーテン
サイドスカート
大型排気管
装備品装着用
アタッチメント

■メルカバMk.2

「ガラリヤ平和作戦」の実戦投入で破壊されたメルカバを検証し、より乗員防護に努めた改良型

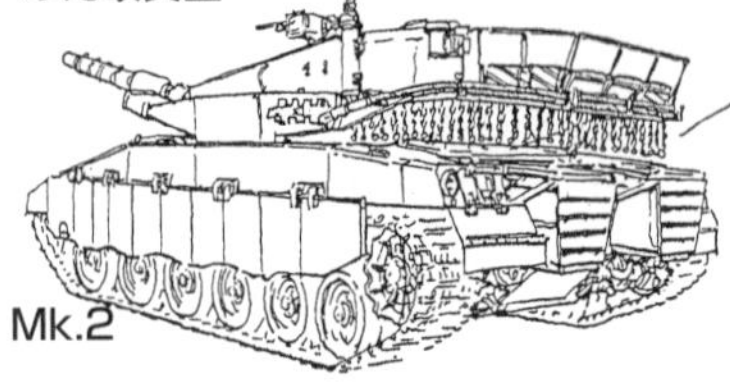

Mk.2

イスラエルの戦車長はハッチから身を乗り出して戦闘指揮するため被害が多い

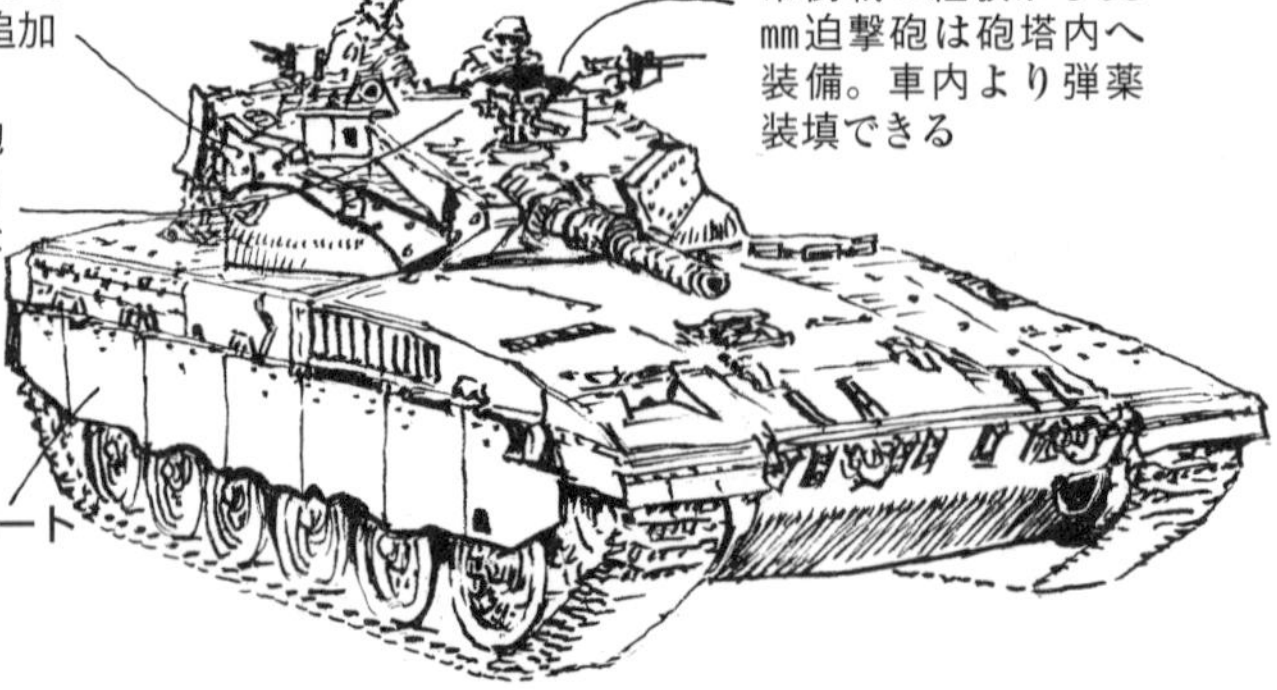

RPG-7に対して
付加装甲を追加
市街戦の経験から60
㎜迫撃砲は砲塔内へ
装備。車内より弾薬
装填できる
市街戦では主砲
よりも有効とさ
れ制式となった
12.7㎜機銃
新型スカート

増加装甲板のほかに被弾に強い射撃統制装置と夜間視察能力の強化、トランスミッションの変更で機動性と航続距離が向上

歩兵を載せるためのハッチといわれたが実際は乗員が安全に脱出できるためと弾薬の補給を早くするためのものだ

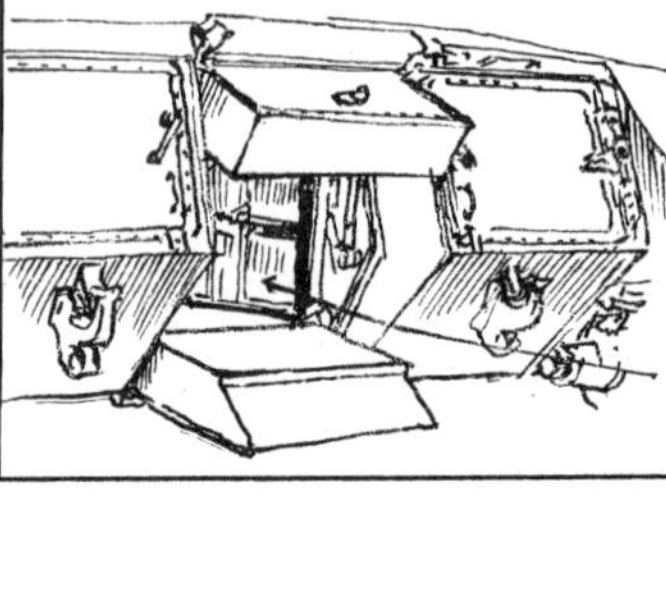

着脱式の
弾薬コンテナ
取り外して歩
兵を運ぶこと
もできる

ヒズボラ レバノンの親イラン・イスラム教シーア教シーア派民兵組織

■メルカバMk.2の分類
改良型であるMk.2は
1982年より製造
Mk.2A（1984年）
FCSの改良
装填手用ペリスコープの変更（回転式）
60㎜
追撃砲
Mk.2B
ＦＣＳに熱線映像装置を
追加
レーザー検知装置
サイドスカート
変速操向装置の変更
発煙弾発射機
Mk.2B.ドル・ダレット
1977年秋、Mk.2が「ヒズボラ」による対戦車ミサイル「ファゴット」に攻撃され、乗員が死亡したことにより急遽開発された新型装甲パッケージを装着したものをこう呼ぶ。さらに腔内発射型ミサイルLAHATを発射できるようになる
■メルカバMk.3（1989年）
車体も砲塔も新設計され、120㎜滑腔砲を装備、車体長も延長されたので、改良型というよりは新型戦車となった。主砲の制御も油圧から電動となり、被弾時炎上の危険が減った
（主砲弾搭載数は50発に減る）
防弾鋼が使用されたサスペンション
▲Mk.1/2
▼Mk.3
懸架装置が変更され不整地走行性能が向上　履帯も8㎝幅広に
Mk.3B
砲塔上面に特殊装甲
Mk.3バズ（1995年）
新FCSの搭載
大型の車長用
照準器
Mk.3で採用したモジュール式装甲、成形炸薬弾だけでなく高初速徹甲弾にも有効で交換やメンテナンスがしやすい装甲システムだ
Mk.3
バズ・ドル・ダット
（2000年）
新型モジュール
装甲
新転輪
Mk.1
Mk.2/3
Mk.4
排気管の変化
■メルカバMk.4（2002年）
全周にわたり徹底的に防御が強化され、
より市街戦向きに改善されている
戦場管理システムBMSの搭載
エンジンの換装でパワーアップ
最新型は対戦車ミサイル用の
レーダー「トロフィー」を装備
上面のハッチは
車長用のみとして
上面の防御能力を
向上させている
車体後部に
テレビカメラ
半自動式マガジン
（弾薬装填の補助）
照準装置や
前照灯に金網
履帯（キャタピラ）
発煙弾発射機
対地雷防御能力強化
メルカバの派生型
戦車回収車
ナメラ装甲兵員輸送車（歩兵8名）

コラム3〔戦車の天敵：対戦車ヘリ〕

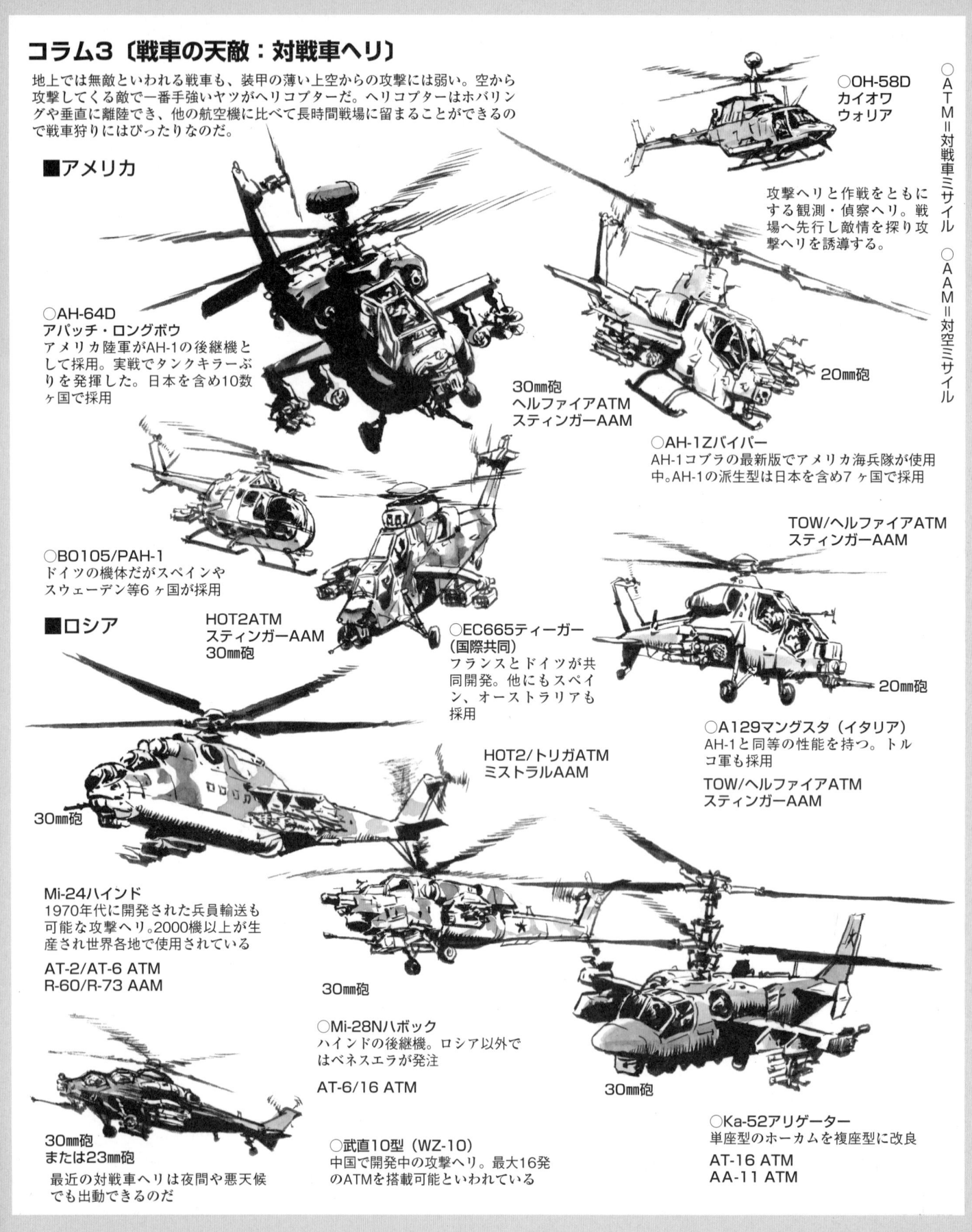

地上では無敵といわれる戦車も、装甲の薄い上空からの攻撃には弱い。空から攻撃してくる敵で一番手強いヤツがヘリコプターだ。ヘリコプターはホバリングや垂直に離陸でき、他の航空機に比べて長時間戦場に留まることができるので戦車狩りにはぴったりなのだ。

○ATM＝対戦車ミサイル
○AAM＝対空ミサイル

○OH-58D
カイオワ
ウォリア

攻撃ヘリと作戦をともにする観測・偵察ヘリ。戦場へ先行し敵情を探り攻撃ヘリを誘導する。

■アメリカ

○AH-64D
アパッチ・ロングボウ
アメリカ陸軍がAH-1の後継機として採用。実戦でタンクキラーぶりを発揮した。日本を含め10数ヶ国で採用

30mm砲
ヘルファイアATM
スティンガーAAM

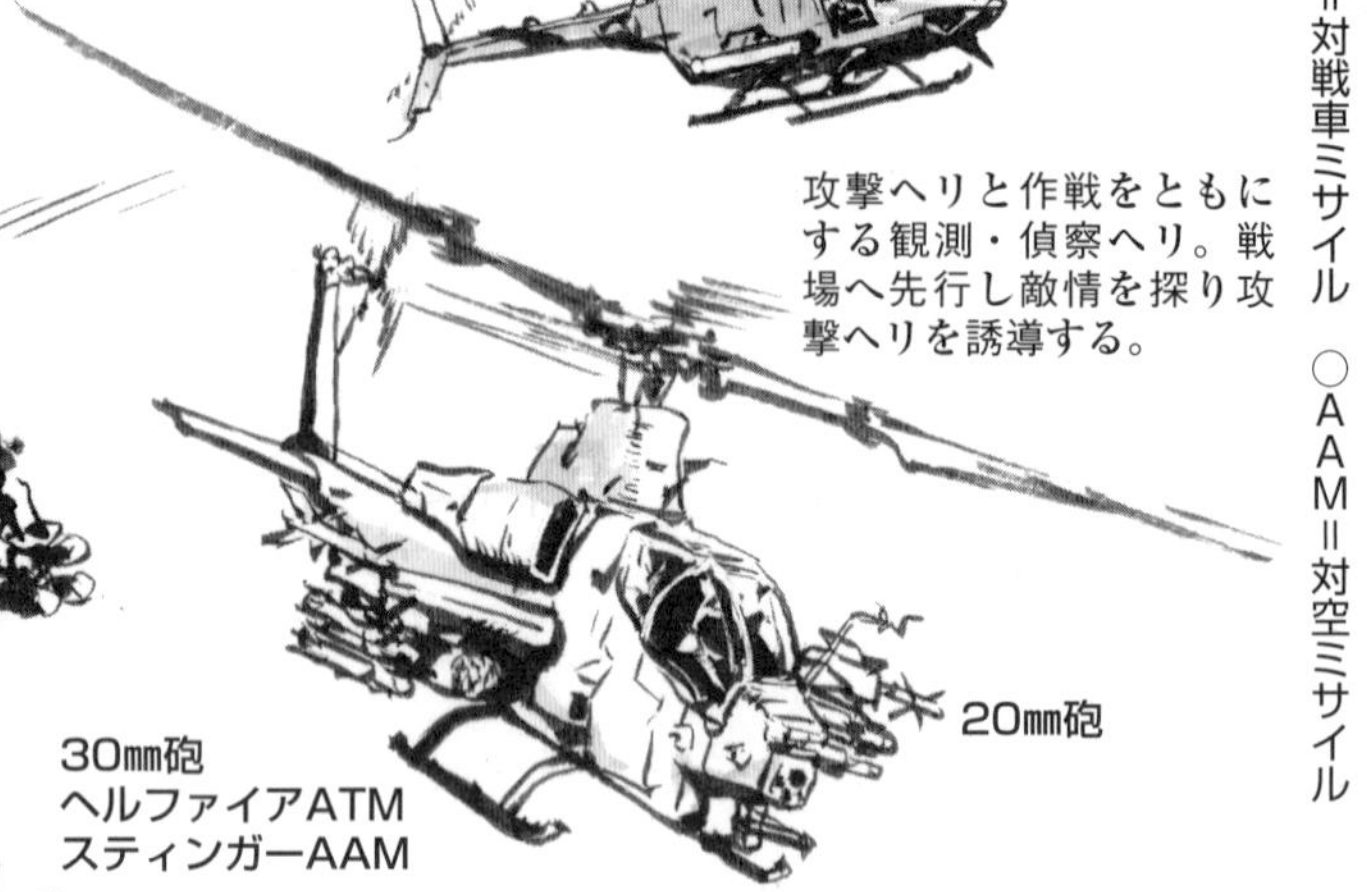

20mm砲

○AH-1Zバイパー
AH-1コブラの最新版でアメリカ海兵隊が使用中。AH-1の派生型は日本を含め7ヶ国で採用

TOW/ヘルファイアATM
スティンガーAAM

○BO105/PAH-1
ドイツの機体だがスペインやスウェーデン等6ヶ国が採用

HOT2ATM
スティンガーAAM
30mm砲

○EC665ティーガー
(国際共同)
フランスとドイツが共同開発。他にもスペイン、オーストラリアも採用

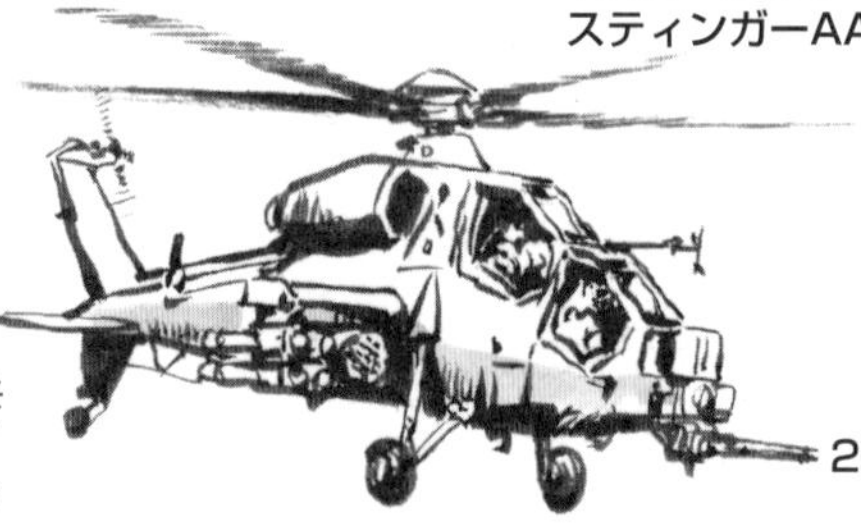

20mm砲

○A129マングスタ（イタリア）
AH-1と同等の性能を持つ。トルコ軍も採用

TOW/ヘルファイアATM
スティンガーAAM

■ロシア

HOT2/トリガATM
ミストラルAAM

30mm砲

Mi-24ハインド
1970年代に開発された兵員輸送も可能な攻撃ヘリ。2000機以上が生産され世界各地で使用されている

AT-2/AT-6 ATM
R-60/R-73 AAM

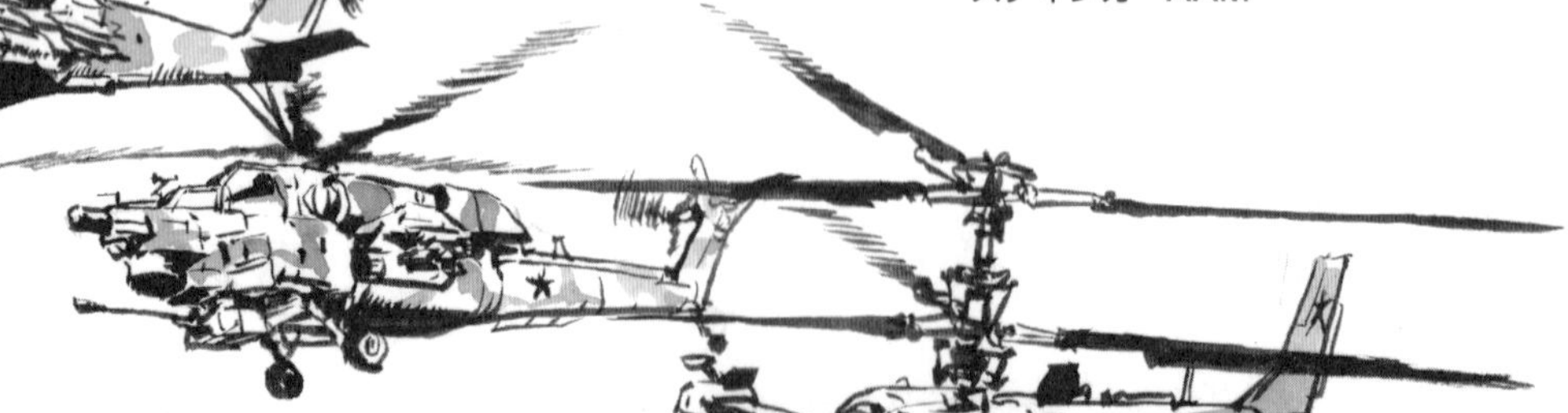

30mm砲

○Mi-28Nハボック
ハインドの後継機。ロシア以外ではベネスエラが発注

AT-6/16 ATM

30mm砲

○Ka-52アリゲーター
単座型のホーカムを複座型に改良

AT-16 ATM
AA-11 ATM

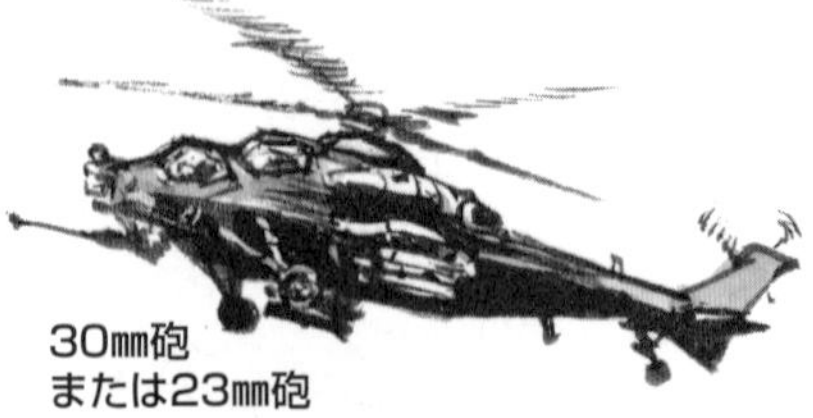

30mm砲
または23mm砲

最近の対戦車ヘリは夜間や悪天候でも出動できるのだ

○武直10型（WZ-10）
中国で開発中の攻撃ヘリ。最大16発のATMを搭載可能といわれている

郵便はがき

おそれいりますが切手をお貼りください

101-0054

東京都千代田区神田錦町
1丁目7番地　㈱大日本絵画
読者サービス係行

アンケートにご協力ください

フリガナ　　　　　　　　　　年齢
お名前　　　　　　　　　　　（男・女）

〒
ご住所

TEL　　（　　）
FAX　　（　　）

e-mailアドレス

ご職業　1学生　2会社員　3公務員　4自営業
　　　　5自由業　6主婦　7無職　8その他

愛読雑誌

このはがきを愛読者名簿に登録された読者様には新刊案内等お役にたつご案内を差し上げることがあります。愛読者名簿に登録してよろしいでしょうか。

□はい　　□いいえ

現代戦車戦史
進化するモンスターたち

9784499230926

「現代戦車戦史」アンケート

お買い上げいただき、ありがとうございました。今後の編集資料にさせていただきますので、下記の設問にお答えいただければ幸いです。ご協力をお願いいたします。なお、ご記入いただいたデータは編集の資料以外には使用いたしません。

①この本をお買い求めになったのはいつ頃ですか？

年　　月　　日頃(通学・通勤の途中・お昼休み・休日）に

②この本をお求めになった書店は？

(市・町・区)　　書店

③購入方法は？

1書店にて(平積・棚差し)　　2書店で注文　　3直接(通信販売)

注文でお買い上げのお客様へ　入手までの日数(　　日)

④この本をお知りになったきっかけは？

1書店店頭で　　2新聞雑誌広告で（新聞雑誌名　　）

3モデルグラフィックスを見て　　4アーマーモデリングを見て

5スケール アヴィエーションを見て

6記事・書評で（　　）

7その他（　　）

⑤この本をお求めになった動機は？

1テーマに興味があったので　　2タイトルにひかれて

3装丁にひかれて　　4著者にひかれて　　5帯にひかれて

6内容紹介にひかれて　　7広告・書評にひかれて

8その他（　　）

この本をお読みになった感想や著者・訳者へのご意見をどうぞ！

●このご意見をWebサイトなどにお名前のイニシャルなどの匿名で掲載してもよろしいですか？

□ Yes　　□ No

ご協力ありがとうございました。抽選で図書カードを毎月20名様に贈呈いたします。なお、当選者の発表は賞品の発送をもってかえさせていただきます。

現代戦車戦史
進化するモンスターたち

第4章
イラクを取り巻く戦争

1. イラン・イラク戦争

■イラン・イラク戦争の勃発

イラン・イラクの国境紛争は長い歴史があったが、それまで中東一の軍事力を誇っていたパーレビ王朝が１９７９年２月のイラン・イスラム革命により倒れ、強大だったその軍隊も革命により将軍たちが追放、あるいは粛清されて、ガタガタになってしまった。

一方、イラクのフセイン大統領はソ連と友好協力条約を結んでソ連製兵器を大量配備し、いまや我がイラクの軍事力の方が上だとひそかにイラン侵攻の計画を立てていた。

１９８０年９月22日、イラク軍は国境を突破し東進を開始した。これに対しイラン軍はパーレビ王朝時代の陸軍兵士の60％近くが国内外へ逃亡していたため各戦線で敗走した。

しかし航空兵力はイラン軍が優勢でイラクの各都市や重要施設を爆撃し、イラク地上軍にも反撃を加えている。

機甲部隊を主力とするイラク軍の進撃は南北の両戦線では順調だったが、イランは予備役軍人の召集を開始、また住民の志願兵も次々と参戦した。イラク軍の当面の目標だったホーラムシャハルとアバダンは激戦となり前者は10月24日に陥落したが、アバダンは市街地に突入したイラク戦車隊がイラン軍の対戦車兵器のエジキとなり、数百両の大損害を受け、結局アバダンはイラン軍が守り抜いている。

■イラン軍の反攻

　緒戦においてイラン空軍の壊滅に失敗したこととアバダン攻略に失敗して機甲部隊に大損害が出たことで、11月になると兵力の劣るイラク軍は息切れしはじめ、戦線は一進一退状態となった。

　しかしこの間にもイラン軍は着々と反撃の準備を整え翌'81年1月5日、西部南部の二正面で反撃を開始。とくにスザンゲルトを包囲中のイラク軍には機甲1個。歩兵2個、革命防衛隊2個の各師団をもって攻撃。不意を突かれたイラク軍は前線を突破されたが、増援を待って反撃に転じ、1月10日にはイ・イ戦争最大の戦車戦が行なわれた。だが結局この戦いはイラク軍が勝利を上げ、戦線は再び膠着状態となった。

　革命後、イランではホメイニ師が最高指導者となり、政府の主導権は宗教勢力が握っており、だらしないイラン軍に対し総反撃を命じた。'81年9月より開始された攻撃は国軍と革命防衛隊が戦果を競い合って進撃。カルン河、ポスタン地区等、失地回復に成功する。

　'82年3月からの大反撃でも、イラン軍は失地回復を続け、5月2日フゼスタン州におけるイラク軍の最後の拠点だったホーラムシャハルを奪回、イラク軍はメヘラン地区を除きイラン領から撤兵した。

　この成果を見たホメイニ師は「イラクにあるシーア派の聖地カルバラ・ナジャフを占領し、エルサレムまで進軍せよ」と檄を飛ばしたため、イラン軍は7月よりイラク侵攻を開始した。

■長期消耗戦

　7月14日、イラン軍は当時の持てる兵力を総動員させて、イラク第2の都市バスラを目指して攻撃を開始。これに対しイラクはバスラ前面に殺戮地帯と呼ばれる要塞線を構築。シャットル・アラブ河を防衛戦としてイラン軍の5回にわたる総攻撃を撃退、イラン軍は大損害を出し、とくに保有戦車の大半を失って、以後の作戦に機甲部隊を運用できなくなってしまった。それでもイラン軍は指導部の督励で、他方面でバクダットを狙う侵攻作戦などを発動するが、いずれもイラク軍の反撃に合い、'82年11月の攻勢作戦を最後に戦線は再び膠着状態に入り、両軍は戦力の回復に努力することになる。人口で3倍の優勢をもつイラン軍は次々と部隊を編成、長大な国境線に渡って攻撃をしかけ、イラク軍に出血を強いる長期消耗戦が2年も続いた。

■ついに停戦、1988年7月18日

　'85年3月11日、イラン軍は精鋭部隊をもって過去最大の攻勢をかけアルクルナ地区のイラク軍せん滅を狙った。イラク軍も予備軍を投入し最大規模の大激戦となり、13日ついにイラン軍はチグリス河の渡河に成功。

　これに対しイラク軍は航空支援を受けた機甲部隊が総反撃、イラン軍の渡河部隊を18日までに全滅させてこの攻勢を押し戻した。

　'86年2月9日、イラン軍はイラク最南端のファオを奇襲攻撃し占領。さらにバスラ占領を目指し'86年12月と翌年1月に攻勢をかけたがイラク軍の防衛線を突破できず、以後イラン軍の攻勢作戦はなくなり、7月からはイラク軍が限定的ながら攻勢作戦を開始した。このころからイラン側に戦争に対する疲れが見えはじめ、軍民の士気が低下しはじめていた（国内の経済事情とイラクの毒ガスミサイル攻撃に対する恐怖など）。

　'88年4月19日にファオを奪回されるに及び、ついに頑迷なホメイニ師も7月18日、国連の停戦決議を受諾したのだった。

ホメイニ師

フセイン大統領

革命防衛隊（パスダラン）　イラン陸軍はパーレビ国王に忠誠を誓っていたため、革命直後は信用されておらず、宗教勢力が組織した武装勢力だ

■イラン軍のAFV

●第二次世界大戦後イラン軍の建軍に力を貸したのがアメリカで、豊富なオイル・マネーで国王は最新鋭の兵器を購入。陸・海・空ともペルシャ湾随一の軍事力を建設していた

イラン陸軍
兵力約28万人
機甲師団3
歩兵師団4　独立歩兵旅団2
独立空輸旅団1
独立特殊旅団1

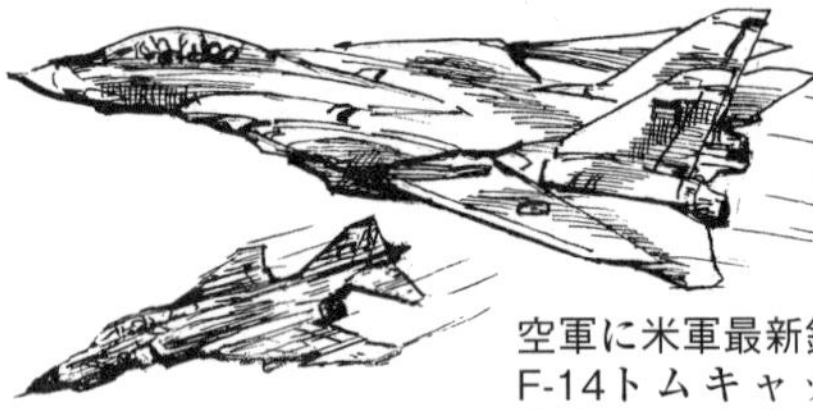

空軍に米軍最新鋭のF-14トムキャットとF-4ファントムを装備

シール・イラン戦車（チーフテンの改良型・760両）
当時世界最強の戦車といわれていたが、整備不良で活躍できなかった

スコーピオン軽戦車（250両）

米・英装甲車両（575両）

フォックス

M113

M47戦車＆
M48戦車（合わせて400両）

フェレット

M60A1戦車（460両）

戦争後半にチーフテンに変わって主力として戦った戦車

BMP-1

ソ連装甲車（各700両）

AH-1J
イラク機甲部隊を痛めつけた対戦車ヘリコプター

BTR-50

BTR-60

T-55戦車
イラクより捕獲したものを使用

ZSU-23-4
自走高射機関砲

ASU-85
自走対戦車砲

スカッドB（2～3基）

■T62 vs 対チーフテン

1981年1月10日、イ・イ戦争初の本格的な戦車戦がスザンゲルド南方で行なわれた。双方とも1個機甲師団が参加、T-62とチーフテンもほぼ同数約250両ずつの対決となった。

当初、120㎜砲をもつチーフテンが優勢と思われたが、雨期に入っていた同地は一面の泥濘地となっており、重いチーフテンは機動力が低下。動きの鈍いチーフテンに対し、機動力に勝るT-62は接近戦に持ち込み、さらに航空優勢のイラク軍が近接航空支援を行ない、イラン軍はチーフテン戦車多数を放棄して敗走。両機甲師団同士の対決はイラク軍の勝利となった。

■イラク軍のAFV

●1968年7月、クーデターによって、イラクにフセイン政権が誕生した。大国イランにより、アルジェリア協定という不利な国境線を定められてから、イランとの戦いに備え、軍備の拡張に取り組みソ連・フランス・ブラジル・イタリア等から兵器を購入

イラク陸軍
兵力約18万人
機甲師団4　独立機甲旅団1
機械化師団2
歩兵師団4　独立歩兵師団1
特殊旅団1
共和国警備旅団1

T-34/85（100両）
BTR-60装輪装甲車
機械化歩兵部隊の主力車輌
T-55戦車
イラク機甲部隊の主力戦車
MT-LB装甲兵車
PT-76軽戦車
（100両）
T-62戦車
（T-55と合わせて1700両）
M1973
152㎜自走砲
T-72戦車（50両）
BTS戦車回収車
EE11ウルツ
BMP-1装甲兵車
（120両）
M1974
122㎜自走砲
653型
戦車回収車
（中国）
EE3ヤラララカ
EE9カスカベル
90㎜砲装備
ブラジル・エンゲーメ社製の
装甲車。
消耗した戦車戦力を補うため、緊急輸入
Mi-24
ハインド
対戦車ヘリコプター
T59戦車（中国）
T67戦車
（中国）

○地対地ミサイル

アル・フセイン（12基）
（スカッドB改良型）

ミサイル戦をはじめたのはイランで、'85年3月12日にキルキークを、14日にはバクダットに撃ち込んで、'87年10月～11月にもバクダットと周辺軍事基地を攻撃している。そして'88年2月29日にまたもバクダットに攻撃してきたイランに対しイラクはテヘランやその他都市にミサイルを発射、この日から5月26日まで互いにミサイル発射合戦が始まりイラクが計180発（テヘランへ133発）、イランが計74発（バクダットへ57発）とこの戦いはイラクが優勢だった。さらにイラクは'88年6月25日、アフワズに毒ガス弾頭のミサイルを多数打ちこみ、テヘラン市民の恐怖を誘った。

2. 湾岸戦争

■砂漠の盾

1990年8月2日、突如イラク軍がクウェートに侵攻し、わずか半日でその全土を占領してしまった。

イラクのフセイン大統領はイラン・イラク戦争ではなんとか勝利を収めたが、長年の戦争で国内は経済的に行き詰まり国民の不満がうっ積し、反体制勢力が台頭し出したのを抑えるためにも国民の不満の目を国外にそらす必要があった。

さらにフセインはアラブ世界におけるリーダーとしての地位を確立したいという欲求と〝石油に浮かぶ王国〟に対する反感もあり、このときクウェートを一気に掌中に収めたのだ。

このフセインの行動に西側諸国は激しく反発し、国連でもイラクのクウェート侵攻への非難及び、即時かつ無条件撤退を要求する決議が採択されている。しかし、フセインは国連による度重なる撤退勧告を拒否し、クウェートをイラクに併合すると発表した。国連による和平交渉はフセインの強気な態度にことごとく失敗してしまう。

年が明けた1991年からは経済制裁を伴った和平交渉と並行してアメリカ、イギリスを中心とする多国籍軍が続々とサウジアラビアに集結し始め、最終的には30ヶ国近い国々が戦闘部隊や支援組織を送っている。

最大兵力を送ったアメリカは、この派兵を「砂漠の盾」作戦と呼び、ここにアメリカを中心とするMNF（多国籍軍）と中東の軍事大国イラクとの全面対決となるのだった。

実際の戦闘は1月17日から開始され、MNFは自軍の損害を少なくしようと、まず「砂漠の嵐」と呼ばれる徹底的な爆撃のみを実施する航空戦を1ヶ月も続けた。空軍力ではイラクはMNFに対抗できず、イラク軍は大きな損害を出してしまう。2月24日に発動された地上戦でもMNFは圧勝し、作戦開始から4日間で戦闘は終わることになる。27日フセイン大統領は国連決議に従い、クウェートからの撤退を発表し、湾岸戦争は実質的に40日で終了したのだった。

○カフジ攻防戦

連日一方的な空爆を受けていたイラク軍は、1月29日突然の反撃に出た。サウジアラビアの小都市カフジにT-55戦車50両、装甲車30両、歩兵約2千人で奇襲をかけてきたのだ。

前進してきたイラク軍に、ただちに反撃に出たのがアメリカ海兵隊で、ここに開戦以来初めての地上戦が発生した。海兵隊は空軍の支援を受け、優勢に戦いを展開した。サウジ軍の支援部隊の到着もあり、イラク軍は30日にはクウェートへ撤退、この戦闘はＭＮＦの勝利に終わる。イラク軍は戦車24両、装甲車13両、死傷者数百人で、ＭＮＦは戦車数両、海兵隊の死者12名の損害を出した。

※この戦闘で、米海兵隊は女性兵士が捕虜となり話題となった

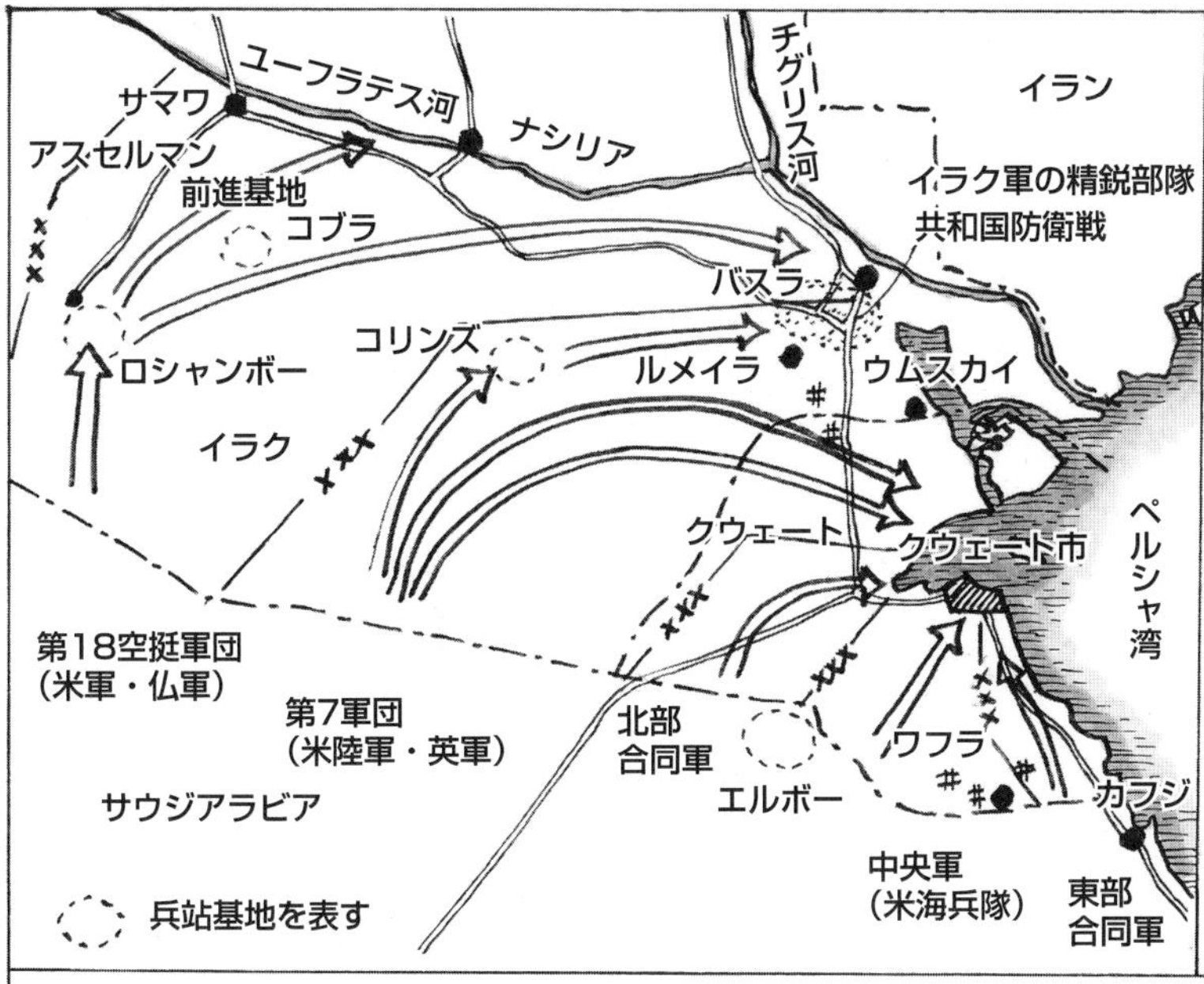

○エア・ランド・バトル

2月24日ＭＮＦの地上部隊は一斉に進撃を開始、これまでの空爆でイラク軍の戦力・士気は大幅に落ち込んでいると判断していたが、それでもクウェート正面のイラク軍との戦闘を避け、西の砂漠からイラク領へ突入。米陸軍が１９８６年に確立した新作戦「エア・ランド・バトル」を実践。この機甲挺進襲撃作戦により、クウェートにいたイラク軍をわずか１００時間で壊滅させたのだった。

その戦果は、36〜38個戦闘師団の殲滅、捕虜８万６千名、戦車３８４７両、装甲車１４５０両、火砲２９１７門を破壊もしくは捕獲というものであった。

●AH-64「アパッチ」とA-10「サンダーボルトⅡ」
対戦車戦闘任務と地上支援任務に大活躍した

○メディナ・リッジの戦闘

2月27日に起こった湾岸戦争最大の機甲撃滅戦で、アル・バスラ郊外に展開するイラク軍のメデップとハムラビ戦車師団を捕捉殲滅するために、米第2戦闘旅団のＭ1Ａ1戦車１６６両が掩体壕に入っているT-72戦車と砲撃戦を行ない、Ｍ1Ａ1の１２０㎜滑腔砲がT-72の１２５㎜滑腔砲の射程外から撃破。45分間の戦闘でイラク軍はT-72戦車61両、ＢＭＰ-1などの装甲車34両を失い、アル・バスラ方面に撤退した。（→P.72〜73参照）

M1A1エイブラムス

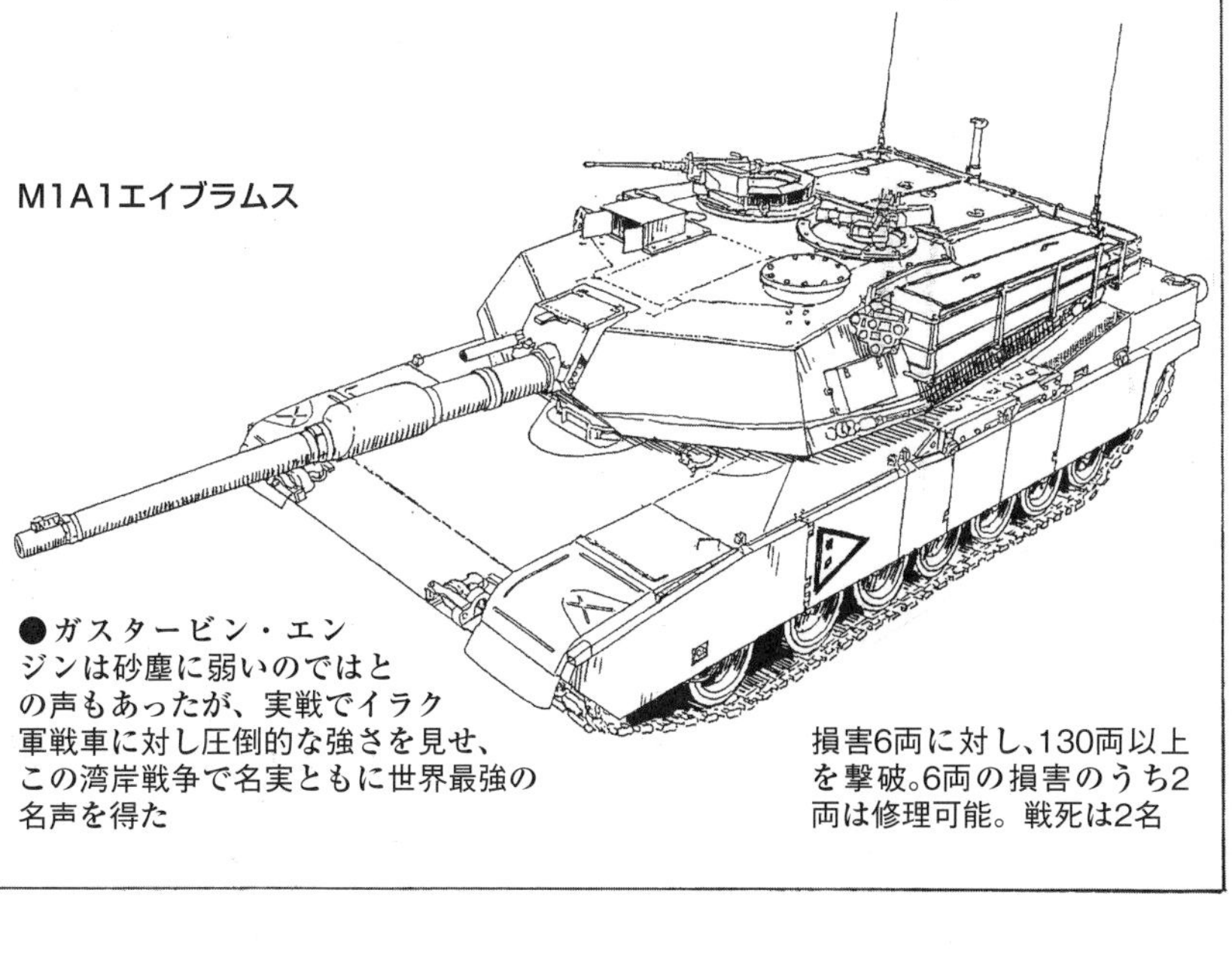

●ガスタービン・エンジンは砂塵に弱いのではとの声もあったが、実戦でイラク軍戦車に対し圧倒的な強さを見せ、この湾岸戦争で名実ともに世界最強の名声を得た

損害6両に対し、130両以上を撃破。6両の損害のうち2両は修理可能。戦死は2名

○アラブ・イスラム連合軍（北部同合軍＝サウジ・クウェート・シリア・エジプト。東部合同軍＝サウジ・オマーン・ＵＡＥ・バーレーンその他）

■多国籍軍（MNF）

●アメリカ軍
M60A1　海兵隊の戦車大隊所属
M551シェリダン
アメリカ軍の戦車部隊として最初にサウジ入りした空挺師団が装備
AAV7A1　海兵隊所属
M1
地上戦開戦前に105㎜砲から120㎜砲へ換装される
M1A1
地上戦開戦前に受領した部隊が多い
M2/M3
ブラッドレー
LAV-25　海兵隊と空挺隊が使用
M113
アメリカ軍以外も多く使用している
MLRS
初の実戦参加
M109A2
155㎜自走砲
M110A2
203㎜自走砲
TOWミサイルを搭載したハンヴィー
●イギリス軍
チャレンジャー
イギリスも新鋭戦車を投入
ウォーリア
FV432
●フランス軍
AMX-30B2
増強戦車部隊として1個連隊が派遣された
VAB装甲車
ERC-90S
サゲー装甲偵察車
AMX-10RC
フクスNBC偵察車
（ドイツ製）

多国籍軍（MNF）

陸軍兵力	56万人
戦車	4000両
装甲車	5500両
火砲	2400門
航空機	3000機
（うち武装ヘリ300機）	
艦艇	550隻
（空母、戦艦、揚陸艦、フリゲートなど）	

■イラク軍

イラク軍は、データ上ではアラブNo.1の軍事力を持ち、イラン・イラク戦争を経験している軍隊で、その実力は西側諸国でも侮りがたいとされていた

陸　軍　兵力98万人（◎65万人）
戦車5600両（◎4300両）
火砲（◎3000門）
地対空ミサイル　500発
航空機　700機
艦　艇　40隻（哨戒艇、フリゲート）
◎MNFと対峙していた戦力

２月15日の地上戦闘時には空爆によりイラク軍の戦力は半分以下になっていた

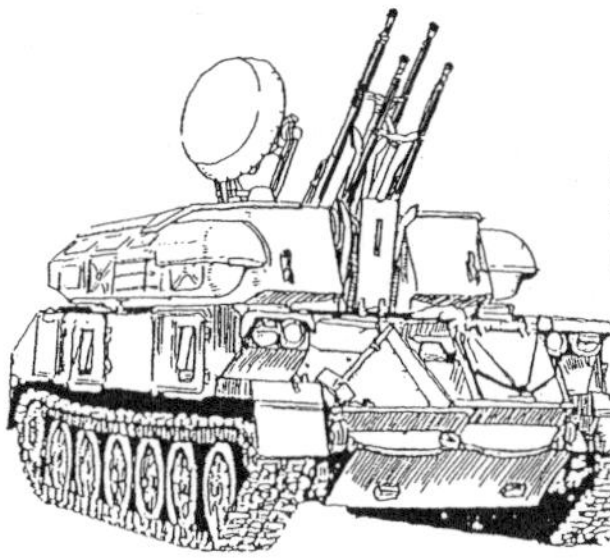
ZSU23-4
シルカ対空自走機関砲
（400両）

T-62A
（1500両）

2S3Mアガーツィア自走砲

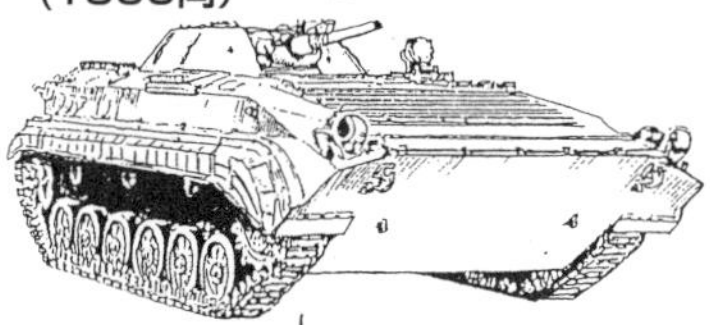
BMP-1
（1500両）

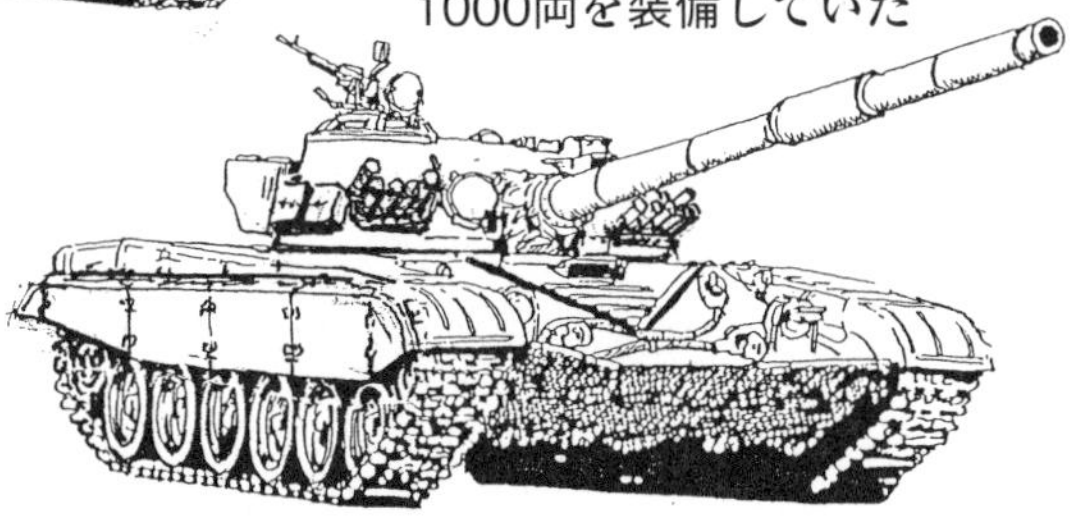
T-72M1
1000両を装備していた

2S1グヴォージカ
自走砲

YW-531
装甲兵員輸送車
（中国製1000両）

T-55増加装甲型「エニグマ」
（1500両）

MT-LB装甲輸送車
（ほかにBTR-50やOT-62など1500両）

69式戦車
（中国製500両）

●サウジアラビア軍

AMX-30S
（サウジ輸出型）
クウェート軍も
一部装備

AMX-10

155㎜GCT自走砲

●エジプト軍

M60A3

アストロス
自走ロケット砲

●自由クウェート軍

チーフテンMk5/2K
（クウェート輸出型）

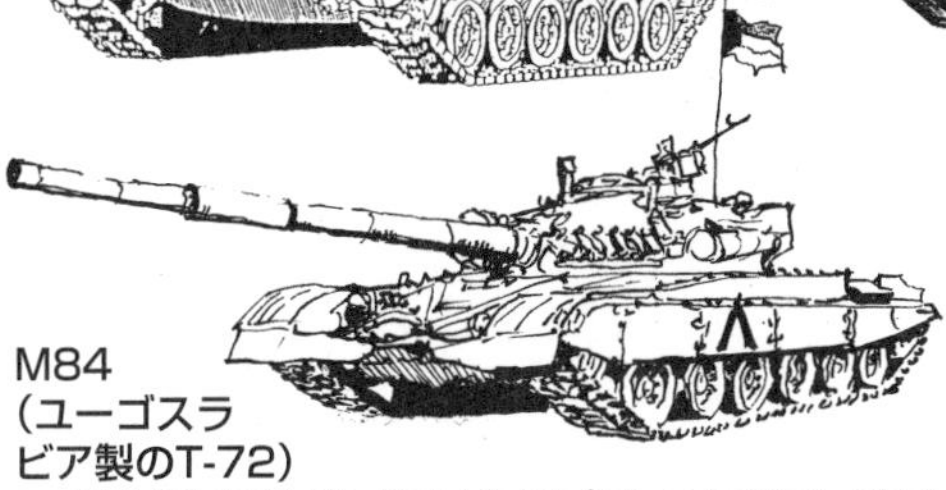
M84
（ユーゴスラ
ビア製のT-72）
一個大隊が装備。誤射を防ぐため国旗と識別マークは欠かせない

M113

3. 湾岸戦争ハイライト「砂漠の大戦車戦」

■無敗戦車M1A1の証明①
ユーフラテス河畔を進撃していたM1A1が1両、泥穴にはまり込み行動不能となり戦車回収車を待っているときに、イラク軍の戦車小隊（T-72、3両）の攻撃を受け、身動きできない状態で砲撃戦を展開、敵弾を3発食らいながら3両とも返り討ちにしたのだった。

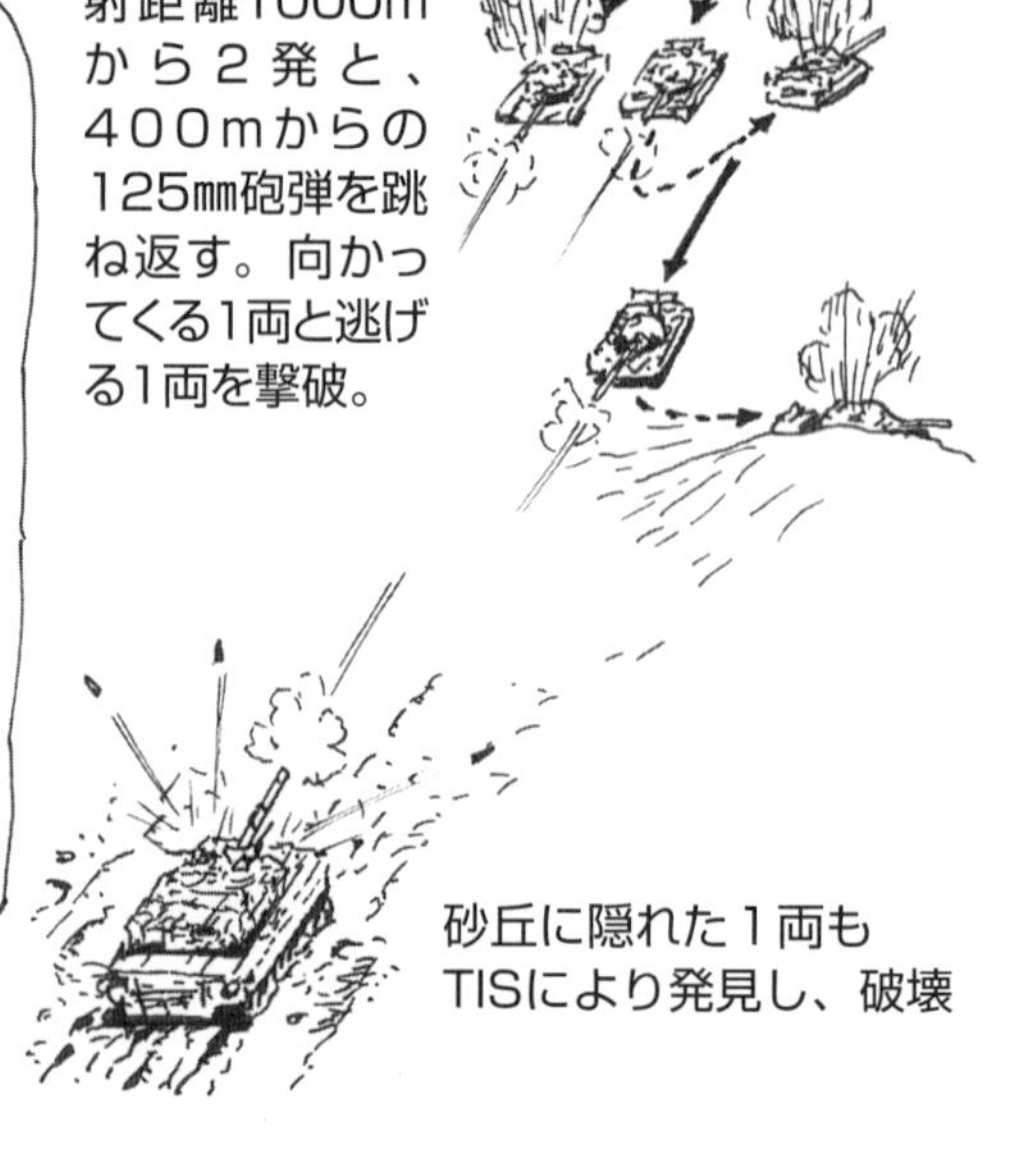
射距離1000mから2発と、400mからの125㎜砲弾を跳ね返す。向かってくる1両と逃げる1両を撃破。
砂丘に隠れた1両もTISにより発見し、破壊

このエピソードには続きがあり、回収不能とわかったこの戦車を味方のM1A1が破壊しようと攻撃したが、正面装甲では跳ね返され、砲塔後部もブローオフ・パネルや自動消化システムの作動で完全破壊できず、結局この不死身の戦車はなんとか回収し、砲塔を交換して戦場に復帰したそうです。

■イラク軍防衛戦の突破・討伐作戦

地雷原は導爆索を投射して爆破。残留地雷はプラウ戦車が取り除くといった手順が基本です。
右翼警戒
M901×7対戦車中隊
M2ブラッドレー歩兵小隊
医療班M113×2
M88A1戦車回収車
M901×5
対戦車中隊所属
地雷原に突入する突破チーム
（中隊長車）
①後方より爆薬ホースを発射。
地雷原を8×100mで
爆破してしまう
戦車小隊
M1×3
戦車小隊
M1×3
工兵班
M113×2
M60戦車の派生型
工兵戦車
②プラウ戦車が前進
③次にローラーが前進
地雷原を抜けるまで
①〜③を繰り返す
除雷ローラー装着
1個中隊による突破作戦。
敵の反撃に備え対戦車
中隊が配属されている。
地雷源突破後、プラウ
とローラー戦車は塹壕
を埋め立て、後続の
戦車が突入して
敵掩体をつぶ
していく。
除雷プラウ装着
地雷を掘り返す
ローラーは重くて遅いと評判
が悪く、おまけに柔らかい砂
漠ではあまり効果がなかった
ドーザーで敵
もろとも塹壕
を埋め立てる
M9ACEとM2ブラッドレー小隊（4両）
の敵塹掃討戦術
M2が援護して最後に後方のM2から歩
兵が下車して塹壕を掃討
○M9ACE装甲ドーザー
M48戦車の車体を流用してM1
シリーズにも対応できるように
パワーアップされている
○M88A1
戦車回収車
○M728戦闘工兵車
M60戦車の派生型
除雷レーキ装備
165㎜榴弾砲を装備。
市街戦の敵抵抗陣地を破壊

参考文献：『湾岸戦争大戦車戦』河津幸英著／イカロス出版刊

戦場の視界を奪う砂埃や黒煙
湾岸戦争の戦車戦はイラク軍戦車が掩体に車体を入れていた待ち伏せ布陣で、アメリカ軍を迎え撃った戦闘だった。
やはり起きていた同士討ち
あまりに同時にイラク軍車両を破壊したため、燃える炎で一時サーマル・サイトが盲目に陥ることもあった
T-72は砲塔下部に弾薬庫があったので、被弾誘爆で砲塔が吹き飛んだ
サーマル・サイト（熱線映像照準装置）のないT-72は、夜間戦闘ではM1A1に一方的にアウトレンジ攻撃をされてしまった。

2月27日 PM12：17～1：00

「メディナ戦車師団」
第2旅団戦車大隊

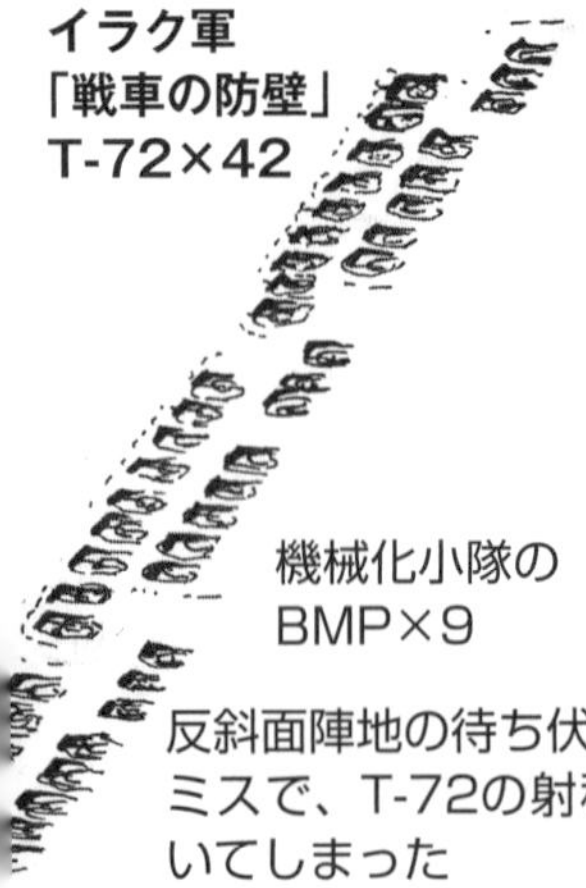

イラク軍
「戦車の防壁」
T-72×42
機械化小隊の
BMP×9

反斜面陣地の待ち伏せミスで、T-72の射程外に築いてしまった

●M1A1戦車とT-72戦車の戦闘能力

すべての射撃性能でM1A1が圧倒していました

○昼間時有効射程

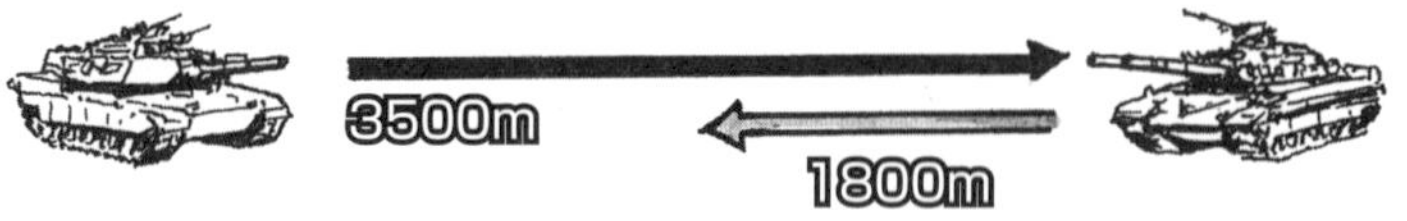

3500m
1800m

○夜間・悪天候時の探知・攻撃距離

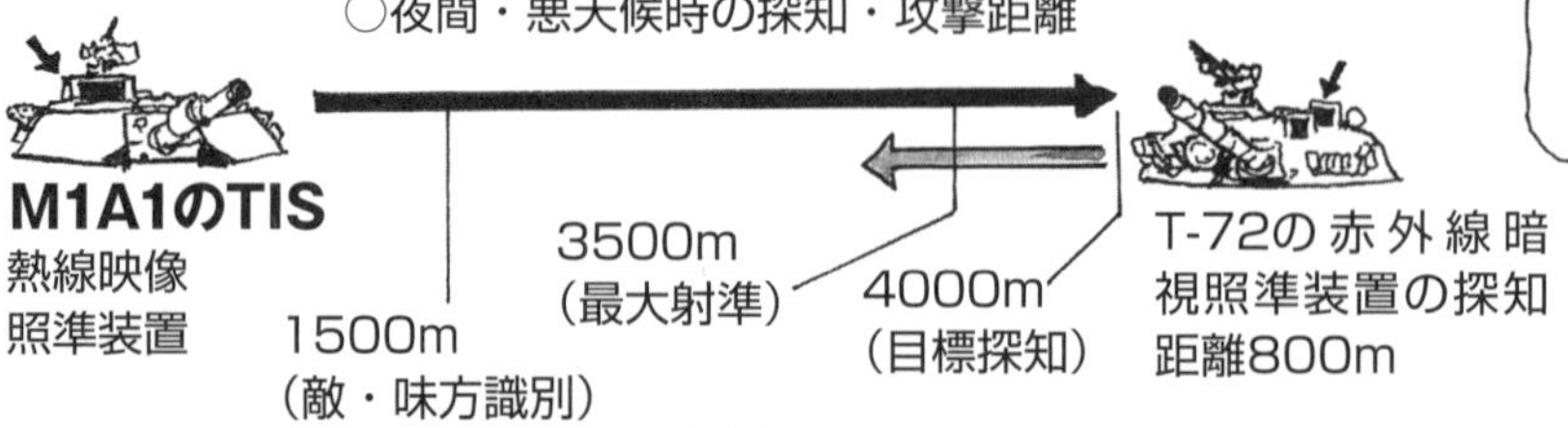

M1A1のTIS
熱線映像
照準装置
1500m
（敵・味方識別）
3500m
（最大射準）
4000m
（目標探知）
T-72の赤外線暗視照準装置の探知距離800m

○連射能力（一分間）

M829A1撤甲弾（劣化ウラン弾芯）

10発

装甲貫徹力=射程2000mで600㎜

4発

3MB15撤甲弾（タングステン弾芯）

射程2000mで310㎜

■メディナ尾根の戦い

イラク軍の反射面防御戦術は、アメリカ軍がこの尾根を越え斜面を下るときを狙ったものだった
アパッチ攻撃ヘリ
高度9m以下の超低空で地上攻撃
M1A1は時速5～10km/hで前進しながら、精密射撃した
戦車長は周囲を確認するため頭を出したりする
M2ブラッドレー歩兵戦闘車
戦車隊の援護
歩兵バンカーの攻撃
搭載するTOWはイラク軍戦車を撃破できる
イラク軍歩兵も降伏すると見せかけて果敢にRPGで反撃してきたが、サーマル・サイトで発見され、同軸機銃で排除されてしまう
T-72のなかには熱源のエンジンを切り、手動で砲塔を回してM1A1の発砲炎めがけて反撃したものもあったが、次々と撃ちとられてしまった。

■無敗戦車M1A1の証明②

湾岸戦争での戦果

M1A1は2両が夜間待ち伏せで背後から撃たれ損害を受ける。ただし戦死者なし

イラク軍開戦時、クェートには3475両を配備、空爆で40%が破壊されていた

T-72
T-62
T-55

イラク軍戦車を800両以上撃破し、損害は2両で撃破比率は1対400となる圧勝でした。
ほかに9両が同士討ちで7両が地雷でやられています。

湾岸戦争に投入されたM1A1は2376両、M1が835両で合わせて3211両だった

●「メディナ尾根の戦い」1991年

第1機甲師団「第2アイアン旅団」2/70機甲支隊

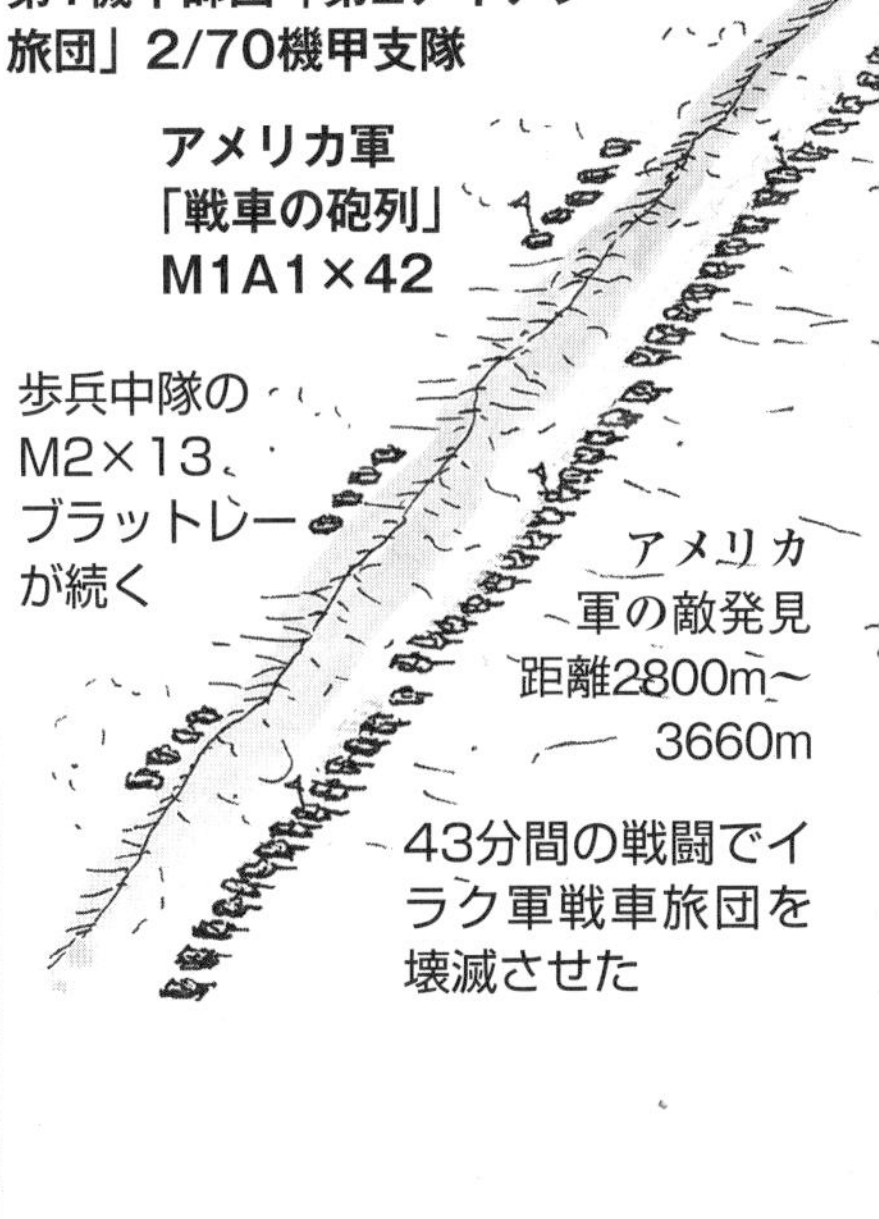
砂丘
アメリカ軍「戦車の砲列」M1A1×42
歩兵中隊のM2×13、ブラットレーが続く
アメリカ軍の敵発見距離2800m～3660m
43分間の戦闘でイラク軍戦車旅団を壊滅させた

4. イラク戦争

○アメリカ軍の空爆は「衝撃と恐怖作戦」と名付けられている

■『イラクの自由』作戦

２００３年３月20日、午前５時30分すぎ、イラク戦争の第一撃はフセイン大統領とその一族、イラク指導部を狙った空爆で始まった。40発の巡航ミサイルは標的の民家を壊滅させたが、フセイン大統領の死は確認できなかった。フセイン殺害に失敗したブッシュ大統領はもう後戻りできず、この日に世界に向けてイラクの武装解除とフセイン体制打倒のために武力行使に踏み切ったとテレビ演説を行なった。また空爆を逃れたフセイン大統領も国営テレビで徹底抗戦の決意を表明、イラクは再び戦場となった。

20日の夜、クウェートから米英地上部隊がイラク領内へと進撃を開始した。左翼にアメリカ陸軍の第５軍団、右翼にアメリカ第１海兵遠征軍（イギリス第１機甲師団を含む）を配し、兵力は約15万、打撃力となる戦車５２５両である。

数に勝るイラク軍に対する米英軍の作戦は、左翼の第５軍団がユーフラテス川西側の砂漠地帯を一気に突破しバグダッドの攻略を目指す一方、右翼の第１海兵遠征軍は国境近くのルメイラ油田を制圧しつつ、その後第５軍団の東側を進撃して、両軍でバグダッドを東西から包囲する内容で、フセイン政権の崩壊を狙ったものだった。この作戦は速度が決め手であり、米軍は世界最強戦車と誇るＭ１Ａ１戦車を先頭に「サンダー・ラン」と呼ぶ高速進撃戦術を採用した。これは、時間のかかる市街の占領はほかの部隊に任せて、第５軍団の主力である第３歩兵師団には進撃途上の敵を制圧する任務に専念させるという戦術である。航空部隊も前進してくるイラク軍を空から徹底的に叩き、快進撃を助けることになっていた。

この作戦は成功し、第５軍団の進撃は順調に進展して、２日後の23日にはバグダッド南方の要衝ナジャフ近郊に達した。

第３歩兵師団が迂回したナシリヤでは海兵隊が激戦を繰り広げ、25日にはこれを突破しユーフラテス川の左岸へ進出した。ナジャフでは砂嵐により進撃は一時停止し、この間にイラク軍の反撃を受けたものの、嵐の収まった28日より進撃を再開した。４月２日、イラク軍防衛戦が崩れだし、４月４日からはついにバグダッド攻略戦が始まり、４月７日には同市は占領された。

イラク戦争
2003年3月20日～4月9日

●開戦前、第４歩兵師団はトルコより侵入しクルド人勢力とともにイラク第３の都市モスルと油田を確保したのち、バグダッドを北から攻略する予定になっていた。しかし、直前にトルコ政府が政治的判断で自国通過を拒否したため参戦が遅れ、スエズ経由でクウェートへ上陸することになった。

●イラク第２の都市バスラはイラク軍が頑強に抵抗し、アメリカ軍は制圧をイギリス軍にまかせ前進していた。結局、包囲２週間後にイギリス軍がこれを占領。

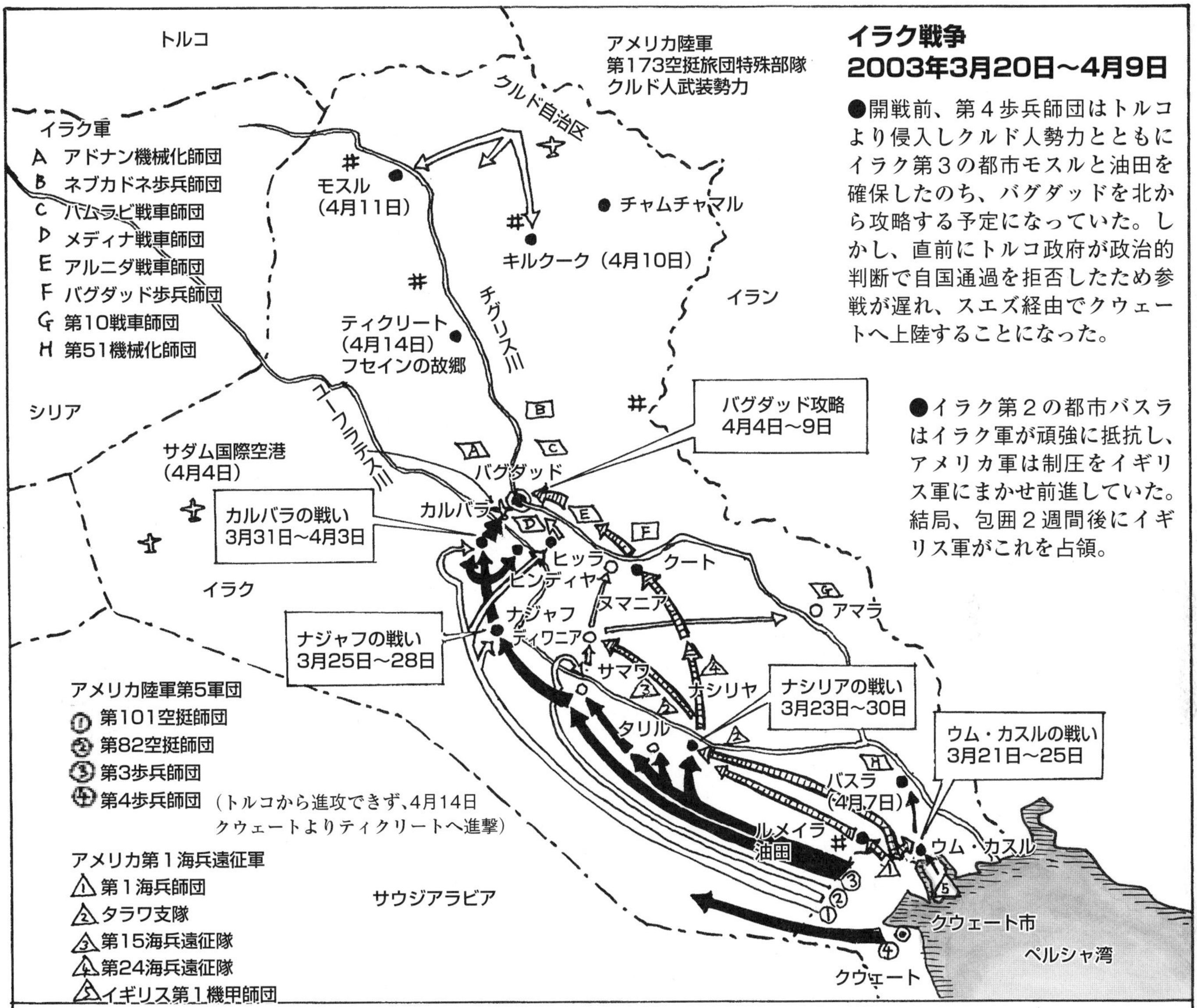

トルコ
アメリカ陸軍
第173空挺旅団特殊部隊
クルド人武装勢力
クルド自治区
イラク軍
A アドナン機械化師団
B ネブカドネ歩兵師団
C ハムラビ戦車師団
D メディナ戦車師団
E アルニダ戦車師団
F バグダッド歩兵師団
G 第10戦車師団
H 第51機械化師団
モスル
(4月11日)
チャムチャマル
キルクーク（4月10日）
チグリス川
ティクリート
(4月14日)
フセインの故郷
イラン
シリア
ユーフラテス川
バグダッド攻略
4月4日～9日
サダム国際空港
(4月4日)
バグダッド
カルバラの戦い
3月31日～4月3日
カルバラ
ヒッラ
ヒンディヤ
クート
イラク
ヌマニア
アマラ
ナジャフ
ディワニア
ナジャフの戦い
3月25日～28日
サマワ
ナシリヤ
ナシリアの戦い
3月23日～30日
タリル
ウム・カスルの戦い
3月21日～25日
バスラ
(4月7日)
ルメイラ
油田
ウム・カスル
アメリカ陸軍第5軍団
① 第101空挺師団
② 第82空挺師団
③ 第3歩兵師団
④ 第4歩兵師団（トルコから進攻できず、4月14日クウェートよりティクリートへ進撃）
アメリカ第1海兵遠征軍
△1 第1海兵師団
△2 タラワ支隊
△3 第15海兵遠征隊
△4 第24海兵遠征隊
△5 イギリス第1機甲師団
サウジアラビア
クウェート市
ペルシャ湾
クウェート

■イラク戦争

3月20日
フセイン殺害を図ったピンポイント空爆から始まり、同日地上部隊も進撃を開始

3月23日
トルコからの地上軍侵攻を断念したアメリカは空挺部隊を投入。クルド人武装勢力とともに進軍開始

3月25日
巡航ミサイルを含む大規模空爆により地上部隊の快進撃は続くが、抵抗の強いナジャフ付近では開戦以来最大の地上戦が繰り広げられる。さらに同日より砂嵐が激しくなり航空作戦に支障が出始める

3月26日
バグダッドまで80km地点で砂嵐のため進撃停滞

3月27日
イラク軍がナジャフやナシリヤにおいて反撃するも阻止砲火により撃退される。同日アメリカが地上軍10万人増派を決定

3月28日
砂嵐が収まったのを受け空爆再開

4月2日
ナジャフのイラク防衛線が崩壊、アメリカ軍はバグダッドへ向け進撃

4月3日
米英特殊部隊、バグダッド市内へ潜入

4月4日
サダム国際空港を制圧

4月5日
バグダッド市内へ侵攻開始

4月7日
市内中心部を制圧

4月9日
バグダッド陥落

4月14日
ティクリート占領
これで主要拠点はすべて平定され、一応戦火は収まる

■アメリカ第１海兵遠征軍
陸軍の第４歩兵師団がトルコから進攻できなくなり、海兵隊が第３歩兵師団と並んで首都バグダッドの攻略を託されたのだった。
兵力２万2000名
車両8000両
AH-1W
スーパーコブラ
攻撃ヘリ
M1A1HA
（約130両装備）
M198
155㎜榴弾砲
（102門）
TOWハンヴィー
対戦車戦で活躍
M88A2戦車回収車
フセインの銅像を引き倒した
M93フォックス
化学偵察車
イラク軍の化学兵器に備える
AAV-7A1
水陸両用兵車
LAV-25
戦闘兵車
●イギリス第１機甲師団
派遣先のコソボよりイラクへ送られてきた部隊
●イギリス軍はチグリス、ユーフラテス河口付近のバスラを始めとする重要地点を占領した。
M60戦車橋
ユーフラテス川に沿って前進するために装備
チャレンジャー２（120両）
ウォーリア
歩兵戦闘車（50両）
FV43
装甲兵車
スパータン偵察
装甲兵車
チーフテン戦車橋
シールダー
地雷処理車
ランドローバーミラン搭載
■アメリカ陸軍第４歩兵（機械化）師団
●デジタル化された最新装備をもつ部隊だった。
●ストライカー旅団
2003年11月より配属される。
M1A2SEP（118両）
ほかにM1A1Dが90両、M1A1が45両
M2A2歩兵戦闘車
ストライカー装甲車
スラットアーマー付

■アメリカ陸軍第3歩兵（機械化）師団

●「サンダー・ラン」作戦の主力部隊

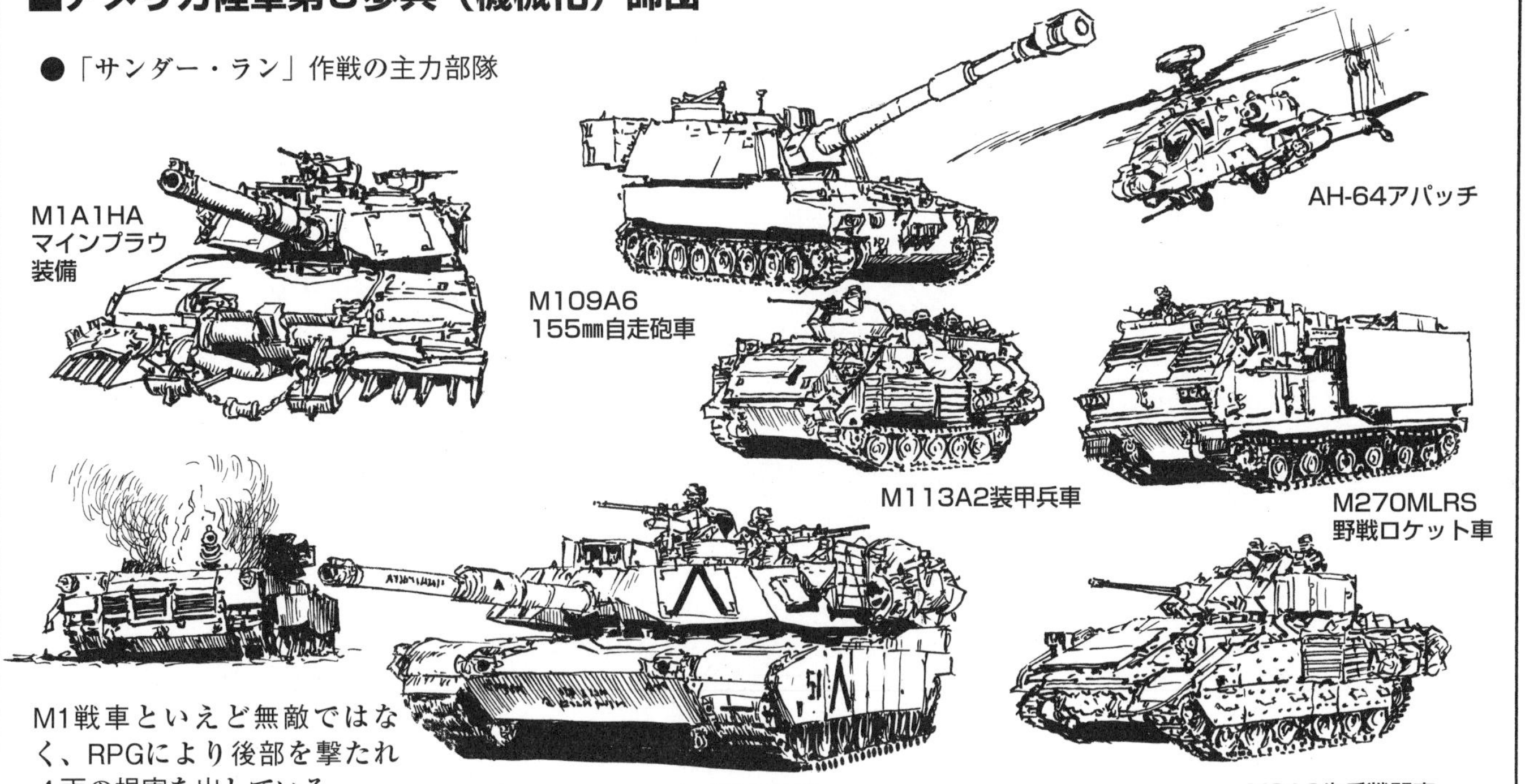
M1A1HA
マインプラウ
装備
M109A6
155㎜自走砲車
AH-64アパッチ
M113A2装甲兵車
M270MLRS
野戦ロケット車
M1A1HA
(208両)
M2A2歩兵戦闘車

M1戦車といえど無敵ではなく、RPGにより後部を撃たれ４両の損害を出している。

■イラク地上軍

正規軍約39万人
戦車約2600両
装甲車約1800両
自走砲約200両
火砲約1900門
武装ヘリ約100機

共和国防衛隊約８万人
特別共和国防衛隊（フセイン親衛隊）
約２万5000人
他に志願兵による
民兵組織がある。

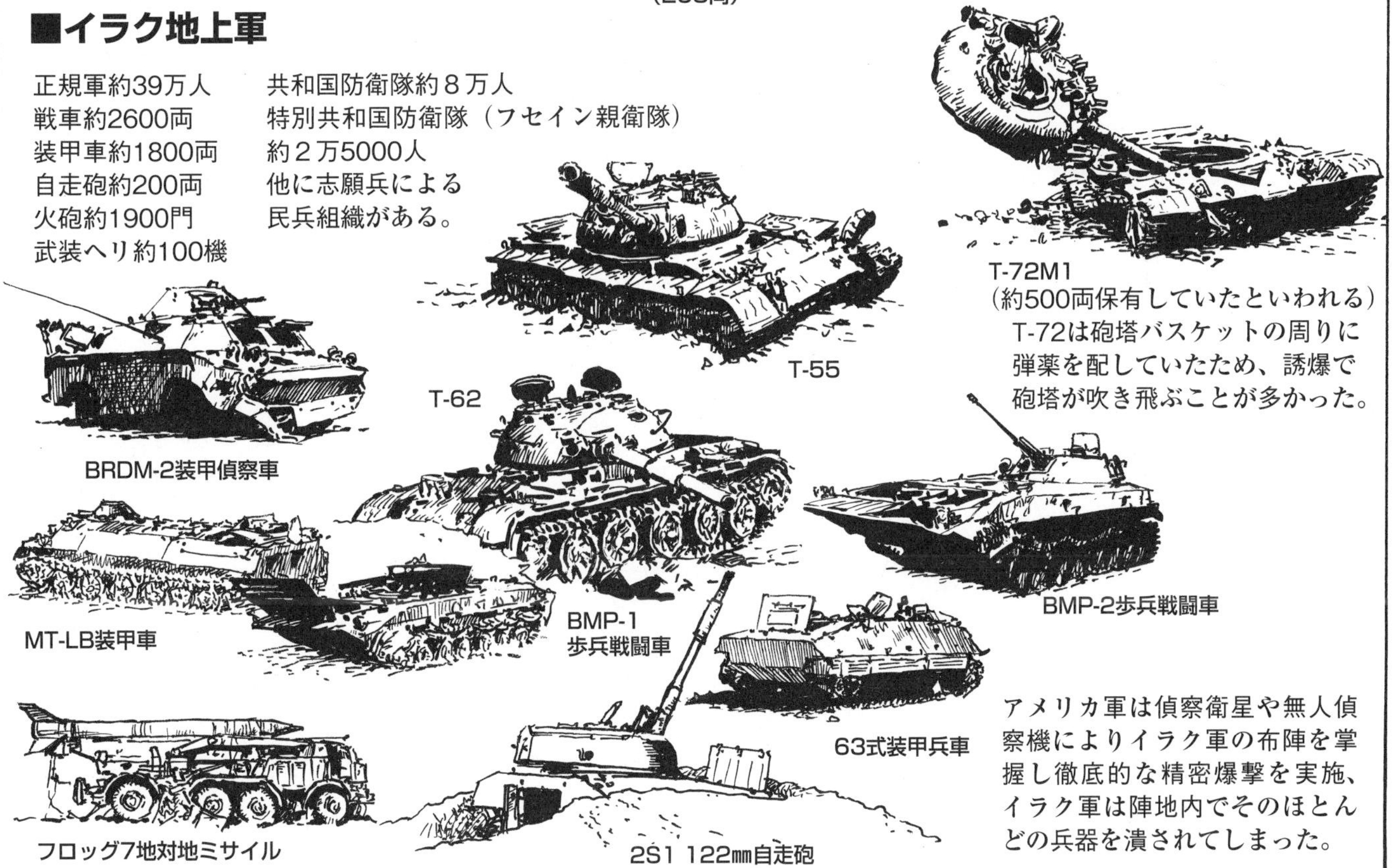
T-72M1
(約500両保有していたといわれる)
T-55
T-62
BRDM-2装甲偵察車
BMP-2歩兵戦闘車
MT-LB装甲車
BMP-1
歩兵戦闘車
63式装甲兵車
フロッグ7地対地ミサイル
2S1 122㎜自走砲

T-72は砲塔バスケットの周りに弾薬を配していたため、誘爆で砲塔が吹き飛ぶことが多かった。

アメリカ軍は偵察衛星や無人偵察機によりイラク軍の布陣を掌握し徹底的な精密爆撃を実施、イラク軍は陣地内でそのほとんどの兵器を潰されてしまった。

5. イラクの治安活動

■新生イラク軍
主力MBTはハンガリーが供与したT-72。装甲車はBMP-1やBTR-80などを装備している。

M1117装甲警戒車

M1151ハンヴィー

キルクーク
フセイン元大統領捕獲
ティクリート
イラク
バグダッド
主要道路
ナジャフ
サマワ
ナシリア
バスラ
日本陸上自衛隊宿営地
クウェート

■イラク戦争、その後

２００３年３月の「イラクの自由」作戦は米軍の圧倒的な勝利に終わった。４月９日にバグダッドを陥落させたことでフセイン政権は崩壊し、５月１日にはブッシュ大統領が大規模戦闘終結を宣言した。

しかし、フセイン大統領は行方不明のままで、その後も残存勢力による襲撃やテロ行為が続き、イラク国内の混乱は収まらなかった。10月16日、国連安全保障理事会は米提案のイラク復興決議を採択した。これにより多国籍軍によるイラク治安活動が行なわれることになり、派兵各国が担当区域ごとに治安任務に就いた。日本もイラクへ空自と陸自を派遣することになった。

また、「治安維持は自国民で」と、新生イラク軍も準備された。米軍をはじめＮＡＴＯ軍により警察官・兵士の教育が行なわれ任務に就いているが、まだまだイラクの混乱は収まりそうにない。とくに自爆攻撃やＩＥＤ（簡易爆発装置）によるテロ攻撃は現在も多発している。

空自　航空自衛隊

陸自　陸上自衛隊

■イラクに展開する多国籍軍のAFV

イラクの治安回復がなかなか進まない情勢で治安維持活動に活躍している各国軍の車両。このほかにも多くの国が軍隊を派遣している。

●イタリア
イベコVMT-90軽戦車
VCC-1装甲兵車
M113のイタリア版。追加装甲付
チェンタウロ戦闘偵察車
●タイ
アメリカ軍より供与されたハンヴィー
●オランダ
ランドローバーディフェンダー軽野戦車
●ウクライナ
BTR-80装甲兵車
●デンマーク
TAB-77装甲兵車
(BTR-70のライセンス生産)
●ルーマニア
モワク
イーグルⅠ装甲車
TAB RCH-84装甲偵察車
BMR-2装甲兵車
BRDM-2
装甲偵察車
VECM-1
装甲偵察車
スペイン軍は中米諸国の火力支援を行なう
●モンゴル
BMR-2装甲兵車
●スペイン
URO野戦車
(スペインのハンヴィー)
●ポーランド
BRDM-2装甲偵察車
新型銃塔付
●オーストラリア
ASLAV-25
スラット
アーマー付
VECM-1装甲偵察車
●日本
陸上自衛隊は2004年2月より2年半サマワで復興支援活動を行なった
96式装甲車
ブッシュマスター装甲兵車
自衛隊の海外派兵で初めての装甲車両。幸い、RPGの攻撃は受けずに任務を終了できた
軽装甲機動車

■アメリカ軍ストライカー旅団

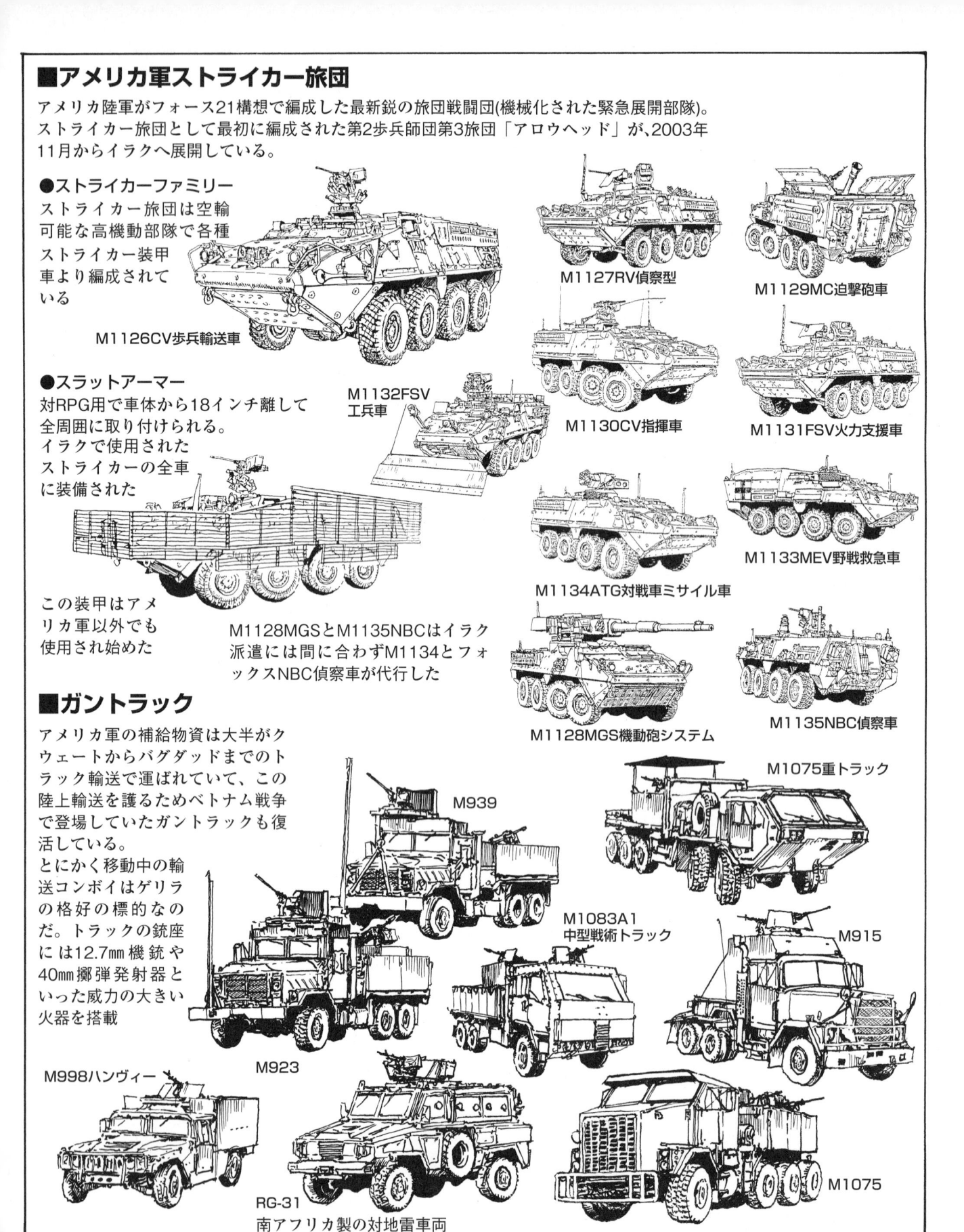

アメリカ陸軍がフォース21構想で編成した最新鋭の旅団戦闘団(機械化された緊急展開部隊)。ストライカー旅団として最初に編成された第2歩兵師団第3旅団「アロウヘッド」が、2003年11月からイラクへ展開している。

●ストライカーファミリー

ストライカー旅団は空輸可能な高機動部隊で各種ストライカー装甲車より編成されている

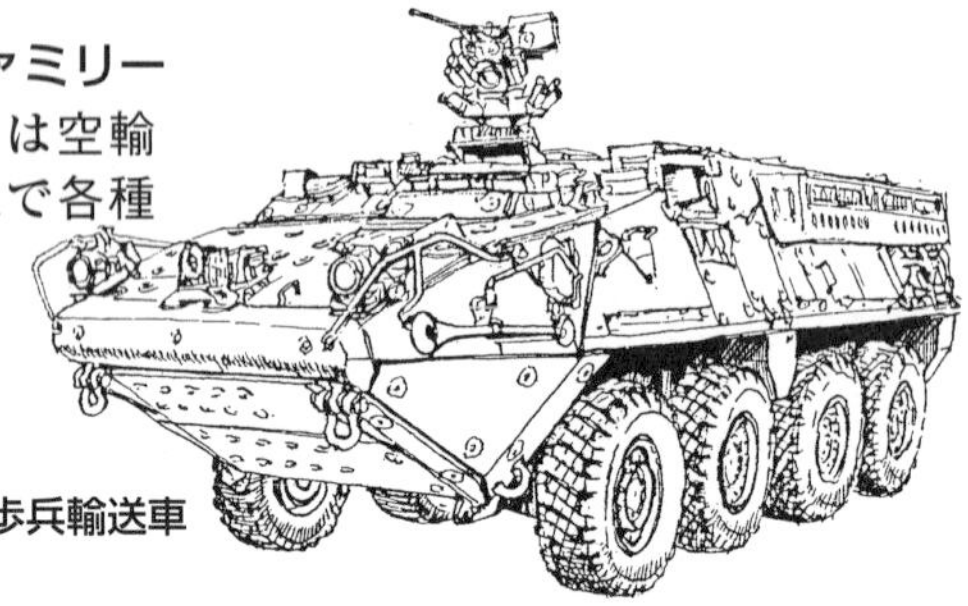

M1126CV歩兵輸送車

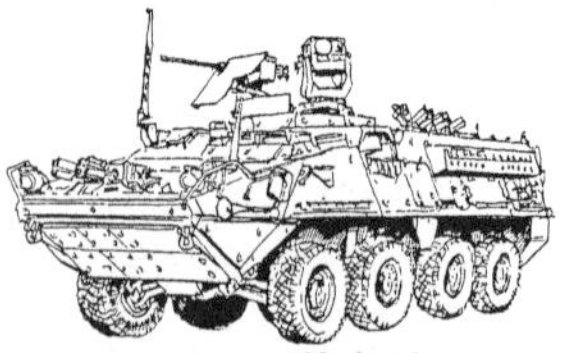

M1127RV偵察型

M1129MC迫撃砲車

M1130CV指揮車

M1131FSV火力支援車

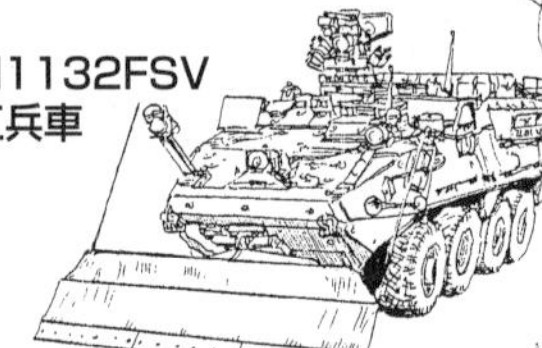

M1132FSV
工兵車

●スラットアーマー

対RPG用で車体から18インチ離して全周囲に取り付けられる。イラクで使用されたストライカーの全車に装備された

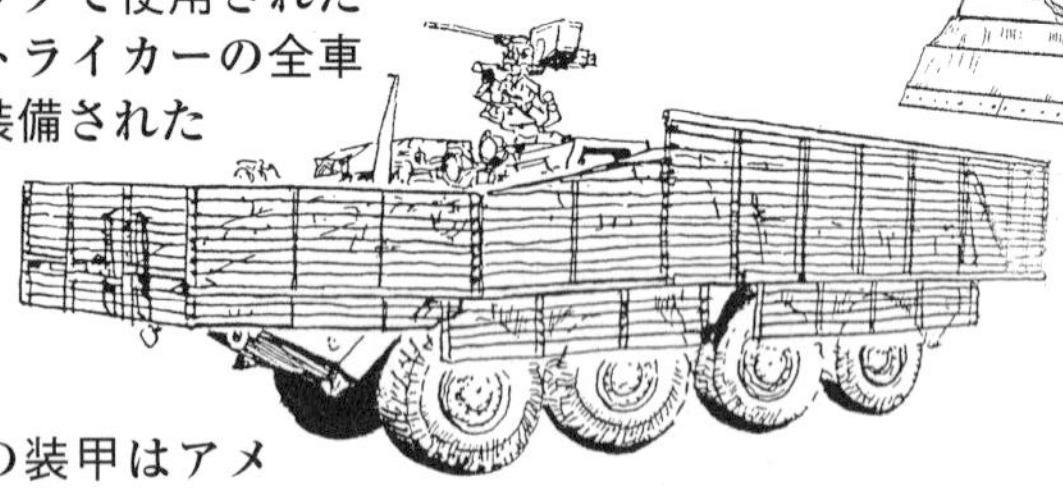

この装甲はアメリカ軍以外でも使用され始めた

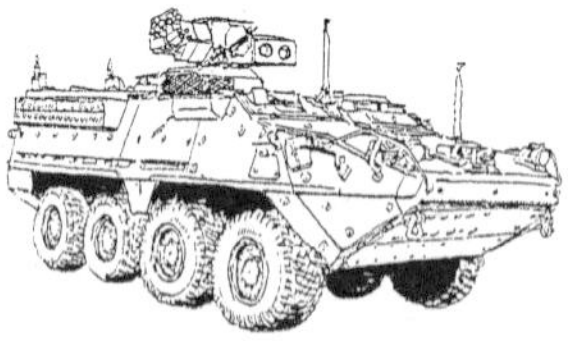

M1134ATG対戦車ミサイル車

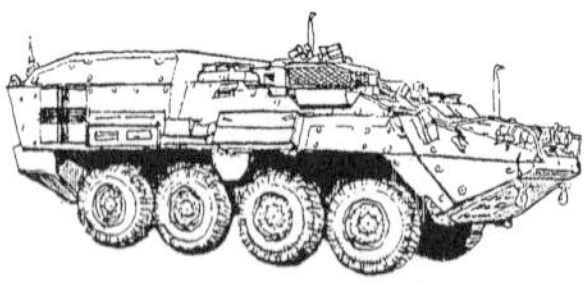

M1133MEV野戦救急車

M1128MGSとM1135NBCはイラク派遣には間に合わずM1134とフォックスNBC偵察車が代行した

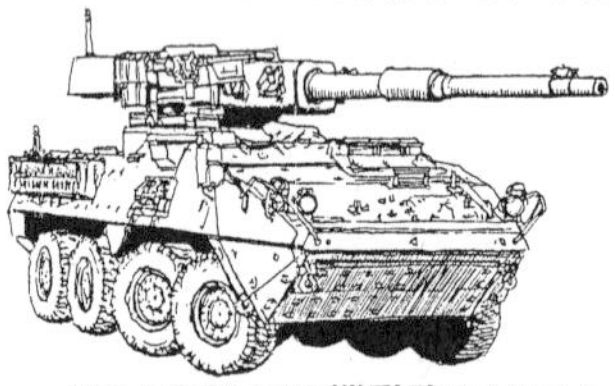

M1128MGS機動砲システム

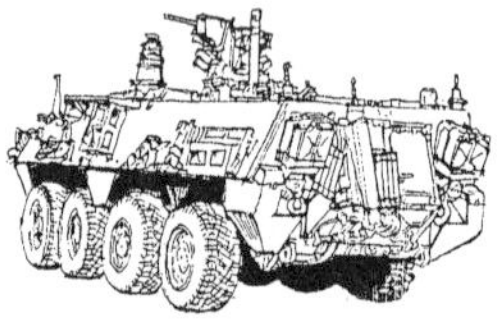

M1135NBC偵察車

■ガントラック

アメリカ軍の補給物資は大半がクウェートからバグダッドまでのトラック輸送で運ばれていて、この陸上輸送を護るためベトナム戦争で登場していたガントラックも復活している。

とにかく移動中の輸送コンボイはゲリラの格好の標的なのだ。トラックの銃座には12.7㎜機銃や40㎜擲弾発射器といった威力の大きい火器を搭載

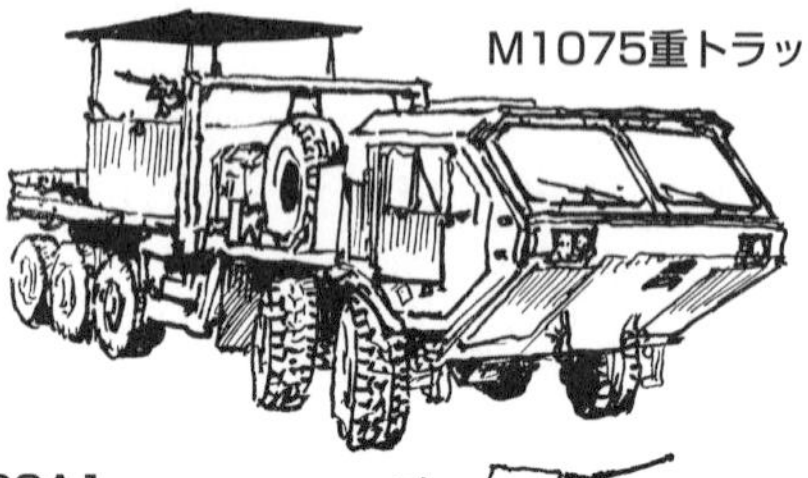

M1075重トラック

M939

M923

M1083A1
中型戦術トラック

M915

M998ハンヴィー

RG-31
南アフリカ製の対地雷車両

M1075

■戦訓により進化したM1戦車

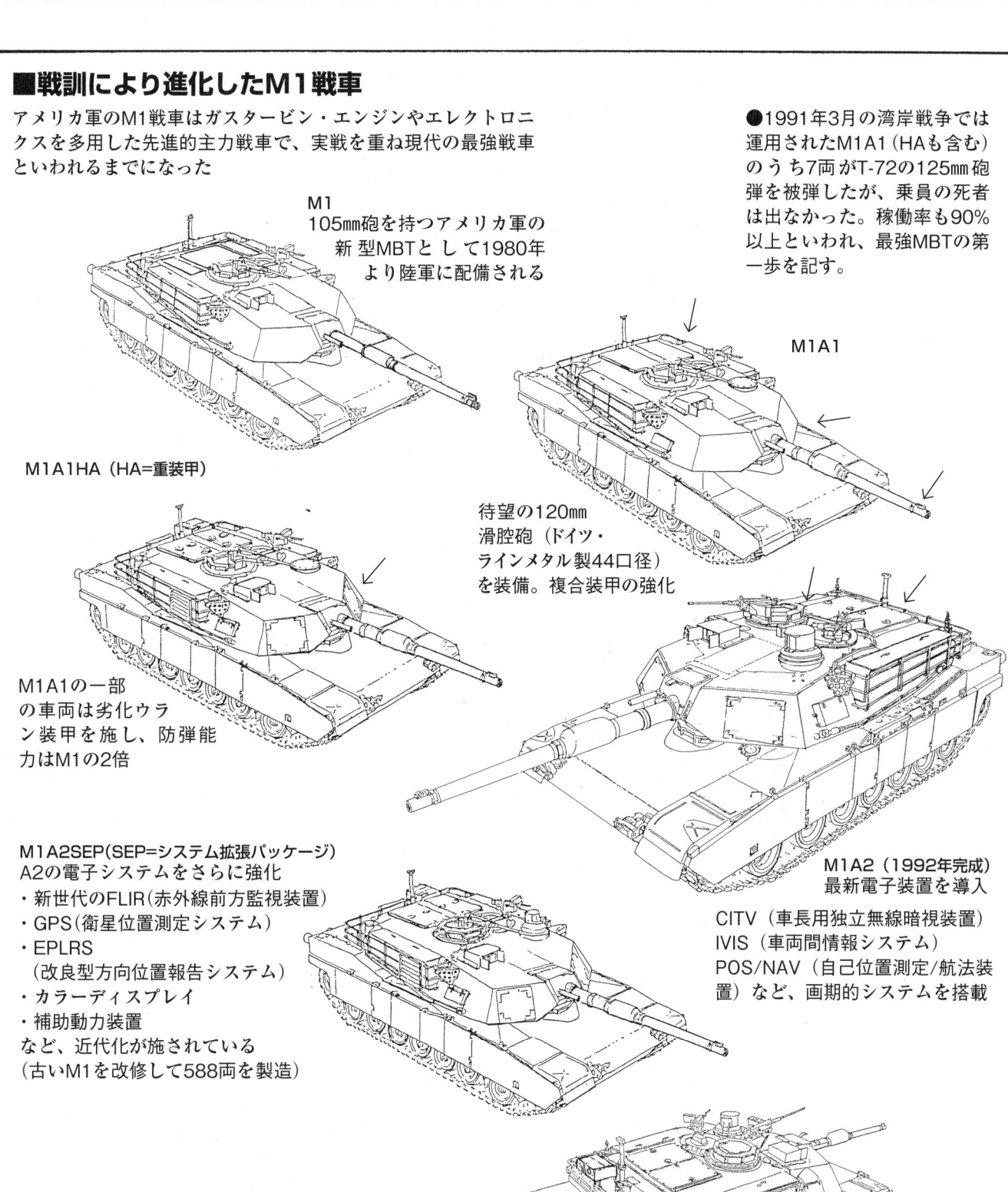

アメリカ軍のM1戦車はガスタービン・エンジンやエレクトロニクスを多用した先進的主力戦車で、実戦を重ね現代の最強戦車といわれるまでになった

●1991年3月の湾岸戦争では運用されたM1A1（HAも含む）のうち7両がT-72の125㎜砲弾を被弾したが、乗員の死者は出なかった。稼働率も90%以上といわれ、最強MBTの第一歩を記す。

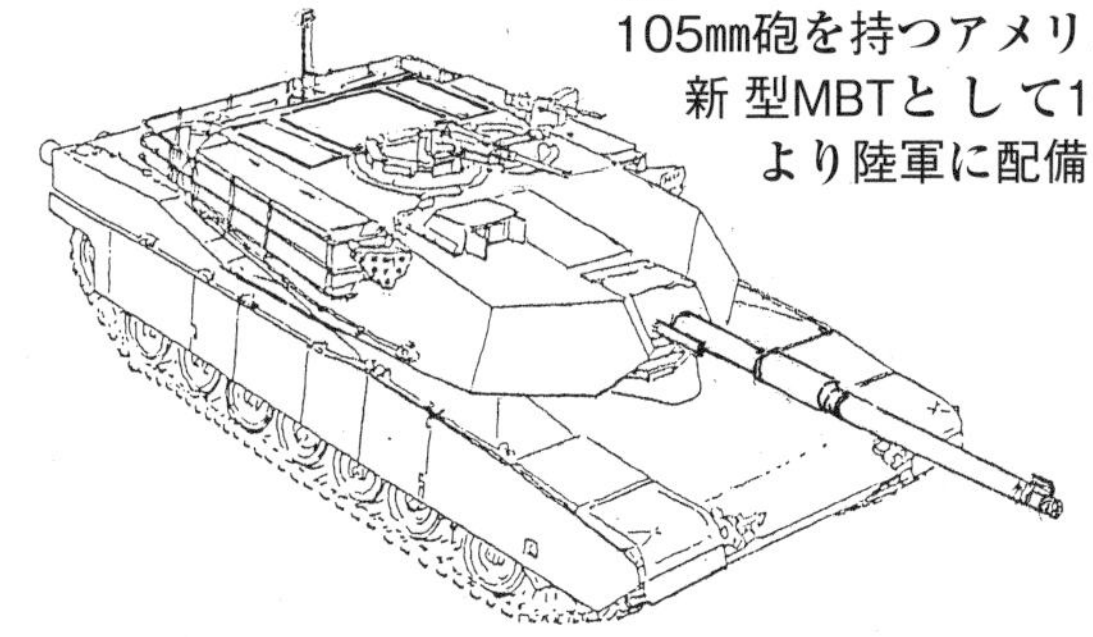

M1
105㎜砲を持つアメリカ軍の新型MBTとして1980年より陸軍に配備される

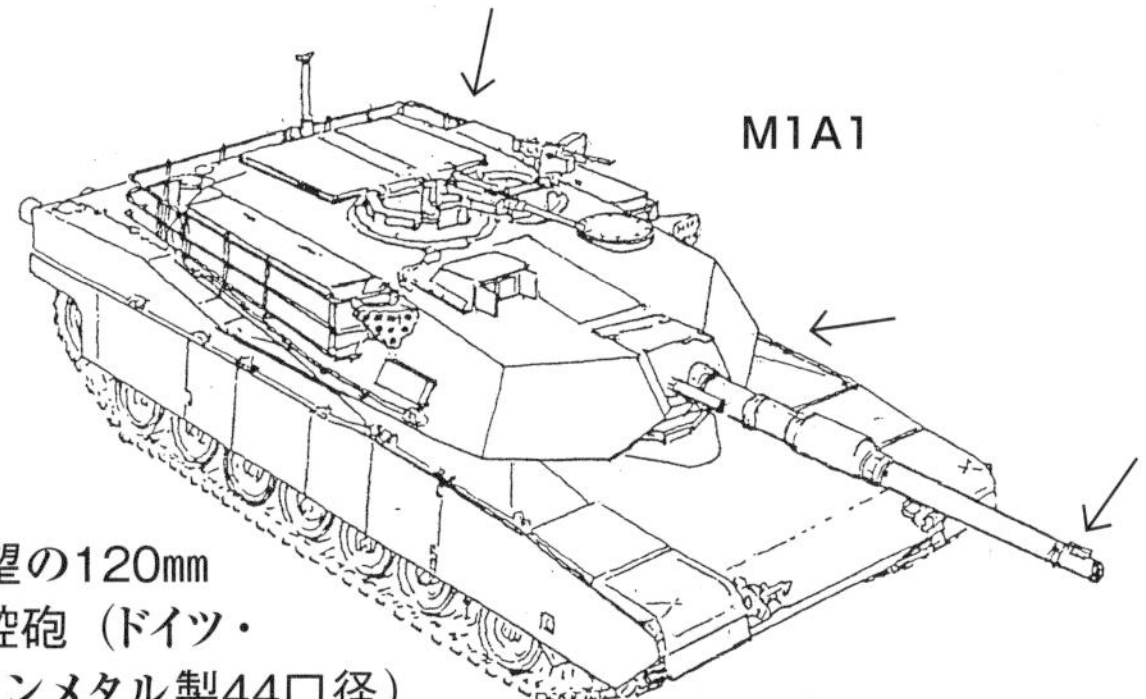

M1A1

待望の120㎜滑腔砲（ドイツ・ラインメタル製44口径）を装備。複合装甲の強化

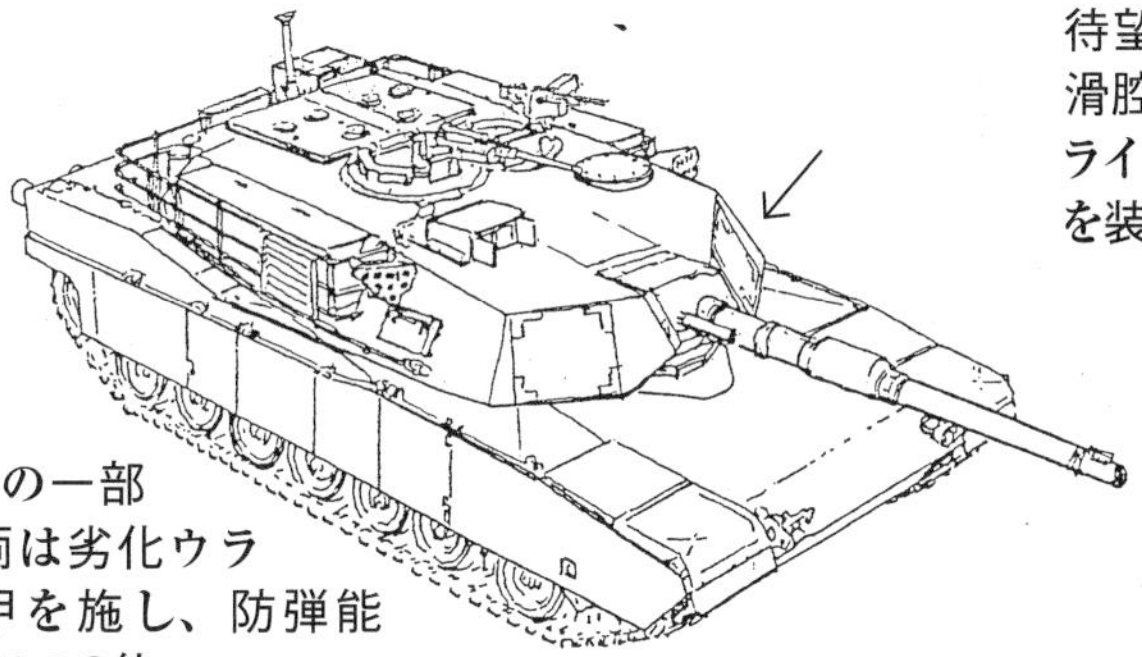

M1A1HA（HA=重装甲）

M1A1の一部の車両は劣化ウラン装甲を施し、防弾能力はM1の2倍

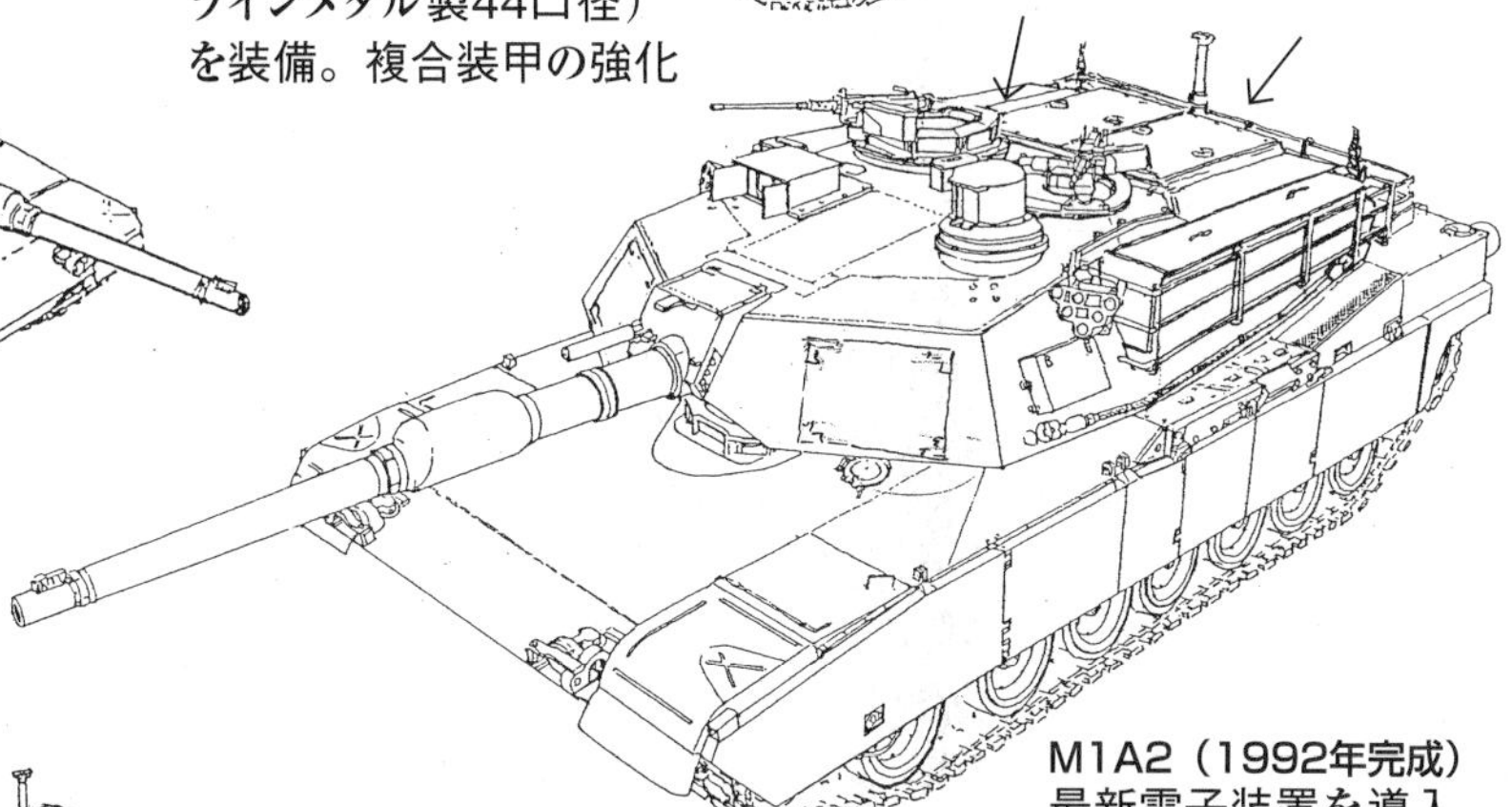

M1A2（1992年完成）
最新電子装置を導入

CITV（車長用独立無線暗視装置）
IVIS（車両間情報システム）
POS/NAV（自己位置測定/航法装置）など、画期的システムを搭載

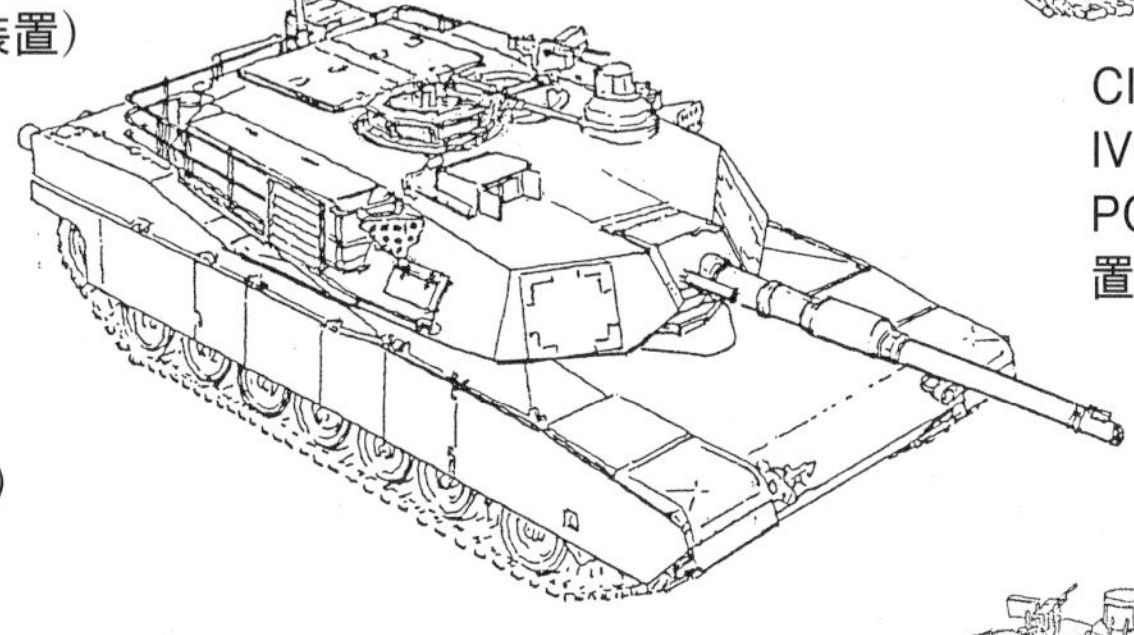

M1A2SEP(SEP=システム拡張パッケージ)
A2の電子システムをさらに強化
・新世代のFLIR(赤外線前方監視装置)
・GPS(衛星位置測定システム)
・EPLRS
（改良型方向位置報告システム）
・カラーディスプレイ
・補助動力装置
など、近代化が施されている
(古いM1を改修して588両を製造)

●2003年のイラク戦争にはM1A1～M1A1ADまで各型874両が参加。
9両が損害を受けたが乗員に死者は出なかった。地雷による撃破もあったが、近距離からのRPGの攻撃があらかじめ脅威であることが認識され弱点の車体後部はスラットアーマーが装着されるようになった。

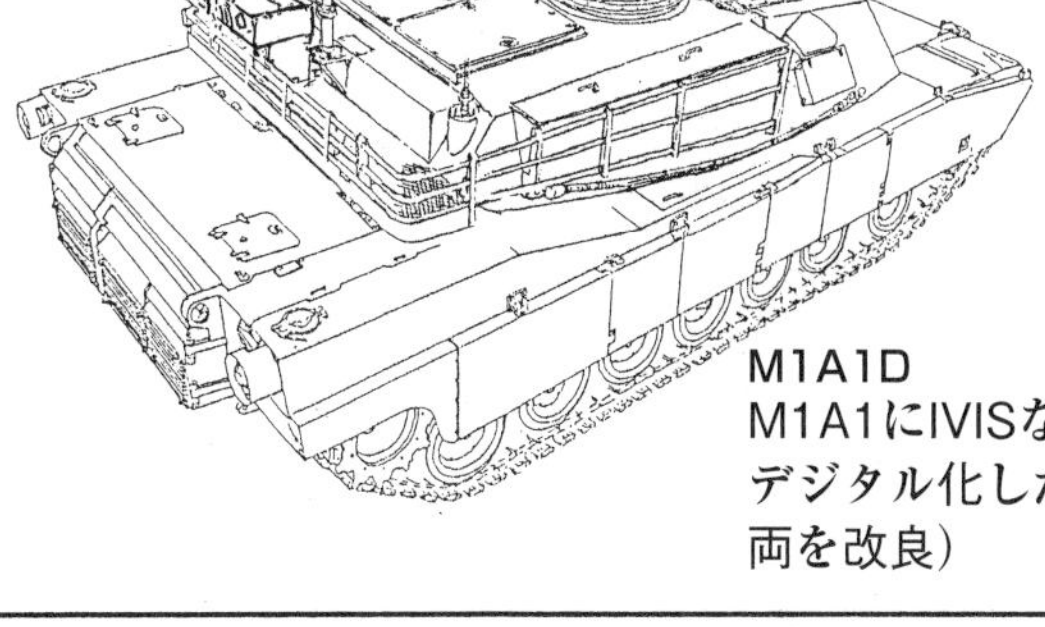

M1A1D
M1A1にIVISなどを追加しデジタル化した車両（135両を改良）

コラム4〔進化するモンスターたちと世界の戦車分布図〕

●センチュリオン
Mk.1は1945年に完成しており、その後改良を重ねイギリス戦車の主力を勤める。総生産数4423両。イスラエルで改良型が活躍した長寿戦車。

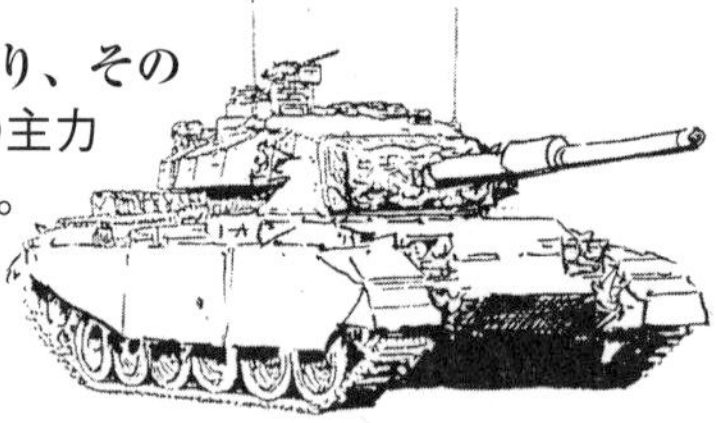

●T-54／55
総生産数は約50000両。さすがに使用数は約14000両に減った。

戦車のなかで一番多く造られた戦車。東側陣営や中東諸国、発展途上国に大量供給され、各地の紛争には必ず出現している。

●M60シリーズ
アメリカ軍の主力戦車としてソ連戦車に対抗、総生産数15000両。

●M-1

中東での勝利で一番人気だが、生産数は約9500両。

●T-72シリーズ

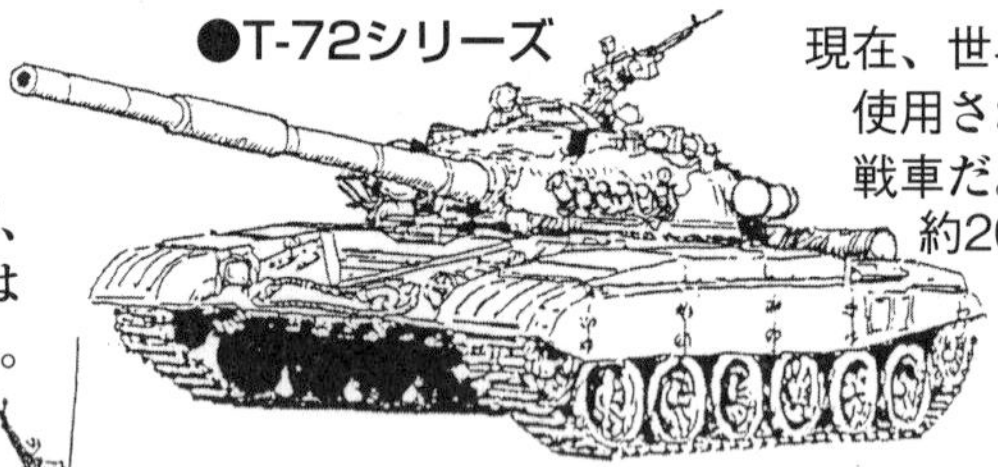

現在、世界で一番使用されている戦車だ。生産数約20000両。

●M-41軽戦車
総生産数は550両で、台湾、デンマーク等の改修型がある。

軽戦車ながらM4シャーマンと同じくらいの戦闘力を持った、軽戦車の傑作。

●PT-76水陸両用軽戦車
ウォータージェットを装備した本格的な水陸両用戦車で、約12000両が生産された。東側軽戦車のベストセラー。

主要国だけを書きましたが、2006年には世界124ヶ国で総数約11万3700両の戦車が各地域に配置されています。トップは旧ソ連のロシアで、ダントツの1位です。ヨーロッパ、中東の国々が続いており、東南アジアでは中国が圧倒的で、アメリカを抜いて世界第2位となっています。

スウェーデン(280)
フィンランド(226)
イギリス(543)
ロシア(23,469+)
オランダ(283)
ポーランド(361)
カナダ(114)
ドイツ(2,398)
ベラルーシ(1,586)
チェコ(298)
ウクライナ(3,784)
フランス(926)
ルーマニア(1,258)
スイス(355)
ブルガリア(1,471)
アメリカ(8,023)
オーストリア(334)
北朝鮮(4,060)
キューバ(900+)
アルバニア(393)
モンゴル(370)
韓国(2,390)
スペイン(399)
中国(8,730)
ポルトガル(541)
イタリア(320)
ギリシャ (1,723)
ウズベキスタン(370)
トルクメニスタン(702)
トルコ(4,205)
シリア(4,600)
台湾(1,831)
モロッコ(656)
イスラエル(3,657)
ペルー (375)
エジプト(3,855)
アルジェリア(920)
イラン(1,693)
パキスタン(2,461)
ブラジル(481)
リビア(2,025)
レバノン(310)
クウェート(368)
インド(4,168)
ナイジェリア(350)
ヨルダン(1,139)
ベトナム(1.935)
アンゴラ(300+)
サウジアラビア(1,055)
UAE (545)
タイ(848)
チリ(272)
イエメン(790)
シンガポール(450)
インドネシア(405)
アルゼンチン(350)
オーストラリア(71)

・( ) 内の数字が戦車保有数

○参考資料：月刊PANZER誌

第5章
世界各地の戦争

1. インド・パキスタン戦争

スリナガル
ギルギット
中国が
主張する国境
中華人民共和国
パキスタン
イスラマバード
ジャム・
カシミール川
印・パ
停戦ライン
インド

■ヒンズー教徒対回教徒の対立

第二次世界大戦後の１９４７年、英連邦の一部であったインド帝国は、イギリスからの独立を果たした。しかし、それまでの大インド帝国はヒンズー教徒の国インドと、イスラム教徒の国パキスタンというように宗教問題で分裂し、しかも宗教圏の関係でパキスタンはインドの東と西に分かれた分断国家となった。この宗教問題はその後も片づかず、両方が入り混じっている地域では紛争が絶えず、またヒンズー、イスラム教徒の中にも分派紛争が続いていた。インド、パキスタンの両国が本格的な戦闘を行なったのは三度に渡った。カシミールの帰属問題をめぐり発生したのが第一次印・パ戦争（'47～'49年）、第二次印・パ戦争（'65年）の２回で、'71年の第三次はバングラデシュ独立戦争であったが、いずれもパキスタンの敗北に終わっている（この間インドは国境問題で'62年に中国軍と戦火を交えている）。

現在カシミールは停戦ラインを挟み、インド側のジャム・カシミール川とパキスタン側のアザド・カシミール、ギルギット管区に分割されているが、'62年の中国・インド国境紛争で中国がインド側の北部を占領している。中国とパキスタンが手を結んだこのカシミール帰属問題は、まさに第四次印・パ戦争に発展しかねない火種となっている。

パキスタン兵
インド兵

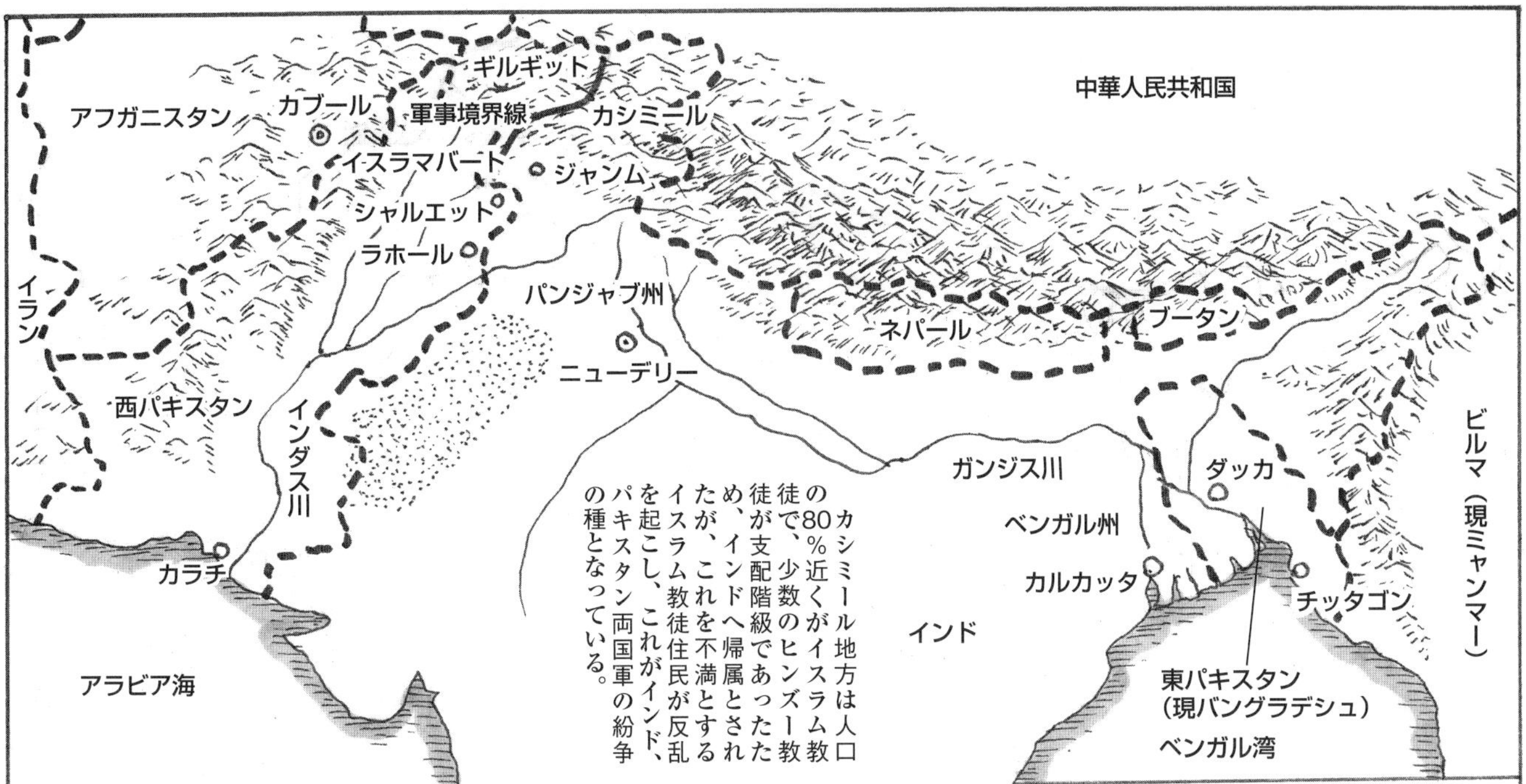

カシミール地方は人口の80%近くがイスラム教徒で、少数のヒンズー教徒が支配階級であったため、インドへ帰属とされたが、これを不満とするイスラム教徒住民が反乱を起こし、これがインド、パキスタン両国軍の紛争の種となっている。

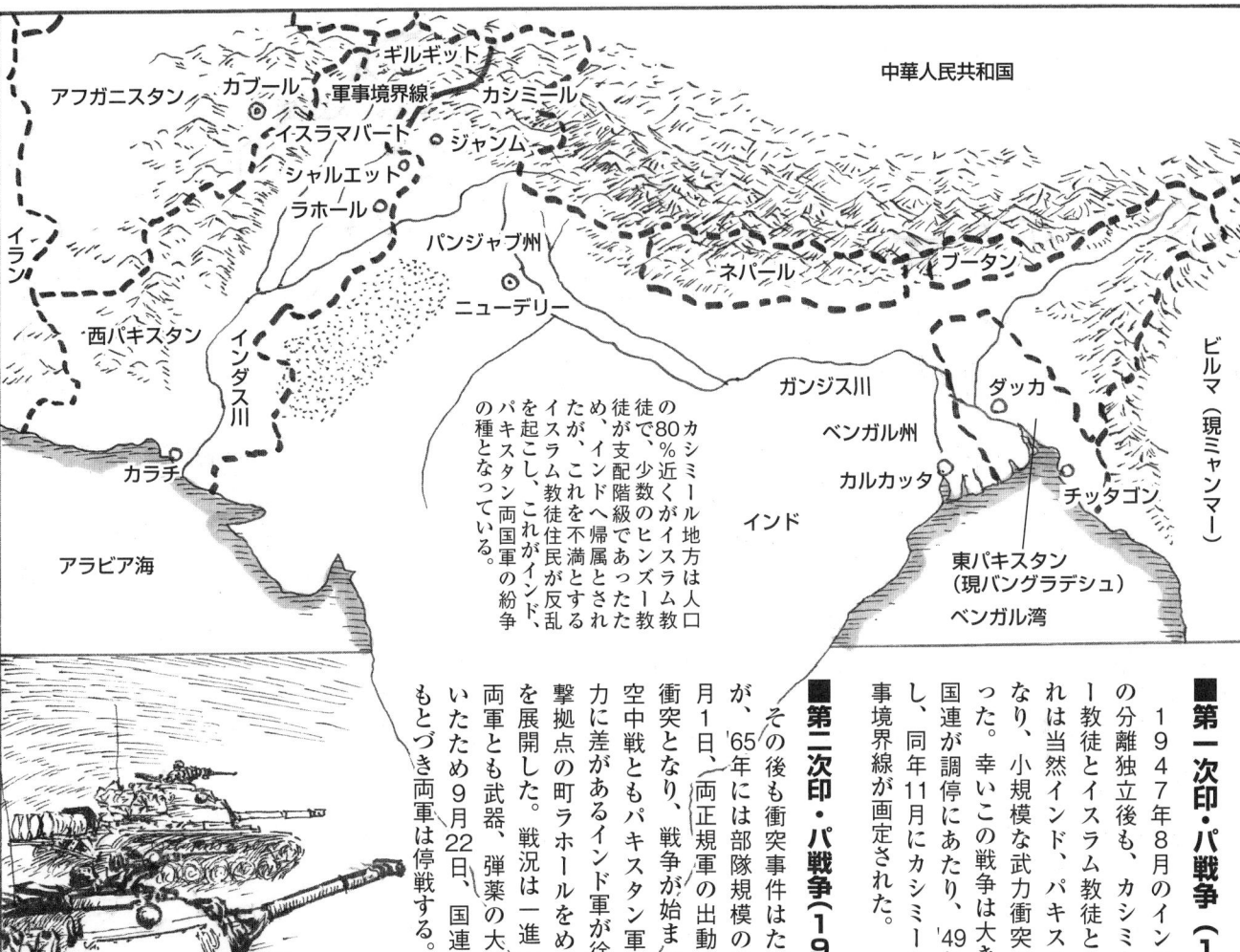

○西パキスタンはアリアン系とイラニア系民族。東パキスタンはモンゴル・ドラヴィアン系民族。

■第一次印・パ戦争（1947年〜49年）

1947年8月のインド・パキスタン両国の分離独立後も、カシミール地方ではヒンズー教徒とイスラム教徒との衝突が相次ぎ、これは当然インド、パキスタン両国間の紛争となり、小規模な武力衝突が頻発するようになった。幸いこの戦争は大きくならないうちに、国連が調停にあたり、'49年1月に停戦が成立し、同年11月にカシミール地方を二分する軍事境界線が画定された。

■第二次印・パ戦争（1965年6月〜9月）

その後も衝突事件はたびたび発生していたが、'65年には部隊規模の武力衝突が頻発、9月1日、両正規軍の出動からついに全面的な衝突となり、戦争が始まった。当初、地上戦、空中戦ともパキスタン軍が優勢だったが、国力に差があるインド軍が徐々に巻き返して、反撃拠点の町ラホールをめぐって激しい攻防戦を展開した。戦況は一進一退の消耗戦となり、両軍とも武器、弾薬の大半を外国にたよっていたため9月22日、国連安保理事会の決議にもとづき両軍は停戦する。

■第三次印・パ戦争（1971年12月3日〜17日）

東パキスタンは同じイスラム教徒だったが、民族問題があり、東パキスタンの民族は西パキスタンからやってきた民族に支配されており、独立当初より確執があった。

第二次印・パ戦争直後の政治混乱により、東パキスタン民族は新国家バングラデシュとして独立を叫び、'71年に入ると東パキスタンは内戦状態となった。

大量難民を座視できないインドは独立運動を支持。11月21日に正規軍を出動させ12月14日、ダッカを占領。東パキスタン軍は16日、無条件降伏した。この間西パキスタン軍もカシミールで戦端を開いたが、インド軍の反撃に遭い、翌17日に停戦し、東パキスタンは'72年1月バングラデシュ共和国として独立した。

パキスタン軍の兵器

インド、パキスタン両軍とも旧宗主国だったイギリスから供与された第二次大戦時の兵器を使用していたが、1950年代に入り武力衝突事件が多発すると両軍とも軍備を増強。各国から兵器を購入している。

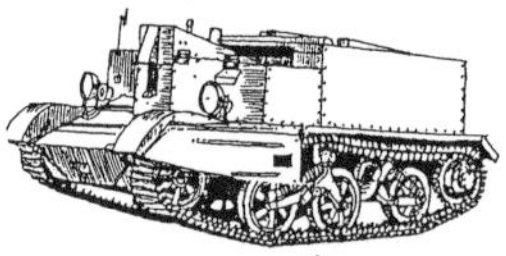

ブレンガンキャリア
(イギリス)

印・パ戦争中、空中戦ではパキスタン空軍のほうがわずかに優勢だった。

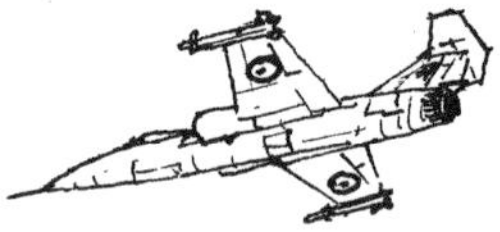

F-104スターファイター
(アメリカ)
最新鋭だが
あまり出撃していない。

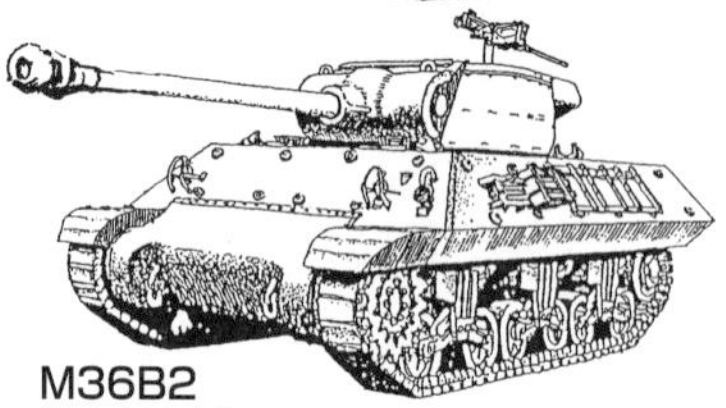

M36B2
(アメリカ)

F-86Fセーバー
(アメリカ)
サイドワインダーAAMを装備して第三次でも一番活躍した。

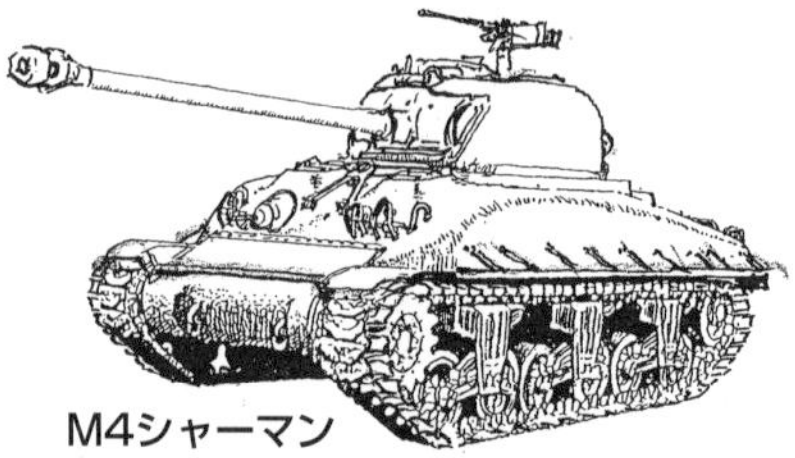

M4シャーマン
(アメリカ)

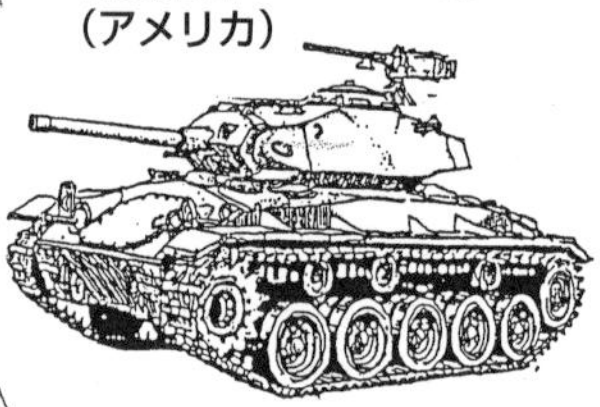

M24チャーフィー
(アメリカ)

ダイムラー偵察車
(イギリス)

キャンベラ爆撃機
(イギリス)

M47パットン
(アメリカ)

ミラージュⅢ
(フランス)
まだ数が少なく
活躍できず

M48パットン
(アメリカ)

当初、パキスタンは反共国家ということから、軍事同盟国としてアメリカとイギリスから援助を受け、フランスからも兵器を輸入していた。

F-6（MiG-19）

1950年代の半ば、アメリカはM47（230両）、M48（202両）、M4（約200両）、M24（約150両）をパキスタンへ供与。

●中国製兵器

56式APC

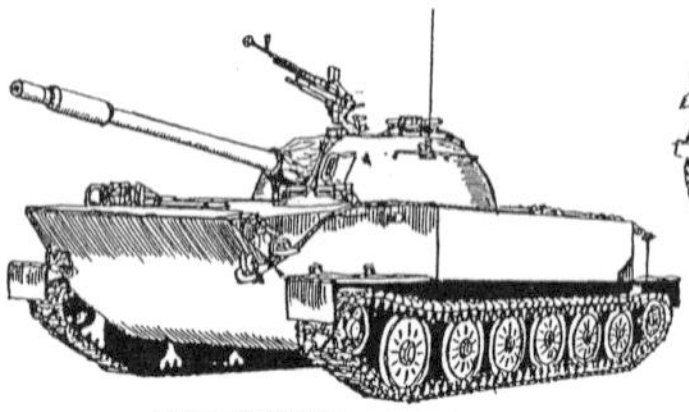

63式戦車

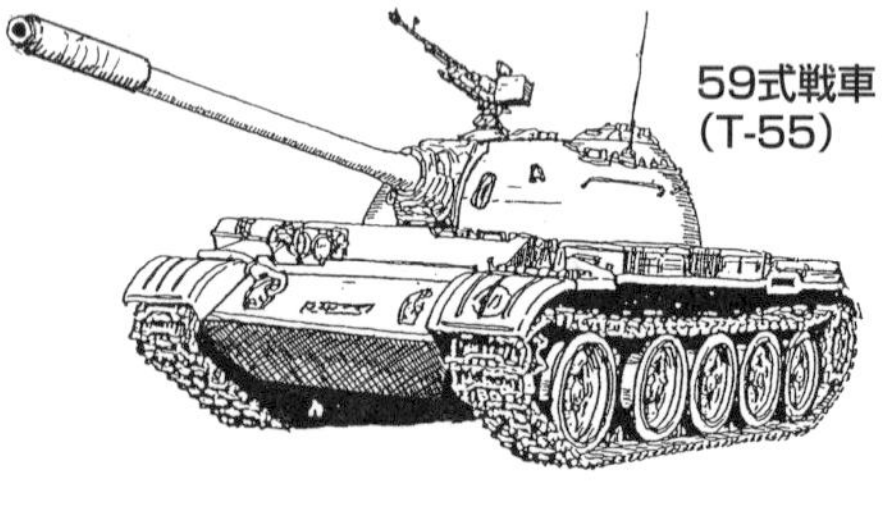

59式戦車
(T-55)

62式戦車

55式APC

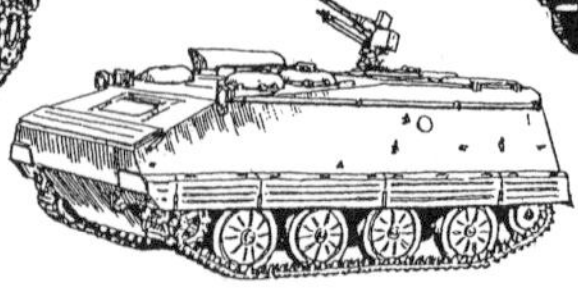

63式APC

コブラ2000対空戦車ミサイル
(西ドイツ)

印・パ戦争は対戦車ミサイルが大量に使用された最初の戦争でもあった。コブラはメッサーシュミット社が開発したミサイルで、主としてNATO諸国18ヶ国に装備された。

※第一次戦争後、アメリカが主要兵器の供給を中止したため、パキスタンは中国とフランスへ接近し、ミラージュ戦闘機や59式戦車を入手した。

インド、パキスタン両軍の戦力はインド3～4億、パキスタン1億の人口比を反映して、インドが2・5～3倍の国力を持っており、三度にわたる戦争でパキスタンの国力は大幅に低下し、軍事力の差は開くばかりでインドは中国、ソ連、ベトナムに次ぐ世(※)界第4位の大陸軍国となっている。

※第4位は1976年度の資料による。

○ビジャンタ=インド語で勝利の意味

インド軍の兵器

インドは独立後、非同盟中立を宣言していたため、東西両陣営に接触があったが、中国との国境紛争があり、第一次印・パ戦争後はソ連に接近するようになった。MiG-21はライセンス生産し、第二次印・パ戦争では主力となる。戦車もT-55をセンチュリオンと共に使用した。

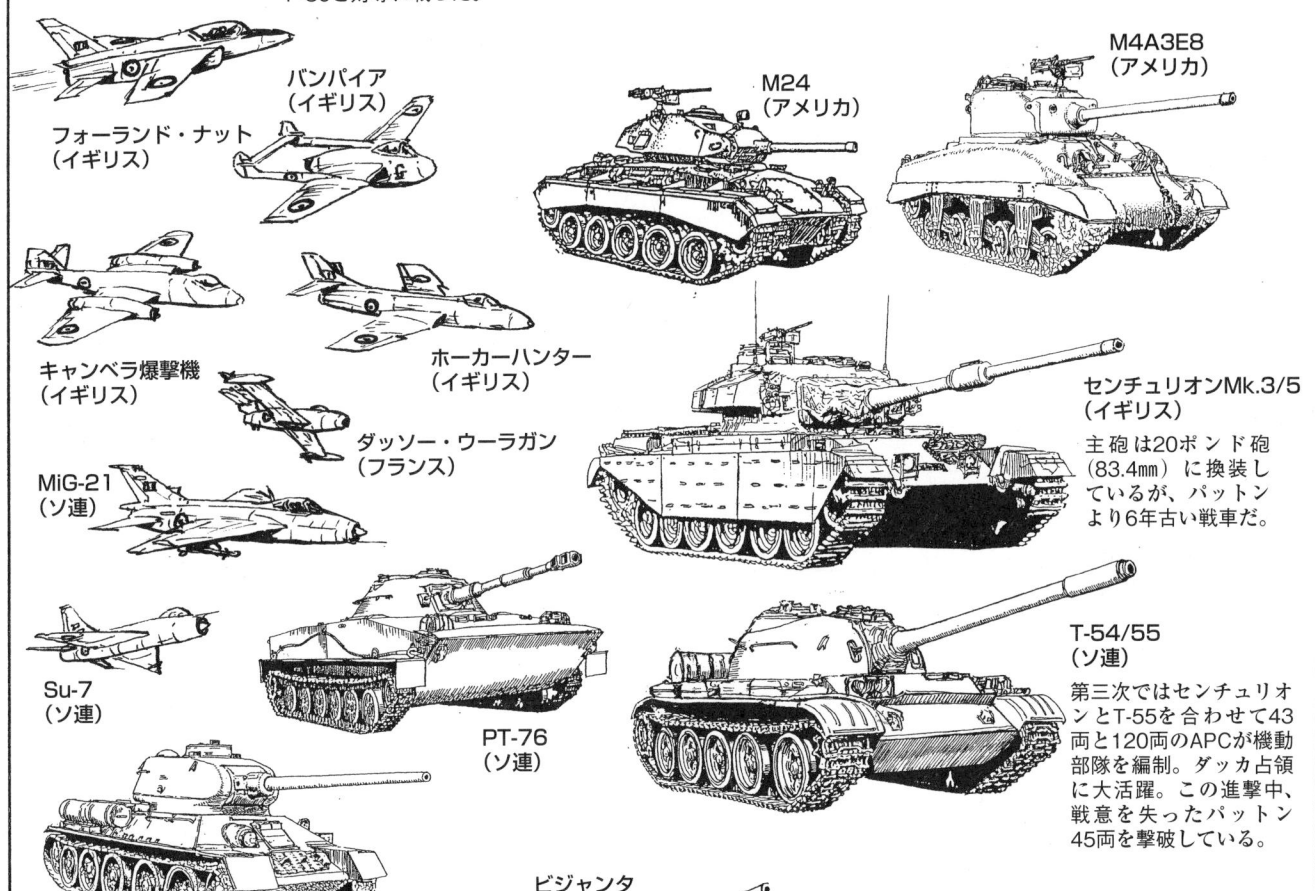

小型戦闘機ながらナットはF-86と対等に戦った。

フォーランド・ナット
（イギリス）

バンパイア
（イギリス）

M24
（アメリカ）

M4A3E8
（アメリカ）

キャンベラ爆撃機
（イギリス）

ホーカーハンター
（イギリス）

センチュリオンMk.3/5
（イギリス）
主砲は20ポンド砲（83.4㎜）に換装しているが、パットンより6年古い戦車だ。

ダッソー・ウーラガン
（フランス）

MiG-21
（ソ連）

Su-7
（ソ連）

PT-76
（ソ連）

T-54/55
（ソ連）
第三次ではセンチュリオンとT-55を合わせて43両と120両のAPCが機動部隊を編制。ダッカ占領に大活躍。この進撃中、戦意を失ったパットン45両を撃破している。

T-34/85
（ソ連）

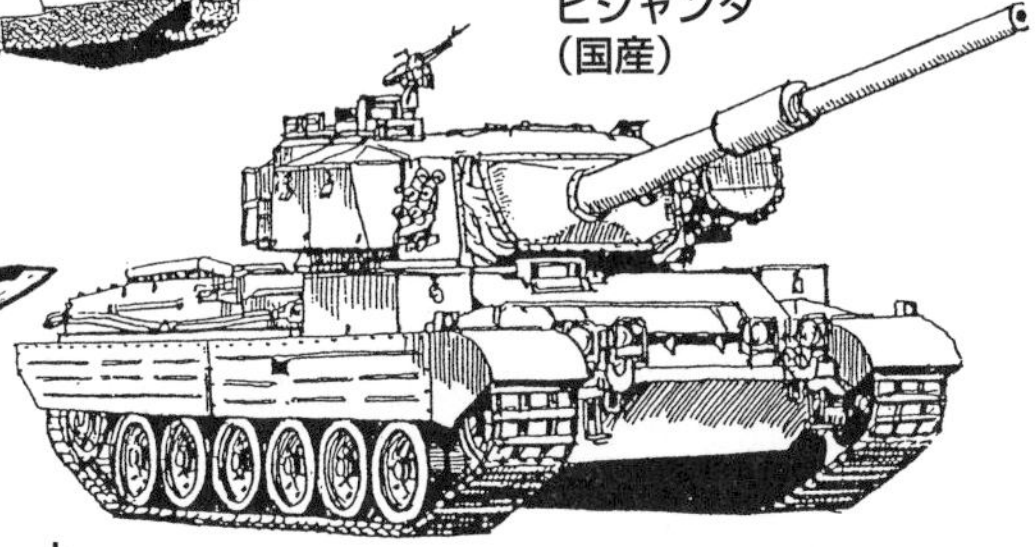

ビジャンタ
（国産）

ヒンダスタンHF-24マルート
（国産）

■パットン vs センチュリオン

第二次印・パ戦争時の'65年9月1日、ラホールに向けて進撃を開始したパキスタン軍戦車に対してインド軍は9月10日ケムカラン北方の農地を利用、灌漑用水路を切り開いて待ち伏せた。沼地で行動不能に陥ったパットンに対してセンチュリオン戦車の一斉射撃とジープ搭載の無反動砲による狙い撃ちを行ない、パキスタン軍戦車97両を撃破した（うちパットン戦車65両以上）。インド軍戦車の損害はわずか12両と言われる。

一方シャルコット地区ではインド軍が攻勢を開始。9月12日、草原において両軍戦車による戦車戦が行なわれている。この時は近距離の撃ち合いで両軍とも引き分けといったところだ。

戦争終了後、両軍とも相手戦車500両を撃破したと主張しているが、これは誇張が含まれ信じられない。パットンの損害が多く、センチュリオンのほうがすぐれているとも言われたが、これはパキスタン軍の戦術のまずさ、訓練不足、補給の不備が要因で不当な評価だった。

インドは国産兵器の開発にも着手し、自動小銃ではベルギーのFALを国産化したほか、戦車はイギリスのヴィッカース社の協力でビジャンタ中戦車を開発し、主力戦車としている。また、航空機もジェット戦闘爆撃機マルートを完成させ実戦配備させていた。

2. アフガン戦争

■ソ連の軍事介入

アフガニスタンは古来交易で栄えてきたシルクロードの要衝であり、多民族イスラム社会である。19世紀に入り、ロシアの南下政策に対し、イギリスがインドを守る防波堤とすべくアフガニスタンへ介入、三度も出兵したが、アフガン諸部族の抵抗にあい、いずれも多大な犠牲を出して撤退している。この間にロシア革命が起こりアフガンにも共産思想が流入してきて１９６５年には共産政権が誕生している。'73年にその人民民主党の若手将校が無血クーデターを成功させアフガニスタンの王制は終わった。

革命政権の指導者は王族出身のムハンマド・ダウドで、親ソ的政策をとり農地解放やイスラム教否定など急進的な社会政策をとった。

これに対し各地で反政府運動が起こり、おまけにダウド政権は自らの出身部族のみを優遇したため、他部族が猛反発、さらに人民民主党内でも内紛が激化し、アフガン情勢は混迷した。そしてこれがソ連介入の事態へと繋がってしまう。

ソ連は、１９５０年代よりアフガンに軍事・経済援助を実施しており、この際親ソ政権を磐石なものにしておきたいということもあり、(ダウドは弾圧が過ぎて'78年にクーデターで射殺されている。この時のアミン政権はイスラム教徒の復権や対米接近の姿勢を見せていた）１９７９年12月24日、ソ連軍は夜明けと共にアフガニスタンへ侵攻を開始。まず空挺部隊がカブール国際空港とバグラム空軍基地を押さえて、続いて主要空軍基地、空港を手中に収めると地上軍が三方面よりアフガニスタンへ侵攻し、介入開始一週間でその兵力は6万人を越えた。12月27日ソ連軍は首都カブールへ侵入。この外国軍隊の侵略にアフガン政府は反撃するも強力なソ連軍には抵抗しきれず、アミンは戦死してしまいソ連は新政権にソ連寄りのバブラグ・カルマルを擁立したのだった。

■ アフガニスタンの地形

国土の90％近くが山岳もしくは高原の山国で、しかも標高が高い。同じ山がちの国でも日本とちがって森林地帯が少なく、南部の砂漠地帯は「死の砂漠」と呼ばれる不毛の土地だ

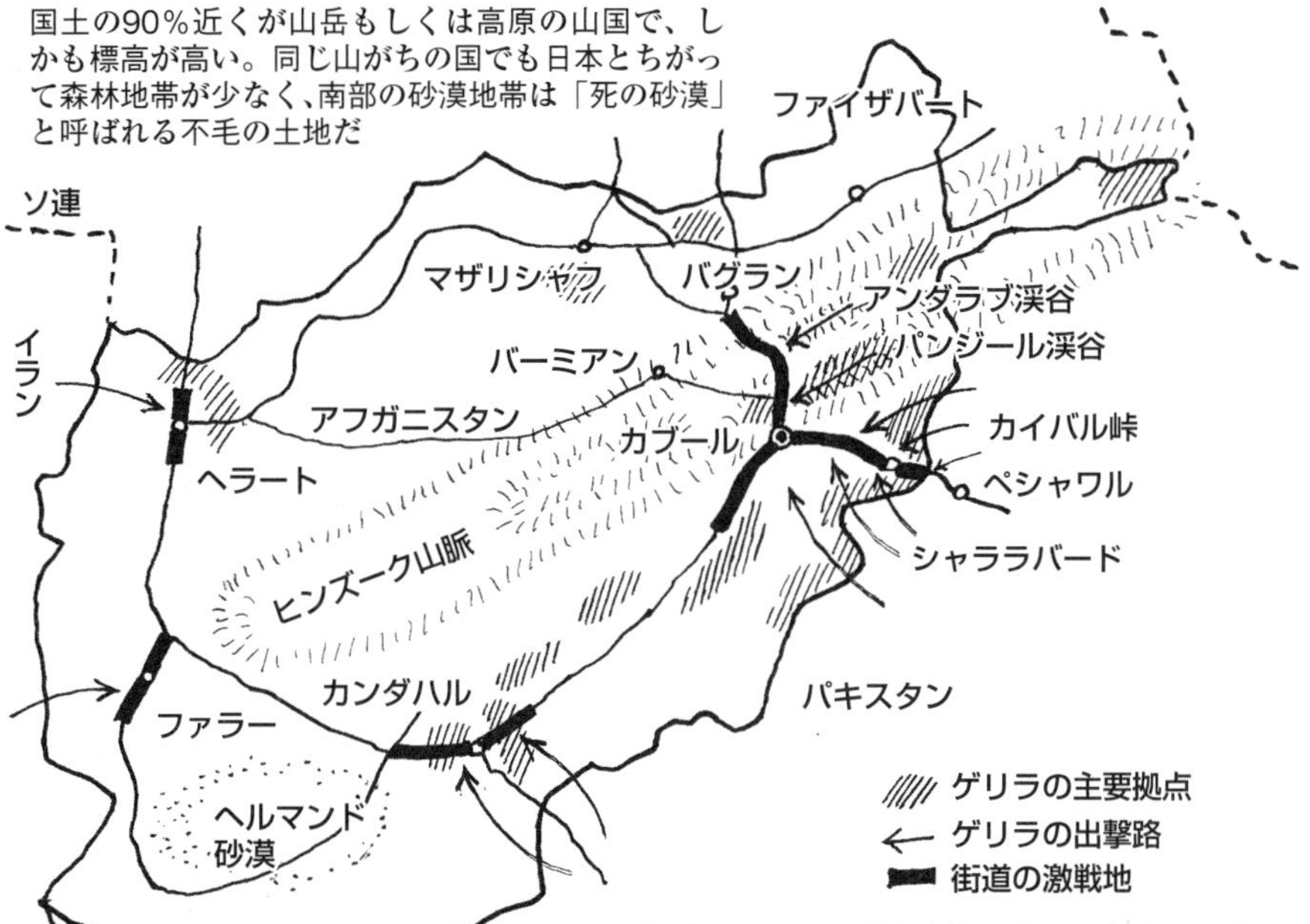
ソ連
ファイザバート
マザリシャフ
バグラン
アンダラブ渓谷
パンジール渓谷
バーミアン
イラン
アフガニスタン
カブール
カイバル峠
ヘラート
ペシャワル
ヒンズーク山脈
シャララバード
カンダハル
パキスタン
ファラー
ヘルマンド砂漠
ゲリラの主要拠点
ゲリラの出撃路
街道の激戦地

●ゲリラのコンボイ攻撃には、ベトナムのアメリカ軍同様にソ連軍も苦戦した

パンジール渓谷とサラン峠
ソ連
チルメズ
クンドース
マザリシャリフ
バグラン
アンダラブ渓谷
パンジール渓谷
サラン峠
パキスタン
サラン街道
バグラム空軍基地
カイバル峠
カブール
ロガール渓谷
ペシャワル

参考文献
わかりやすいアフガニスタン戦争／光人社

■ドロ沼のゲリラ戦

1979年12月27日にカブールへソ連軍が侵入してきたときには、アフガニスタン軍は激しく反撃、とくにアミン議長官邸には4両のT-55戦車と約200名の兵力があり、ソ連軍のT-62戦車と砲撃戦となったが、やはりT-62のほうが強力で交戦10分でT-55は全滅。アフガニスタン軍は逃亡、アミン議長はダルママン宮殿で戦死してしまい、アフガニスタンにはソ連が押し立てたカルマル政権が誕生した。このためアミン派であった軍人は次々と逃亡し、彼らは反政府ゲリラに加わる。やがて全国で反ソ連運動の波が広がるのを見て、一部の正規軍もカルマル政権およびソ連軍に反抗することになり、'80年代に入ると各地で武力衝突が起こった。

カルマル政権のアフガニスタン政府軍はソ連軍と協力してゲリラの制圧にとりかかったが、ベトナムでアメリカがゲリラ戦に苦戦したようにソ連軍も同じ苦しみを味わうことになった。

山岳地帯のアフガンでソ連軍はヘリボーン作戦を展開するが神出鬼没のゲリラを捕捉できない一方、ゲリラ側はカイバル峠やサラン峠でソ連のコンボイを襲撃し甚大な損害を与えていた。ソ連軍はゲリラの本拠地であるパンジール渓谷へなんども攻撃をかけたが、すべて失敗に終わっている。

こうして軍事的行き詰まりに陥ったソ連軍はついに1986年10月アフガニスタンからの撤退を発表、'89年2月には完全撤退することになった。

■その後のアフガニスタン

ソ連軍が撤退する前の'86年5月にカルマル議長は解任され、ムハンマド・ナジブッラーが政権を引き継いだ。この政権はソ連の援助によりその後3年間延命するが、その間ゲリラとの攻防戦は休みなく続いた。またゲリラ同士の抗争も激しく、アフガンの内戦はエスカレートする一方だった。'92年4月ナジブッラーは辞任を表明し、これでアフガンの共産主義政権は幕を閉じた。このためアフガン情勢はさらに混迷を続け、やがてタリバンの登場となり、アフガニスタンの戦争は一時鳴りをひそめるのだった。

■ソ連軍のAFV

アフガンに駐留したソ連軍に戦車師団はなく、戦車はすべて狙撃兵師団の所属となっていたが、全部隊を合わせると戦車1500両、装甲車3000両がアフガンに配備されていた

●最強の戦闘マシンを装備したソ連軍も、戦闘車両の行動が制限される険しい地形に苦戦した

◎T-54/55

◎BMP-1

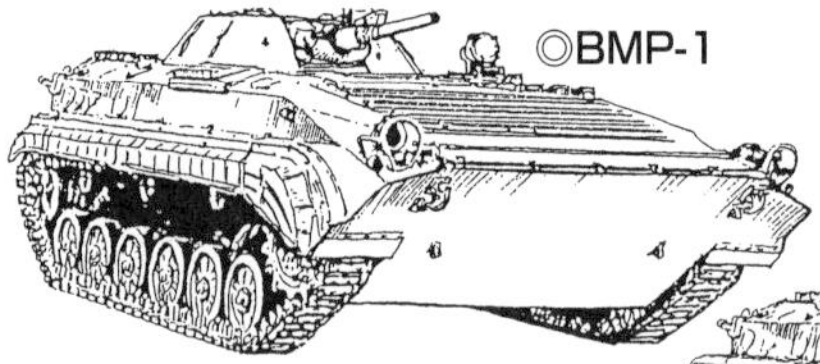

BMP-2

◎T-62

◎BTR-6 0PB

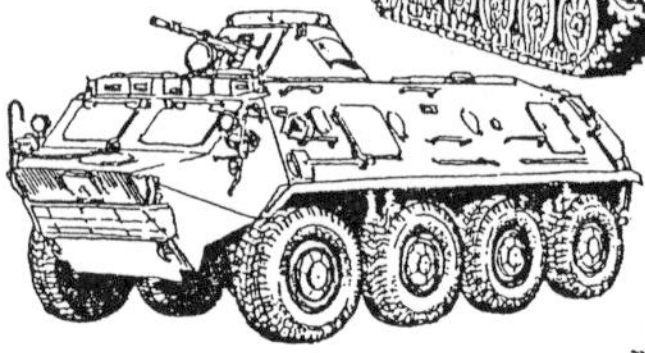

戦訓により増加装甲を装備する

BTR-70

◎BRDM-2

T-72

●アフガン戦争は街道戦争と呼べるもので、ソ連からの物資援助がなければアフガン政府は存続できず、各都市へのコンボイを襲撃するゲリラからトラックを護るのが装甲車両の第一の任務となっていた

マインローラーを装備したT-62。ゲリラ側は地雷やロケット砲でコンボイの先頭車を狙ってくる

○T-34/85

まだまだ現役だ

○BTR-152

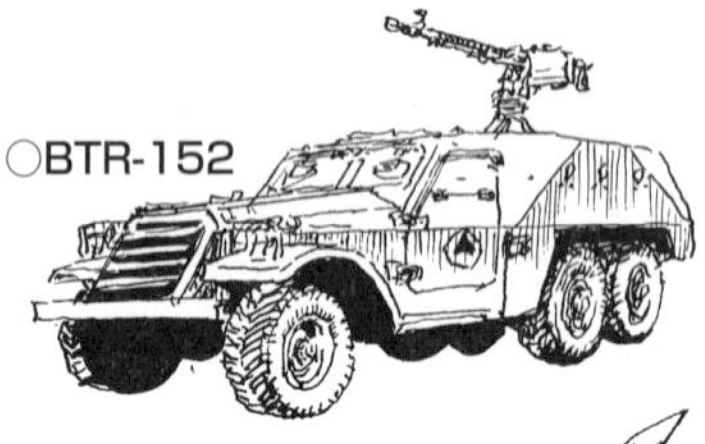

○BTR50P

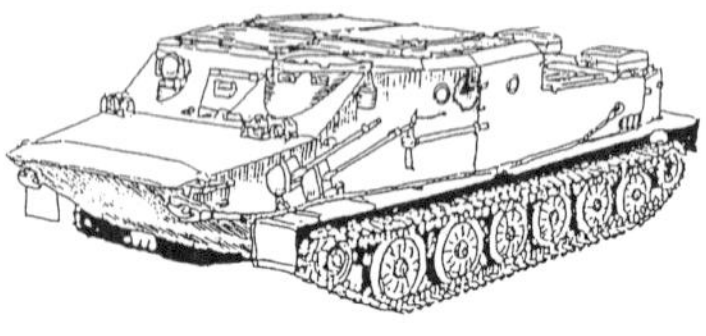

◎ZSU23、4シルカ

対ゲリラ攻撃用にもっとも有効といわれた4連装の自走高射機関砲。対地射撃にも威力を発揮した、ソ連版ミートチョッパーだ

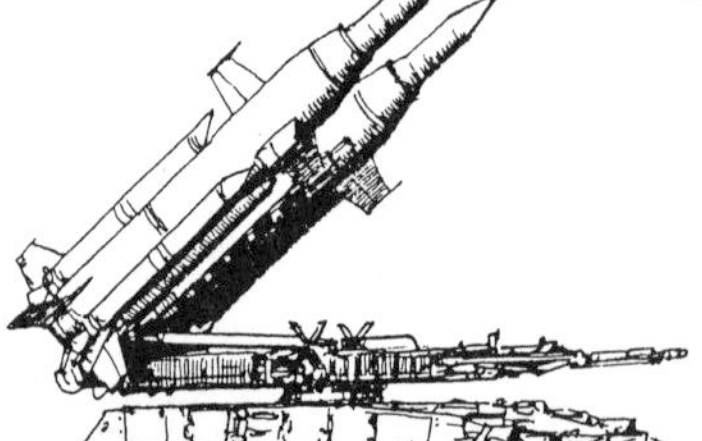

○PT-76

スカッドB

スカッドBは、ゲリラの根拠地に向けて1988年11月から12月まで約150発が発射されているが、結局このミサイルはゲリラ攻撃には適さないと早々に中止された

SA-4

侵攻当初ソ連は、パキスタン・イラン・アメリカの反撃の空襲を恐れ対空兵器を配備している

○アフガニスタン政府軍使用AFV　◎アフガニスタン政府軍、ソ連軍両軍に使用されたAFV

■ ソ連軍のヘリコプター

山岳地の闘いでは、攻撃と輸送ともにヘリコプターに頼ることになる。
下の三種が約1000機アフガンに展開した対ゲリラ戦の空の主役だ

●平均作戦高度が3000mで夏の酷暑、砂ぼこり、冬の強風など山岳地でのヘリコプターの運用は意外と困難が多かった

ミルMi6フック大型輸送ヘリ

su25フロッグフット地上攻撃機

アフガン戦争で開発された対地攻撃専用機

●地上攻撃用にソ連軍は約700機の戦闘爆撃機や対地攻撃機を配備している

ミルMi24ハインド攻撃輸送ヘリ

ミルMi8ヒップ

主力の中型輸送ヘリ

●戦争初期にはろくな対空火器のないゲリラを圧倒していた

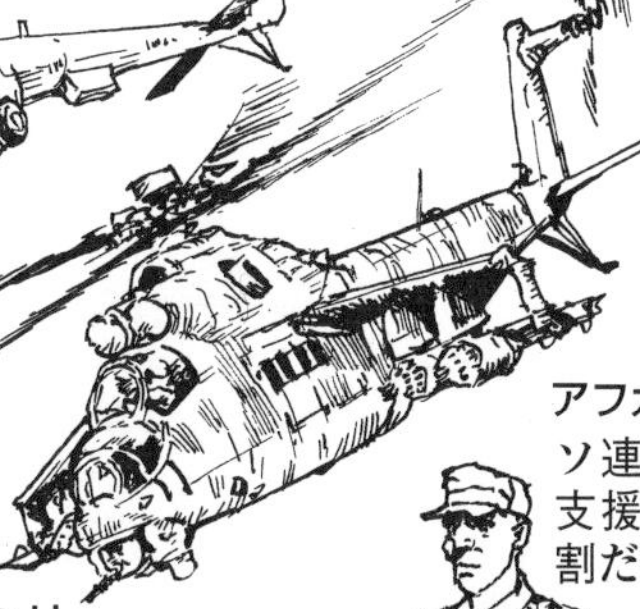

ハインドD型攻撃ヘリ

ゲリラ側にもっとも恐れられたヘリコプターだった

ASU-85

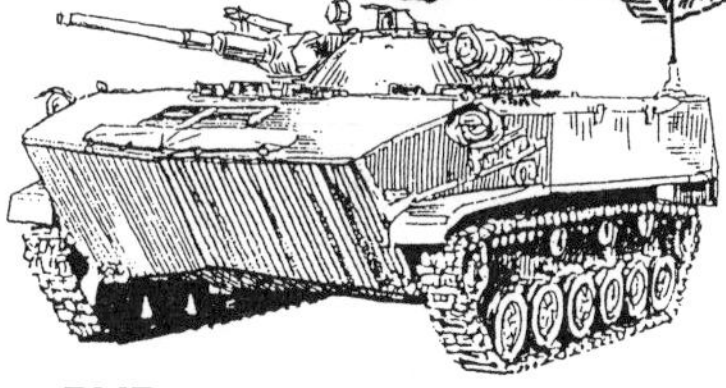

BMD

空挺部隊装備車両

ソ連軍侵攻の先陣は、精鋭の空挺師団だった

アフガン政府軍

ソ連軍の後方支援という役割だった

●ムジャヒデンの最大の敵はソ連の特殊部隊スペツナズで、1985年より投入された。少人数による夜間攻撃でゲリラ相手に凄惨な戦いを展開した

■ ゲリラの対空兵器

SA7グレイル

ソ連製で政府軍から奪取したものやイスラム諸国からの提供品だったが、性能はあまりよくなかった

スティンガー

アメリカが供与した高性能の対空ミサイルで、1986年より登場。この威力によりソ連機が大量に撃墜されゲリラが空からの攻撃を恐れることはなくなった。スティンガーはゲリラにとって「魔法の兵器」となったのだ。スティンガーはアフガン戦争にもっとも強い影響を与えた兵器だった

AK47自動小銃

RPG7対戦車ロケット

ゲリラ側の主要兵器はほとんどソ連製で、このほかでは両軍とも地雷を大量に使用している

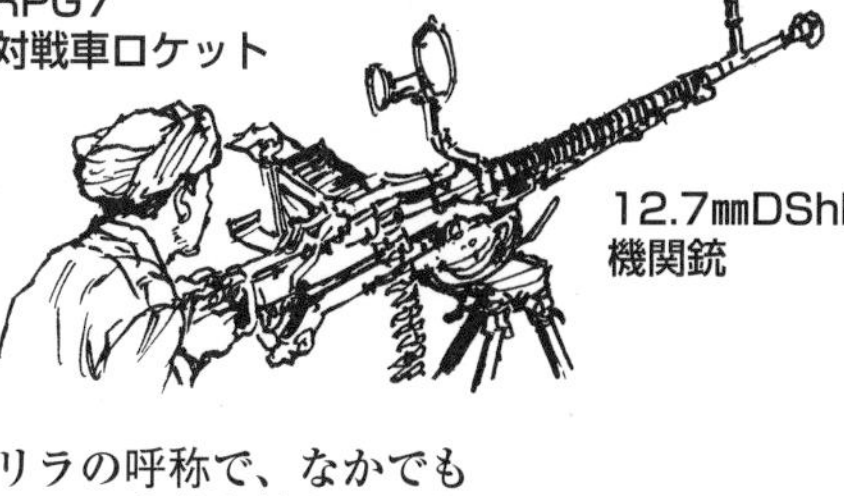

12.7㎜DShk重機関銃

ムジャヒデン

聖なる戦士という意味のゲリラの呼称で、なかでも中高年層はリー・エンフィールド小銃を持ち、百発百中の腕前で、狙撃兵としてソ連兵を悩ませた

3. バルカン半島の戦争

ユーゴの有力三民族　セルビア人、クロアチア人、スロベニア人

正教徒　セルビア正教

■ユーゴスラビア連邦の分裂

バルカン半島のユーゴスラビア連邦は、クロアチア、スロベニア、セルビア、ボスニア・ヘルツェゴビナ、モンテネグロ、マケドニアの6つの共和国からなり、第二次世界大戦でナチス・ドイツ侵攻軍を撃破したパルチザンの英雄チトーが、異なる民族（二十以上もある）をまとめて戦後、社会主義連邦国家として建国したものだった。

19世紀以前は、バルカン半島北部はオーストリア帝国、南部はオスマン帝国の領土であったが、その後オスマン帝国の衰退により、他国による侵略や民族自立の動きのなかで一部の有力民族による支配と弾圧が繰り返されていた地域であった。そのような歴史で生まれた民族間の反目を、チトーがパルチザン闘争により一致団結させていたのだった……。

1980年にチトー大統領が死去し、さらにソ連が崩壊すると東欧民主化潮流のなか、ユーゴにおいても各民族自決の意識が一気に高まった。'91年クロアチア、スロベニア、マケドニアが独立を宣言。ユーゴスラビアは解体へと進みはじめる。翌年にはボスニア・ヘルツェゴビナが独立を宣言。残るセルビアとモンテネグロは新ユーゴスラビア連邦（現セルビア、現モンテネグロ）を結成した。

スロベニアとクロアチアの独立に際しユーゴ連邦はこれを認めず軍事介入し、ユーゴ内戦が勃発。EC（欧州共同体）が両国の独立を'92年1月に承認したこともあり、激しい戦闘とはならずに両国は独立を達成した。しかしボスニア・ヘルツェゴビナだけはECが承認したにもかかわらず、独立は実現しないまま、激しい内戦へと突入してしまう。ここは、ムスリム人（イスラム教）、セルビア人（正教徒）、クロアチア人（カトリック）が入りみだれて住んでいる複雑な地で、歴史的にみても各民族が互いに殺戮劇を繰り返していたのだった。

独立に反対するセルビア人をユーゴ連邦軍が支援することにより内戦はエスカレートし、「民族浄化」と呼ばれた集団虐殺などの修羅場を含む内戦が国連やECの調停にもかかわらず3年以上も続いたが、NATO軍の空爆によりボスニア内戦は95年に一応の終結を見ている。この間セルビアのコソボをめぐって、セルビア人とアルバニア人が衝突しており（'90年より紛争中）、'97年以降セルビア軍が大規模なコソボ解放軍掃討作戦を開始後一気に戦闘が激化したが、ここもまたNATOの空爆で'99年6月に和平が成立した。現在のコソボは国連のコソボ暫定統治機構の統治下に置かれて、セルビアのコソボ自治州とはなっているものの事実上の独立国となっている。

■ユーゴ内戦

ユーゴ内戦では装甲車両が多く使用されている

オーストリア
ハンガリー
ルーマニア
スロベニア
ザグレブ
クロアチア
ボスニア・ヘルツェゴビナ
ベオグラード
セルビア
イタリア
サラエボ
ブルガリア
モンテネグロ
コソボ
アドリア海
アルバニア
マケドニア
ギリシャ

●ユーゴ連邦軍

M-84
T-72のユーゴ国産版

T-55ドーザー付
ユーゴ内戦では大きな戦車戦はなく、戦車は歩兵支援の移動トーチカとして使用された

●スロベニア軍

T-55

BVP-M80戦闘兵車
M60Pの更新車両

M60P装甲兵車
ユーゴ国産のAPC

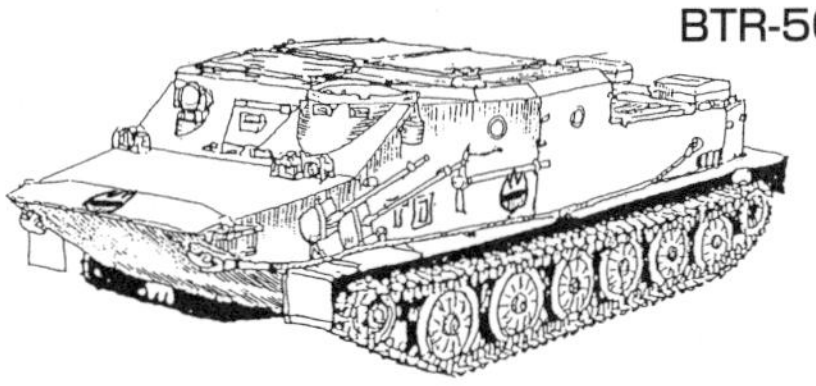

BTR-50

●クロアチア軍

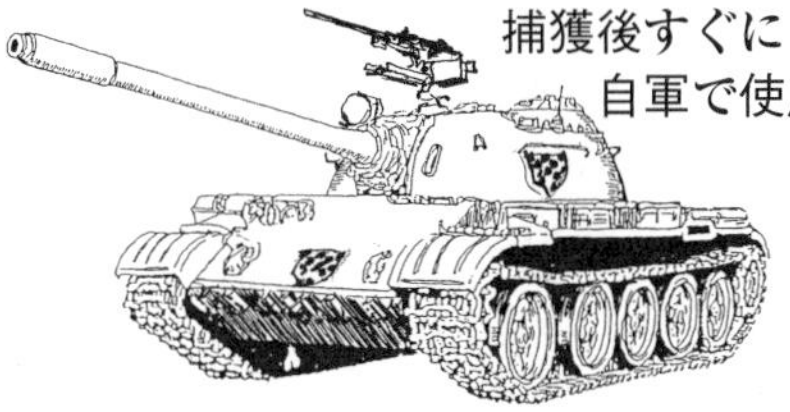

T-55
捕獲後すぐに自軍で使用

M84

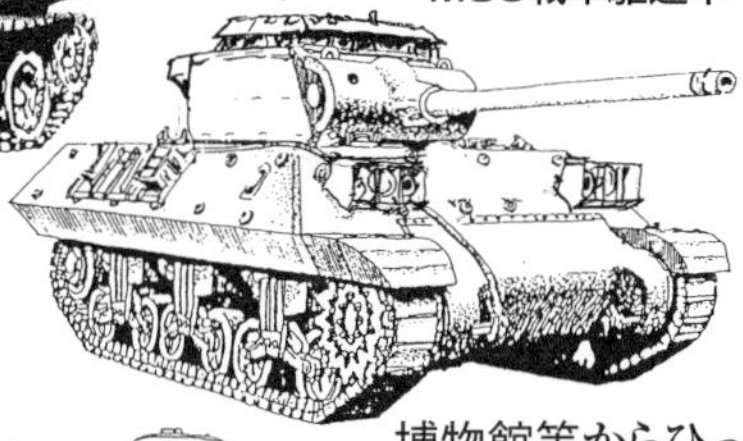

M36戦車駆逐車
博物館等からひっぱり出して使用

●ムスリム軍

M18ヘルキャット

T-55

●セルビア軍

T-55ゴム製増加装甲付

T-34/85
旧ユーゴ全域で200両近くが使用された

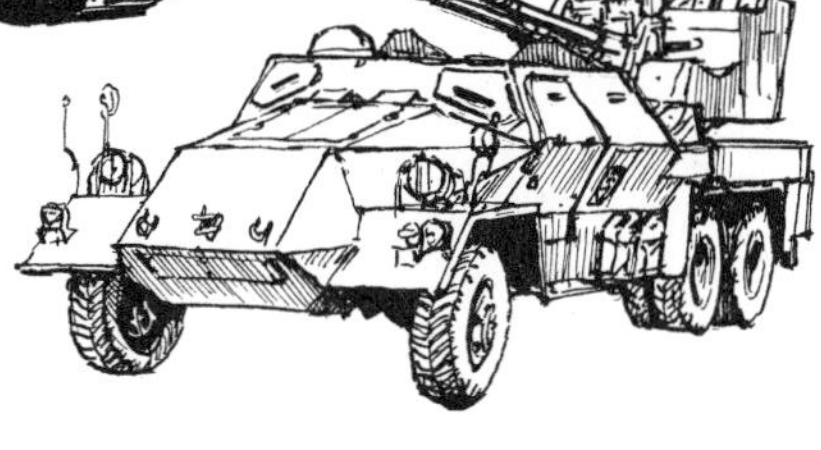

M53/59
自走30㎜高射機関砲

BRDM-2装甲車

連邦以外の独立宣言をした国は戦車等は持っていなかった。ただし、対戦車兵器は大量に装備しており、緒戦において多数の装甲車両を撃破・捕獲している

■ボスニア各国PKO部隊のAFV（全面白塗りでUNの黒文字）

○ボスニアのPKOはUNPROFOR（国連防護軍）と呼ばれ国連史上最大の計3万5000人が投入された

●デンマーク
レオパルド1A3DK
当初戦車隊を派遣したのはデンマーク軍だけだった

●ボスニアでは砲撃してきたセルビア軍にレオパルド1が出動し、砲弾72発を敵陣に撃ち込んだこともあるが、主な任務は拠点警戒だ

●イギリス　シミター偵察装甲車

ウォーリア戦闘兵車

M113スノコ状増加装甲

●ロシア　BMD戦闘兵車

●フランス

●ウクライナ　BTR-80

●カナダ　クーガー偵察装甲車

BRC-90 偵察対戦車装甲車

●スペイン　VEC偵察装甲車

●スウェーデン　Pbv302装甲兵車

●ベルギー　AIFV戦闘兵車

●マレーシア　AIFV装甲兵車

●ニュージーランド　M113A1

AIFV装甲兵車は他にトルコ軍も使用している

IFOR（平和実施軍）国連軍を引き継ぎ、ボスニアへ進駐したNATO軍で停戦監視にあたる

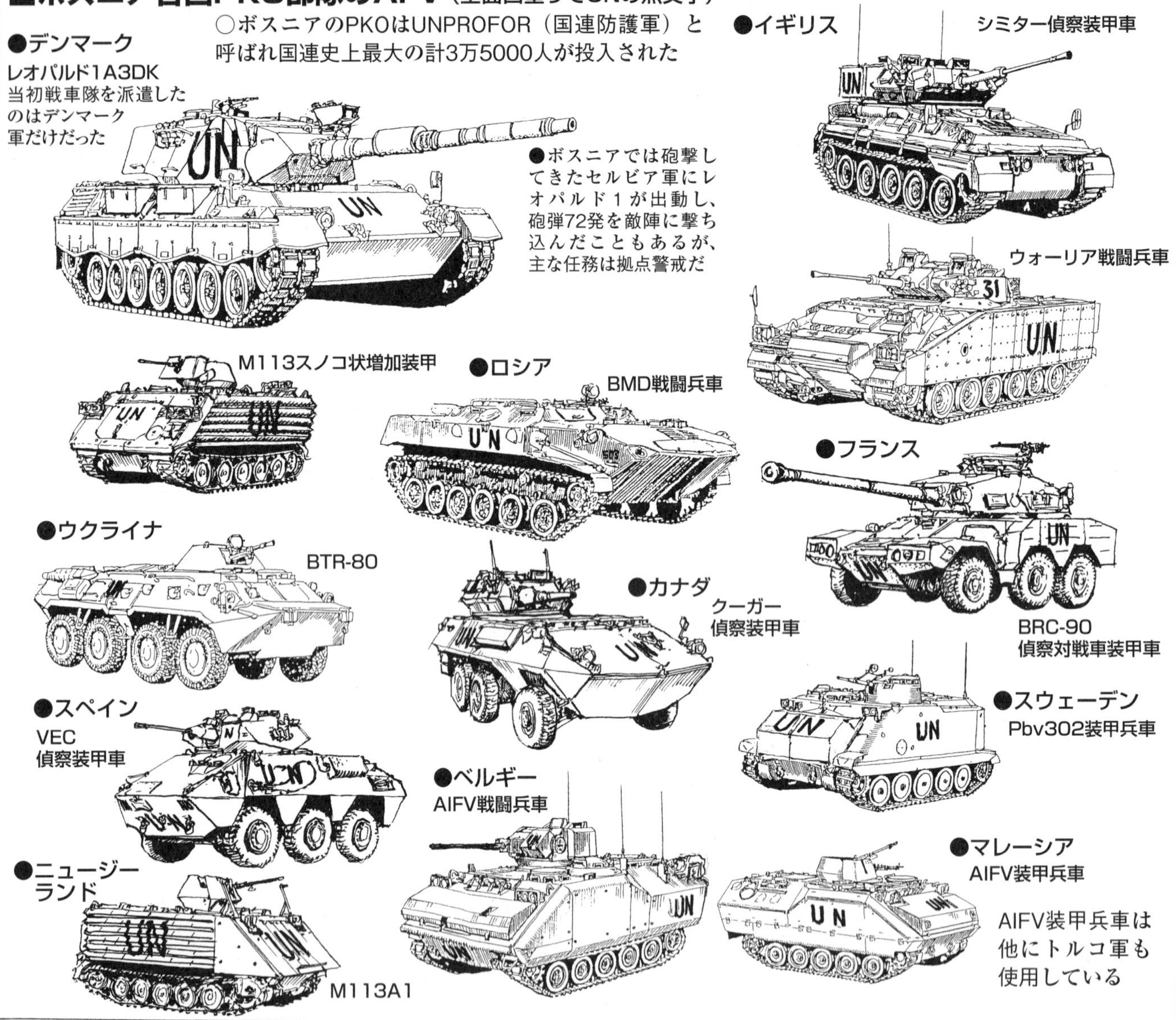

■ボスニアIFOR部隊の主力戦車
（迷彩塗装のままでIFORの白文字）

●NATO軍主力の平和維持部隊は各国とも主力戦車を投入

●イギリス　チャレンジャー1

●オランダ　レオパルド2

●アメリカ　M1A1

●トルコ　M60A3

●デンマーク　レオパルド1A3DK

●イタリア　レオパルド1A5

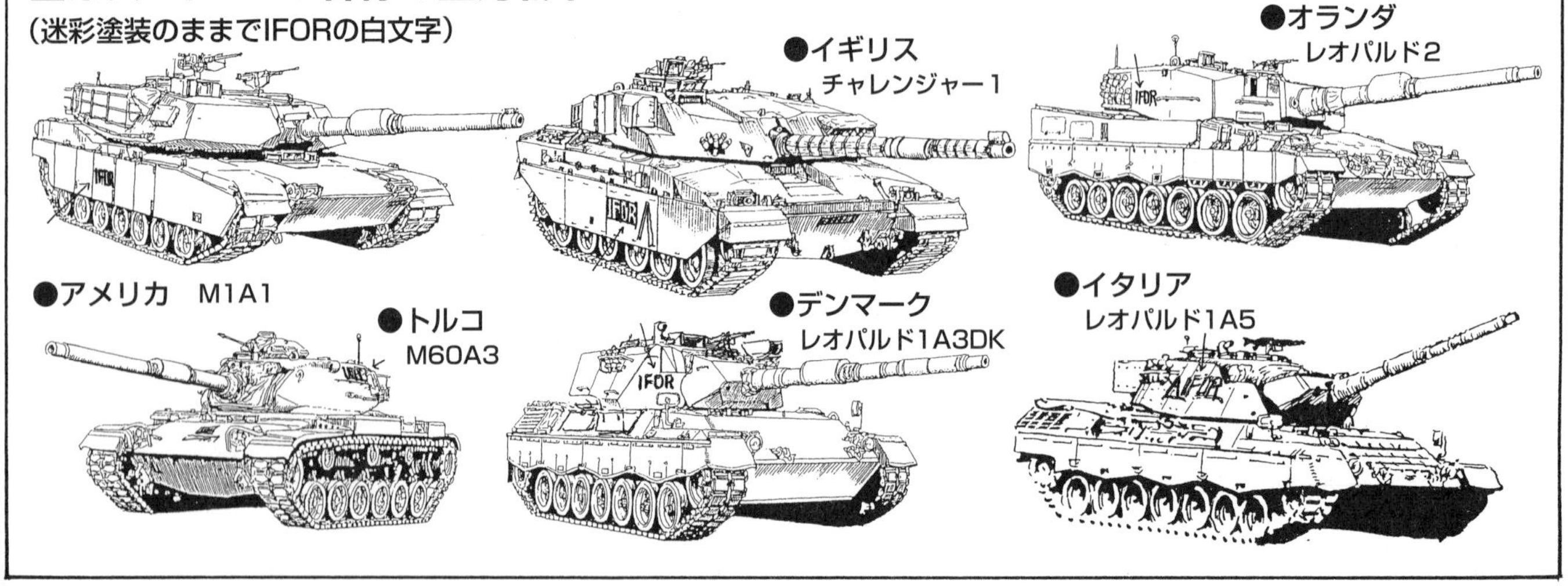

■コソボKFOR部隊のAFV

迷彩塗装でKFOR（コソボ平和維持軍）の白文字

コソボには各国AFVの実戦見本市のごとく多種多彩な兵器が集合した

●イギリス
チャレンジャー2
王国近衛竜騎兵連隊
●アメリカ
M1A1
第1機甲師団
ウォーリア戦闘兵車
アイルランド近衛連隊
M2A2ブラッドレー
戦闘兵車
AAV-7水陸両用兵車
第26海兵侵攻部隊所属
●カナダ
C-1
レオパルド1A3の改修型
●ベルギー
レオパルド1SCT
●フランス
ルクレール
第501/
503戦車連隊
●イタリア
チェンタウロ戦闘偵察車
VAB装甲兵車
●ドイツ
レオパルド1A5
新鋭のアリエテ戦車は派遣していない
レオパルド2A5
第214戦車大隊
マルダーA3戦闘兵車
第112機甲擲弾兵大隊
●UAE
ルクレール
BMP-3戦闘兵車
●ポーランド
BMP-1戦闘兵車

○ドイツは'99年3月のユーゴ空爆に参加し、第二次世界大戦後初めての武力行使に踏みきり、その後IFOR軍の一部としてボスニアへ戦闘部隊を送ることになった

4. 繰り返される戦争

■チェチェン紛争

この地もイスラム教徒のチェチェン人、キリスト教徒のグルジア人、アルメニア人など複雑に民族と宗教が入り乱れており、イスラム教指導者を中心に19世紀からロシア、そしてソ連に抵抗を続けていた。

1991年ソ連崩壊の直前に独立を宣言したが、ロシア連邦の大統領に就任したエリツィンは、これを認めず強行手段に出る。

1994年の大晦日にロシア連邦軍はチェチェンに侵入し、第一次チェチェン戦争が始まった。しかし、首都グロズヌイへ侵攻したロシア戦車部隊は、レジスタンスのロケット弾攻撃で次々と炎上。ロシア国防相は「1個連隊の降下部隊があれば、2時間で制圧できる」と豪語していたが、結局この戦いは10年以上も続く悲惨な戦争となっていく。

ロシア軍が核兵器以外の兵器をすべて投入したチェチェン制圧は予想外に難航し、激しい空爆やレジスタンス掃討作戦は多数の市民の命を奪った。チェチェンのドゥダーエラ大統領の暗殺など双方とも大量の死傷者を出した末、ロシアの大統領選挙の影響や、レジスタンスがグロズヌイを奪回したこともあり、独立問題の決着は'01年まで先送りすることで両者は'96年8月に停戦。ロシア軍は'97年に完全撤退した。

しかし'99年9月にロシアは、チェチェン武装勢力のダゲスタン侵入やモスクワなどでのテロ事件を理由にグロズヌイを無差別空爆し、ここに第二次チェチェン戦争が始まり10月には地上部隊が侵攻した。2000年2月、レジスタンスはグロズヌイより撤退し大規模な戦争は終わったが、現在もレジスタンスの戦いは続いており、チェチェン武装勢力によるテロ攻撃は終わっていないのだ。

○チェチェン戦争ではチェチェン側は正規軍ではなく野戦司令官を中心としたゲリラ戦でロシア軍と戦った。

■ロシア軍の戦争

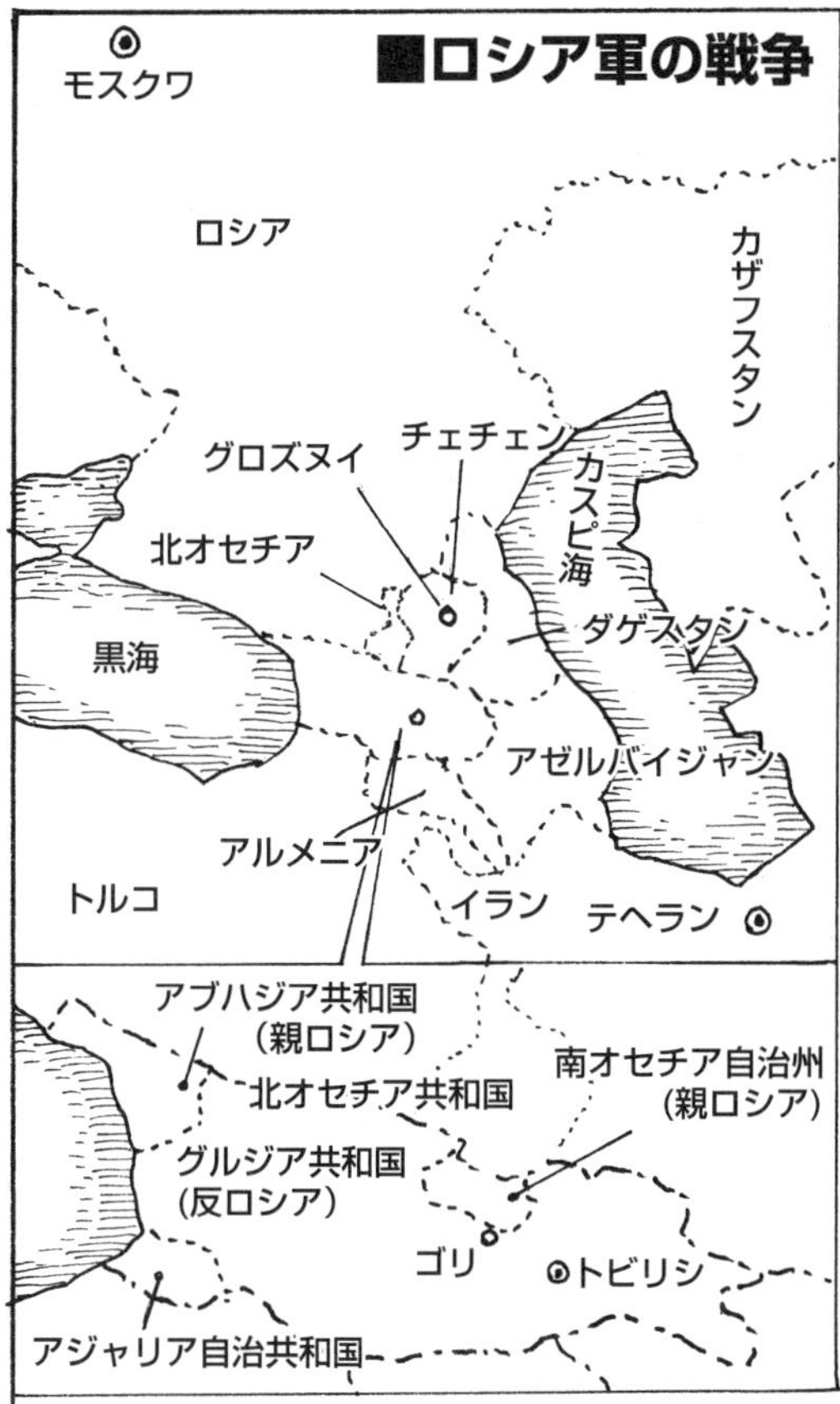

モスクワ
ロシア
カザフスタン
グロズヌイ
チェチェン
カスピ海
北オセチア
ダゲスタン
黒海
アゼルバイジャン
アルメニア
トルコ
イラン
テヘラン
アブハジア共和国
（親ロシア）
北オセチア共和国
南オセチア自治州
（親ロシア）
グルジア共和国
（反ロシア）
ゴリ
トビリシ
アジャリア自治共和国

●ロシア軍AFV

グルジア侵攻の主力は、チェチェン紛争対応軍として1955年に編成された第58軍で、実戦経験部隊であった。

総兵力70,000人
戦車609両
装甲車両2,000両
野砲・ロケット砲315門

9K57ウラガン
220㎜多連装
ロケット弾発射機
BMD-2空挺戦車
2S6ツングスカ
152㎜ 2S3自走砲アカツィア
120㎜ 2S9
ノナ自走砲
BTR80
BMP2
T-90
T-72
T-80

ロシア軍も主力はT-72で、味方識別をどうしたかは情報がない

●グルジア軍

T-72が中心だが、T-80、T-54/55など計86両の戦車を保有

■グルジア戦争

グルジアもソ連崩壊をきっかけに'91年4月に独立を宣言していた。しかしこの国もまた多民族国家であり、南オセチアやアブハジア、アジャリアなどの少数民族がグルジア人に対して独立を求めた。とくに北部の南オセチア自治州ではグルジア人との分離とロシア連邦内の北オセチア共和国との統合を求め、グルジアとの間で紛争が勃発した。'91年8月に南オセチアが独立宣言すると戦闘は激化。さらに'92年7月にアブハジアも独立を宣言し、グルジアと戦闘状態になる。グルジア国内でも反政府運動が起きたりしたため、グルジアは大混乱となるが、'94年に各国とも紛争解決に関する声明に調印して事態はいったん終息した。

しかし、欧米寄りのグルジアに対し親ロシアの南オセチアとアブハジアとの対立は続き'08年8月、南オセチアとアブハジアを支援するロシア軍とグルジア軍の軍事衝突となる。この戦いはグルジアの六日戦争ともいわれロシア軍の圧勝で終わった。ロシア軍は最新のT-90やT-80も投入したというが、主力はT-72であり、対するグルジア軍もT-72と双方とも旧ソ連軍の装備だったが、制空権は完全にロシア軍のもので、グルジア軍はほとんど壊滅状態となってしまった。

ロシア軍がグルジア軍の戦闘能力を奪ったところで停戦となり、グルジア領内のロシア軍は10月10日に撤退した。

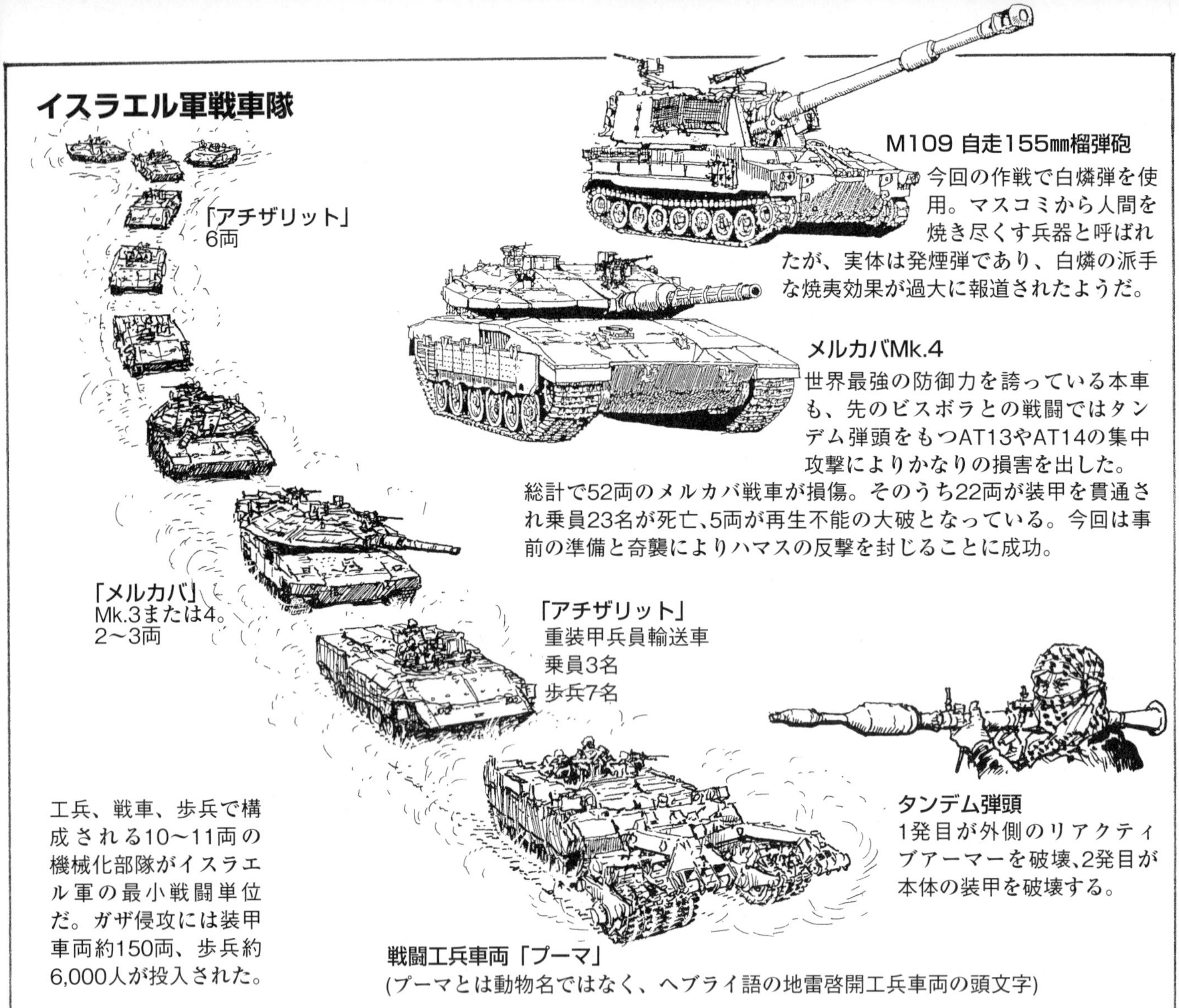

イスラエル軍戦車隊
M109 自走155㎜榴弾砲
今回の作戦で白燐弾を使用。マスコミから人間を焼き尽くす兵器と呼ばれたが、実体は発煙弾であり、白燐の派手な焼夷効果が過大に報道されたようだ。
「アチザリット」
6両
メルカバMk.4
世界最強の防御力を誇っている本車も、先のビスボラとの戦闘ではタンデム弾頭をもつAT13やAT14の集中攻撃によりかなりの損害を出した。
総計で52両のメルカバ戦車が損傷。そのうち22両が装甲を貫通され乗員23名が死亡、5両が再生不能の大破となっている。今回は事前の準備と奇襲によりハマスの反撃を封じることに成功。
「メルカバ」
Mk.3または4。
2〜3両
「アチザリット」
重装甲兵員輸送車
乗員3名
歩兵7名
タンデム弾頭
1発目が外側のリアクティブアーマーを破壊、2発目が本体の装甲を破壊する。
工兵、戦車、歩兵で構成される10〜11両の機械化部隊がイスラエル軍の最小戦闘単位だ。ガザ侵攻には装甲車両約150両、歩兵約6,000人が投入された。
戦闘工兵車両「プーマ」
(プーマとは動物名ではなく、ヘブライ語の地雷啓開工兵車両の頭文字)

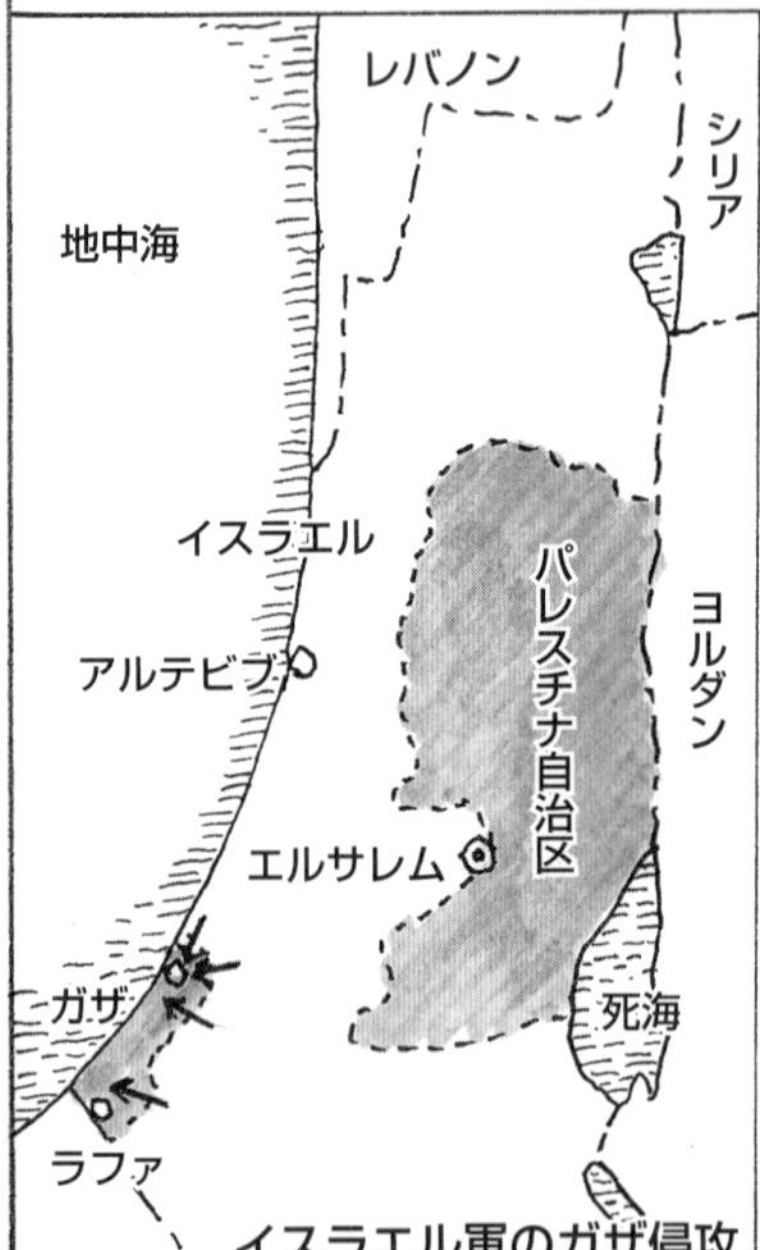

シリア
地中海

イスラエル軍のガザ侵攻
「鉛鋳造作戦」

■イスラエル軍のガザ攻撃

いまも続き、解決困難な紛争といわれているパレスチナ問題だが、'08年12月27日イスラエルがまた中東で大規模な武力行使を展開した。

前回まではレバノンで対イスラエル抵抗運動を続けるヒズボラに対し、'06年7月に南レバノンに侵攻したものだが、今回はパレスチナ自治区ガザを統治しているハマスに対するもので空爆の後に地上軍も侵攻させ、ハマスに大打撃を与え'09年1月21日までに撤退したのだった。

パレスチナ自治政府は近年、ファタハとハマスなどの内紛があり、ハマスが'07年6月にガザ地区を支配しパレスチナは内戦状態に入った。イスラエルに反発するハマスはガザからイスラエルへロケット弾攻撃を続け、それに対するイスラエルの報復空爆をうけるなどイスラエル軍とは戦火の応酬が続いていた。

イスラエルの空爆はピンポイントで、ハマスの要人や軍事施設を破壊。ハマスも空爆の後にロケット弾で反撃した。翌'09年1月3日深夜に戦車部隊が侵攻し、翌4日早朝には4個所から一斉にガザに攻めこみ、ハマスのロケット発射陣地やエジプトからの輸送トンネルなどをしらみつぶしに掃討した。国連安保理が1月9日に停戦決議案を出したが、両者が停戦したのは1月18日であった。

ヒズボラ　イスラム教シーア派の民兵組織で、'82年のイスラエルによるレバノン侵攻で創設されたイラン支援の武装闘争をモットーとする政治組織**ハマス**　イスラム原理主義組織

ヨルダン
アルテビブ
エルサレム

死海
ラファ

ファタハ　PLO（パレスチナ解放機構）の最大党派

ISAF（国際治安支援部隊） NATO加盟国26ヶ国とほか15ヶ国の計41ヶ国によるアフガニスタンの治安回復と復興支援を目的とする多国籍軍

オサマ・ビンラディン 国際テロ組織アル・カイダの首謀者

■アフガニスタン情勢

2001年9月、アメリカで同時多発テロが起こるとアメリカはイギリスなどとともに多国籍軍をもって、テロの首謀者オサマ・ビンラディンの逮捕と彼を保護するタリバン政権を打倒するために、10月に軍事作戦「不朽の自由作戦」を開始した。当時タリバンと対抗していた北部同盟と協力し、12月までにカンダハルを攻略。タリバンとアル・カイダをアフガニスタン東部とパキスタン西部の山岳地帯へと駆逐し、新生アフガニスタンの国家づくりが始まった。しかし、'05年になると衰退したはずのタリバンがまた勢力を盛り返し、自爆テロを含むゲリラ戦を開始した。とくに南部と東部地域においての治安状況は悪化している。アメリカ軍がアフガニスタンに侵攻してから7年半以上経過しているが、タリバンとの戦闘は依然として続いている。アメリカのオバマ大統領はアフガニスタンへ兵力を増強することとなり、これまで以上に補給ルートの安全確保がアフガニスタン作戦のカギとなりそうだ。

アフガン国軍のAFV

T-62

装甲車両は、ソ連軍が撤退時に引き渡していき、その後の内戦で使われていたものが多い

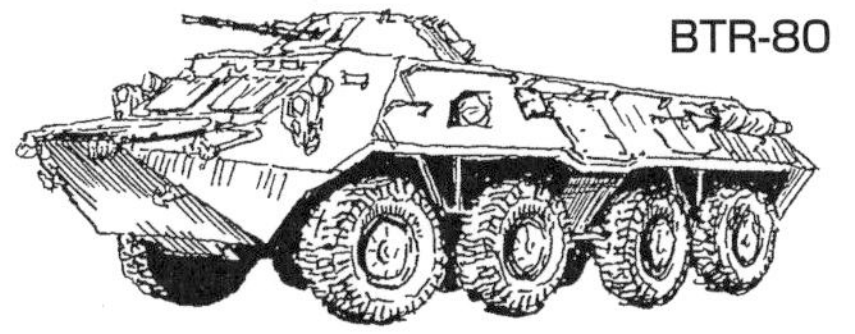
BTR-80

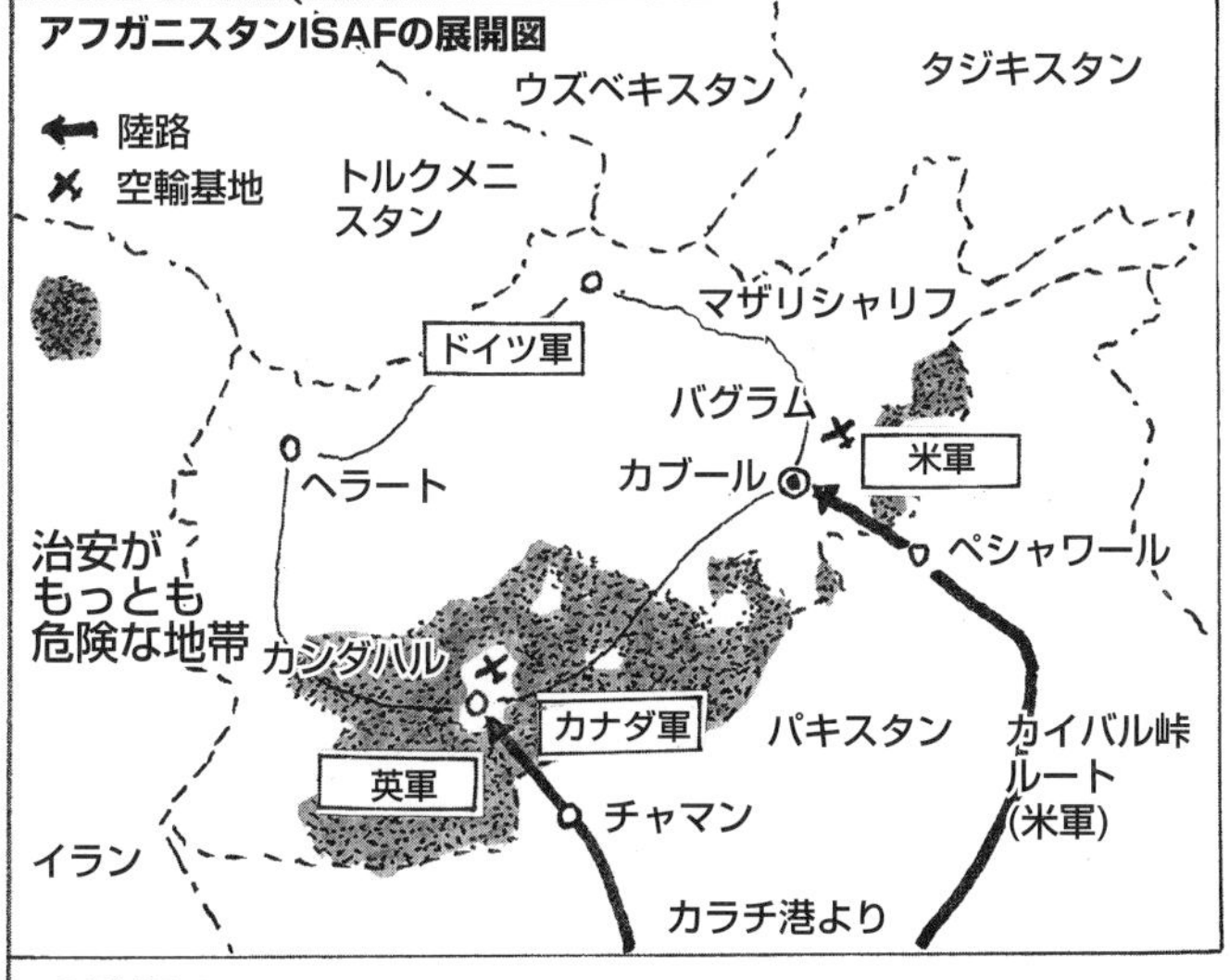
アフガニスタンISAFの展開図
陸路
空輸基地
ウズベキスタン
タジキスタン
トルクメニスタン
マザリシャリフ
ドイツ軍
バグラム
米軍
カブール
ヘラート
ペシャワール
治安がもっとも危険な地帯
カンダハル
カナダ軍
パキスタン
カイバル峠ルート（米軍）
英軍
チャマン
イラン
カラチ港より

●MRAP(耐地雷待ち伏せ防御)

イラクやアフガニスタンの地域紛争地帯のテロ攻撃でもっとも多用されるのが爆薬テロで、自爆や車爆弾、IED（即製爆破物）など多様である。そのなかで路傍に仕掛けられていたIEDが、パトロールや搬送車両を狙って猛威を奮っていた。現在、各国軍では地雷やIEDに耐えられる装輪高機動装甲車両が開発されている。

●アメリカのMRAP

（アメリカ軍が用途別に計画開発した装甲車両）

○カテゴリーⅠ
パトロールや偵察。連絡に使用される6人乗りの軽快な車両

装甲ハンビーM1114
(防御力が不足していると言われている)

RG-31チャージャー
対地雷防御に優れた南アフリカ製車両

○カテゴリー2
車列警護や兵員輸送などの用途のほか、戦闘工兵などにも使用される。10人乗り

クーガーHE

○カテゴリー3
爆発物処理用特殊車両

バッファロー
地雷処理車

ハスキー地雷探知車

●駐留ISAFのAFV

戦車は地点警護用で、輸送警戒にはあまり向いていない

レオパルト2A6M CAN(カナダ)

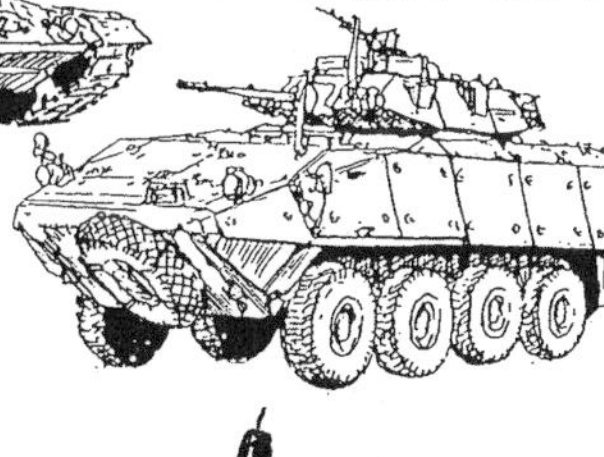
LAV-3戦闘兵車(カナダ)

シミター装甲偵察車(イギリス)

IEDの一例
砲弾の起爆装置に携帯電話を組み込み呼び出し音で爆発させる

巻末資料

巻末資料1【第二次世界大戦後の世界の戦争・紛争一覧】

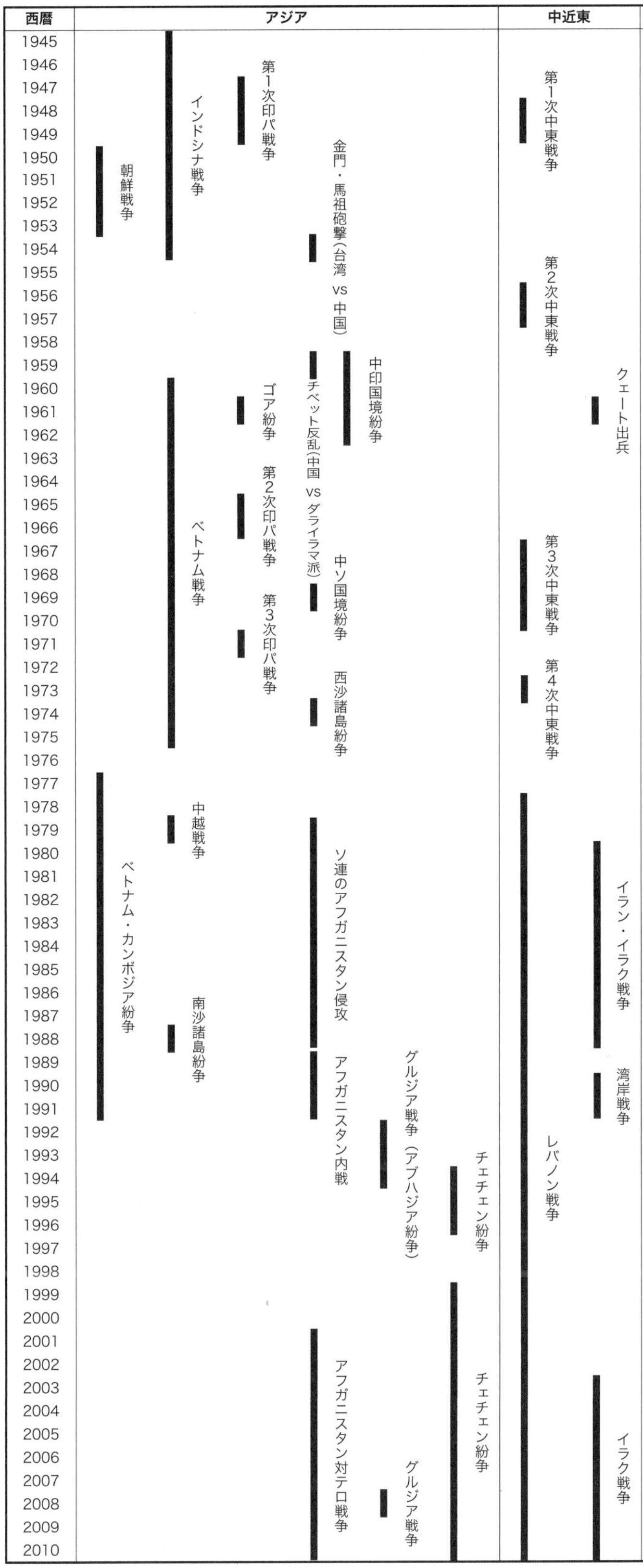
西暦
アジア
中近東
1945
1946
1947
1948
1949
1950
1951
1952
1953
1954
1955
1956
1957
1958
1959
1960
1961
1962
1963
1964
1965
1966
1967
1968
1969
1970
1971
1972
1973
1974
1975
1976
1977
1978
1979
1980
1981
1982
1983
1984
1985
1986
1987
1988
1989
1990
1991
1992
1993
1994
1995
1996
1997
1998
1999
2000
2001
2002
2003
2004
2005
2006
2007
2008
2009
2010
朝鮮戦争
インドシナ戦争
第1次印パ戦争
金門・馬祖砲撃（台湾 vs 中国）
チベット反乱（中国 vs ダライラマ派）
中印国境紛争
ゴア紛争
第2次印パ戦争
ベトナム戦争
第3次印パ戦争
中ソ国境紛争
西沙諸島紛争
中越戦争
ベトナム・カンボジア紛争
南沙諸島紛争
ソ連のアフガニスタン侵攻
アフガニスタン内戦
グルジア戦争（アブハジア紛争）
チェチェン紛争
アフガニスタン対テロ戦争
グルジア戦争
チェチェン紛争
第1次中東戦争
第2次中東戦争
クェート出兵
第3次中東戦争
第4次中東戦争
レバノン戦争
イラン・イラク戦争
湾岸戦争
イラク戦争

その他の戦争・紛争	
1945～1949	国共内戦（中国国民党 vs 中国共産党）
1945～1949	インドネシア独立戦争（蘭 vs インドネシア）
1946～1949	ギリシャ内戦
1948～1957	マラヤの反乱（英 vs 共産ゲリラ）
1948～1949	ベルリン封鎖（英・米・蘭 vs ソ連）
1954	グアテマラの反革命
1954～1962	アルジェリア戦争（仏 vs アルジェリア民族解放戦線）
1955～1959	キプロス紛争（英 vs キプロス戦士全国組織）
1956	ハンガリー動乱（ハンガリー・ソ連 vs ハンガリー民族主義派）
1956～1959	キューバ革命
1957～1960	マラヤの反乱（マラヤ連邦 vs 共産ゲリラ）
1958	レバノン出兵（レバノン政府・米 vs レバノン反乱派）
1959～1975	ラオス内戦（ラオス vs パテトラオ・北ベトナム）
1960～1963	コンゴ動乱（コンゴ vs 分離派・ベルギー）
1960～1994	チャド・リビア紛争
1961～1962	西イリアン紛争（インドネシア vs 蘭）
1961～1962	キューバ進攻＆キューバ危機
1962～1963	ベネズエラの反乱活動
1962～1969	イエメン内戦（イエメン・エジプト vs イエメン王党派）
1962～1993	エチオピア内戦
1963～1964	キプロス内戦（キプロス政府・ギリシャ vs トルコ系キプロス人・トルコ）
1963～1966	マレーシア紛争（英・マレーシア vs フィリピン・インドネシア）
1963～1988	アルジェリア・モロッコ国境紛争
1965	ドミニカ共和国内乱
1965～1979	南ローデシア紛争（南ローデシア vs ジンバブエ・アフリカ民族同盟・人民同盟）
1967～1970	ナイジェリア内戦
1968	チェコ事件（チェコ・スロバキア vs ソ連・ワルシャワ条約機構5ヶ国）
1969～1998	北アイルランド紛争（カトリック系過激派 vs プロテスタント系過激派）
1970～1975	カンボジア内戦
1973～	西サハラ紛争（モロッコ・モーリタニア vs ポリサリオ解放戦線）
1974～	キプロス紛争（キプロス vs トルコ）
1975～1978	ティモール内戦
1975～1990	ナミビア独立戦争（南アフリカ vs 南西アフリカ人民機構）
1975～1991	レバノン内戦、アンゴラ内戦、モザンビーク内戦
1977～1978	エチオピア・ソマリア紛争
1978～1979	南北イエメン紛争（北イエメン vs 南イエメン）
1979～1990	ニカラグア内戦
1979～1992	エルサルバドル内戦
1982	フォークランド紛争（英 vs アルゼンチン）
1983～	スーダン内戦
1983	グレナダ派兵（グレナダ反乱派vs米・ジャマイカ・バルバドス他）
1988～	ソマリア内戦、ナゴルノ・カラバフ紛争（アゼルバイジャン vs アルメニア武装勢力）
1989	ルーマニア政変、パナマ派兵（英 vs パナマ）
1989～2003	リベリア内戦
1990～1994	ルワンダ内戦
1991	スロベニア内戦
1991～1995	クロアチア内戦
1992～1995	ボスニア・ヘルツェゴビナ内戦
1992～1997	タジク紛争（タジキスタン vs 反政府イスラム武装勢力）
1996～1997	ザイール内戦
1997	コンゴ共和国内戦、シエラレオネ紛争
1997～1998	カンボジア内戦武力衝突
1998～2000	エチオピア・エリトリア紛争
1998～	ギニア・ビサオ内戦
1998～1999	コンゴ民主共和国内戦、シエラレオネ内戦
1998～2002	アンゴラ内戦
1998～1999	コソボ紛争（ユーゴ・セルビア vs アルバニア系武装勢力）
1999	ジャム・カシミール地方の戦闘（インド vs イスラム武装勢力）
2002～2003	コートジボワール内戦

※本書に関係の深い出来事を左記し、それ以外を上記にまとめた

巻末資料2

【第二次世界大戦後の各国戦車発達の流れ】

国名の略記について
(英)=イギリス、(仏)=フランス、(中)=中国
(日)=日本、(ス)=スイス、(瑞)=スウェーデン
(イ)=イスラエル、(伊)=イタリア、(ブ)=ブラジル
(ユ)=ユーゴスラビア、(ロ)=ロシア

■1945年

第二次世界大戦後、アメリカ戦車は朝鮮戦争でソ連のT-34/85と対戦、ここから対ソ連戦車開発競争が始まった

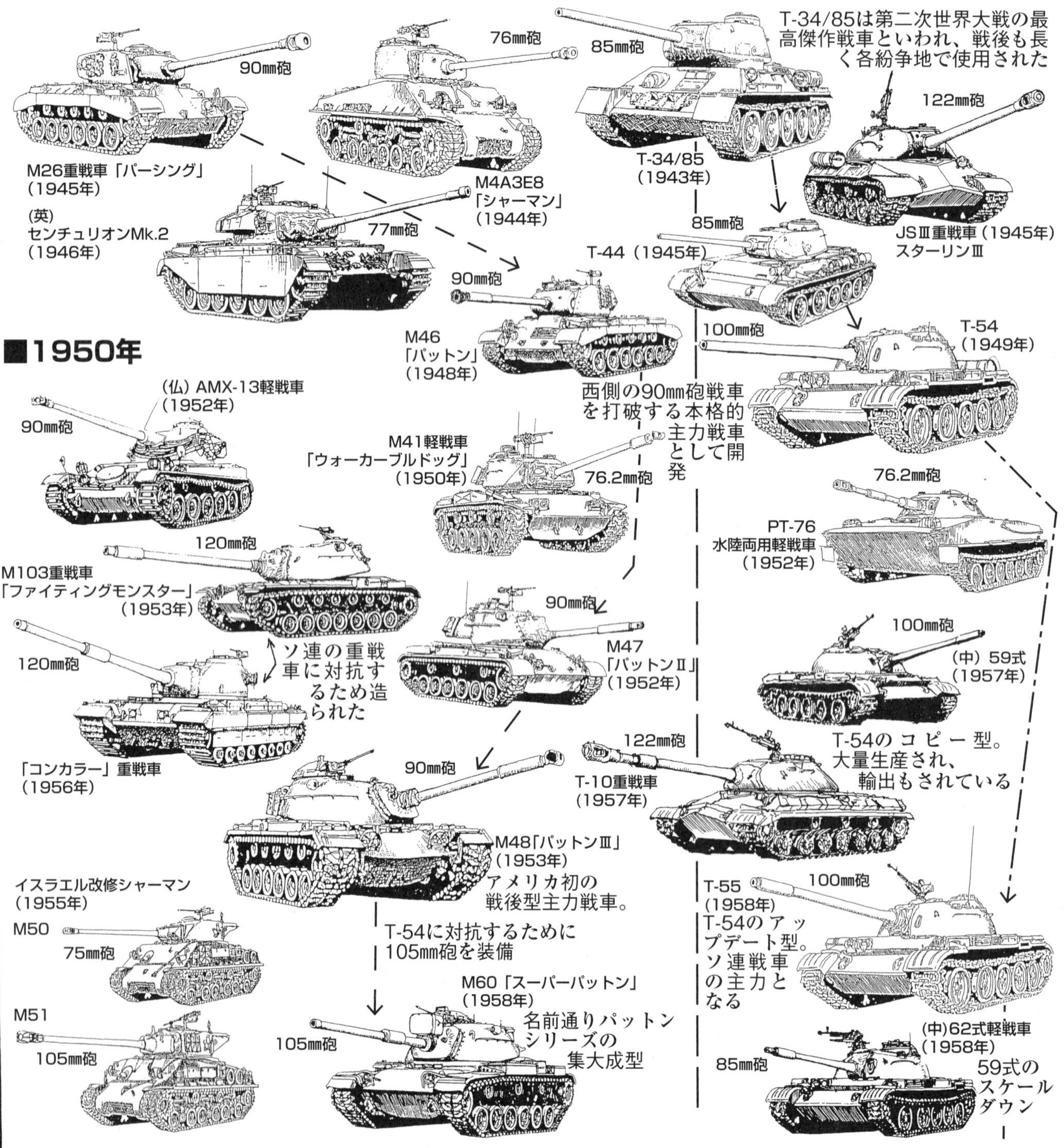

90㎜砲
M26重戦車「パーシング」
(1945年)
76㎜砲
M4A3E8
「シャーマン」
(1944年)
85㎜砲
T-34/85
(1943年)
T-34/85は第二次世界大戦の最高傑作戦車といわれ、戦後も長く各紛争地で使用された
122㎜砲
JSⅢ重戦車(1945年)
スターリンⅢ
(英)
センチュリオンMk.2
(1946年)
77㎜砲
85㎜砲
T-44(1945年)
90㎜砲
M46
「パットン」
(1948年)
100㎜砲
T-54
(1949年)
■1950年
(仏)AMX-13軽戦車
(1952年)
90㎜砲
西側の90㎜砲戦車
を打破する本格的
主力戦車
として開
発
M41軽戦車
「ウォーカーブルドッグ」
(1950年)
76.2㎜砲
76.2㎜砲
PT-76
水陸両用軽戦車
(1952年)
120㎜砲
M103重戦車
「ファイティングモンスター」
(1953年)
90㎜砲
M47
「パットンⅡ」
(1952年)
100㎜砲
(中)59式
(1957年)
120㎜砲
ソ連の重戦
車に対抗す
るため造
られた
「コンカラー」重戦車
(1956年)
122㎜砲
T-10重戦車
(1957年)
T-54のコピー型。
大量生産され、
輸出もされている
90㎜砲
M48「パットンⅢ」
(1953年)
アメリカ初の
戦後型主力戦車。
イスラエル改修シャーマン
(1955年)
M50
75㎜砲
T-54に対抗するために
105㎜砲を装備
T-55
(1958年)
T-54のアップデート型。
ソ連戦車
の主力と
なる
100㎜砲
M51
105㎜砲
M60「スーパーパットン」
(1958年)
105㎜砲
名前通りパットン
シリーズの
集大成型
(中)62式軽戦車
(1958年)
85㎜砲
59式の
スケール
ダウン

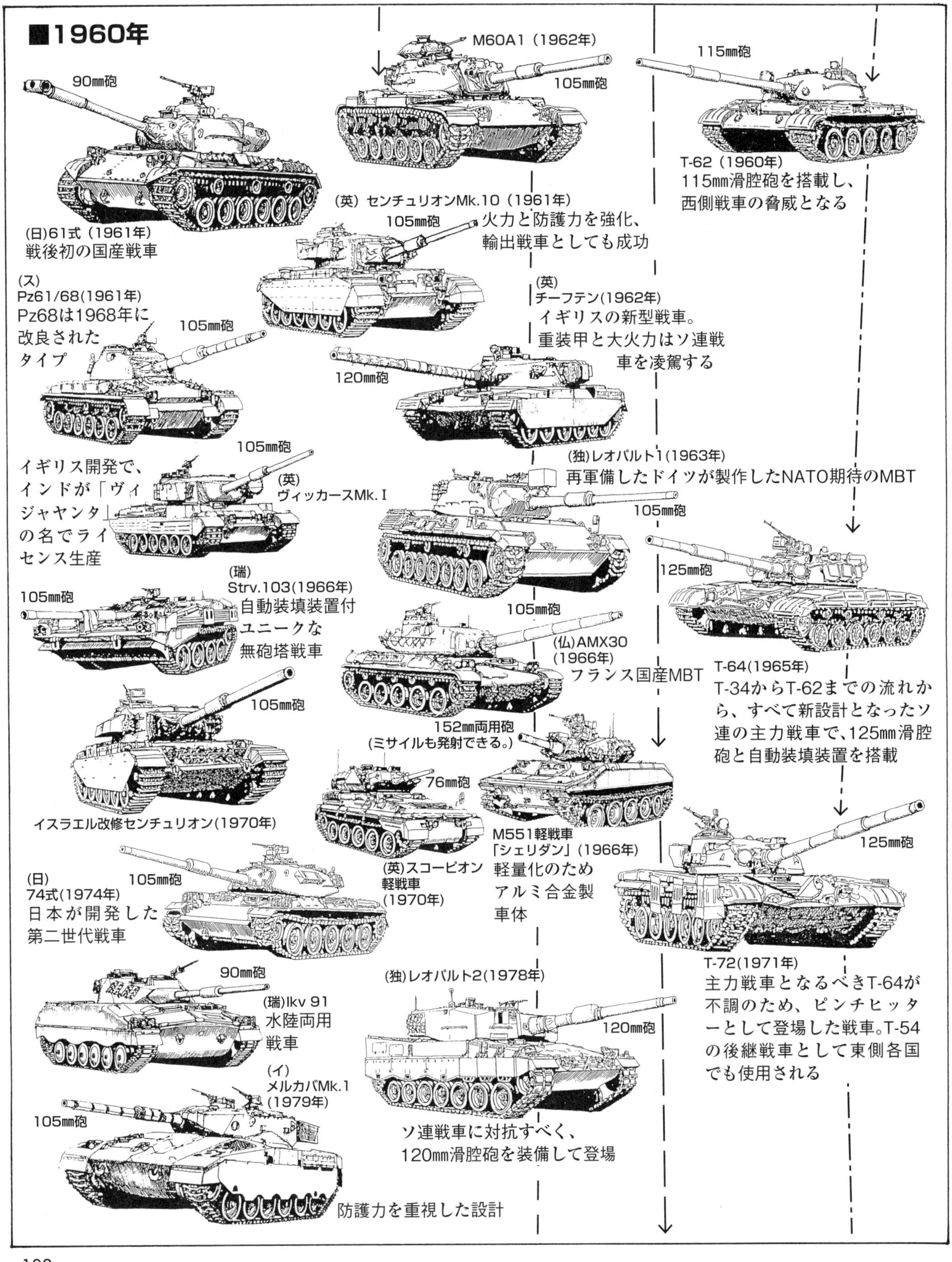

■1960年
90㎜砲
(日)61式（1961年）
戦後初の国産戦車
M60A1（1962年）
105㎜砲
115㎜砲
T-62（1960年）
115㎜滑腔砲を搭載し、
西側戦車の脅威となる
(英) センチュリオンMk.10（1961年）
105㎜砲
火力と防護力を強化、
輸出戦車としても成功
(ス)
Pz61/68(1961年)
Pz68は1968年に
改良された
タイプ
105㎜砲
(英)
チーフテン(1962年)
イギリスの新型戦車。
重装甲と大火力はソ連戦
車を凌駕する
120㎜砲
105㎜砲
イギリス開発で、
インドが「ヴィ
ジャヤンタ」
の名でライ
センス生産
(英)
ヴィッカースMk.Ⅰ
(独)レオパルト1(1963年)
再軍備したドイツが製作したNATO期待のMBT
105㎜砲
125㎜砲
(瑞)
Strv.103(1966年)
自動装填装置付
ユニークな
無砲塔戦車
105㎜砲
105㎜砲
(仏)AMX30
(1966年)
フランス国産MBT
T-64(1965年)
T-34からT-62までの流れか
ら、すべて新設計となったソ
連の主力戦車で、125㎜滑腔
砲と自動装填装置を搭載
105㎜砲
152㎜両用砲
(ミサイルも発射できる。)
76㎜砲
イスラエル改修センチュリオン(1970年)
M551軽戦車
「シェリダン」(1966年)
軽量化のため
アルミ合金製
車体
125㎜砲
(日)
74式(1974年)
日本が開発した
第二世代戦車
105㎜砲
(英)スコーピオン
軽戦車
(1970年)
T-72(1971年)
主力戦車となるべきT-64が
不調のため、ピンチヒッタ
ーとして登場した戦車。T-54
の後継戦車として東側各国
でも使用される
90㎜砲
(瑞)Ikv 91
水陸両用
戦車
(独)レオパルト2(1978年)
120㎜砲
(イ)
メルカバMk.1
(1979年)
105㎜砲
ソ連戦車に対抗すべく、
120㎜滑腔砲を装備して登場
防護力を重視した設計

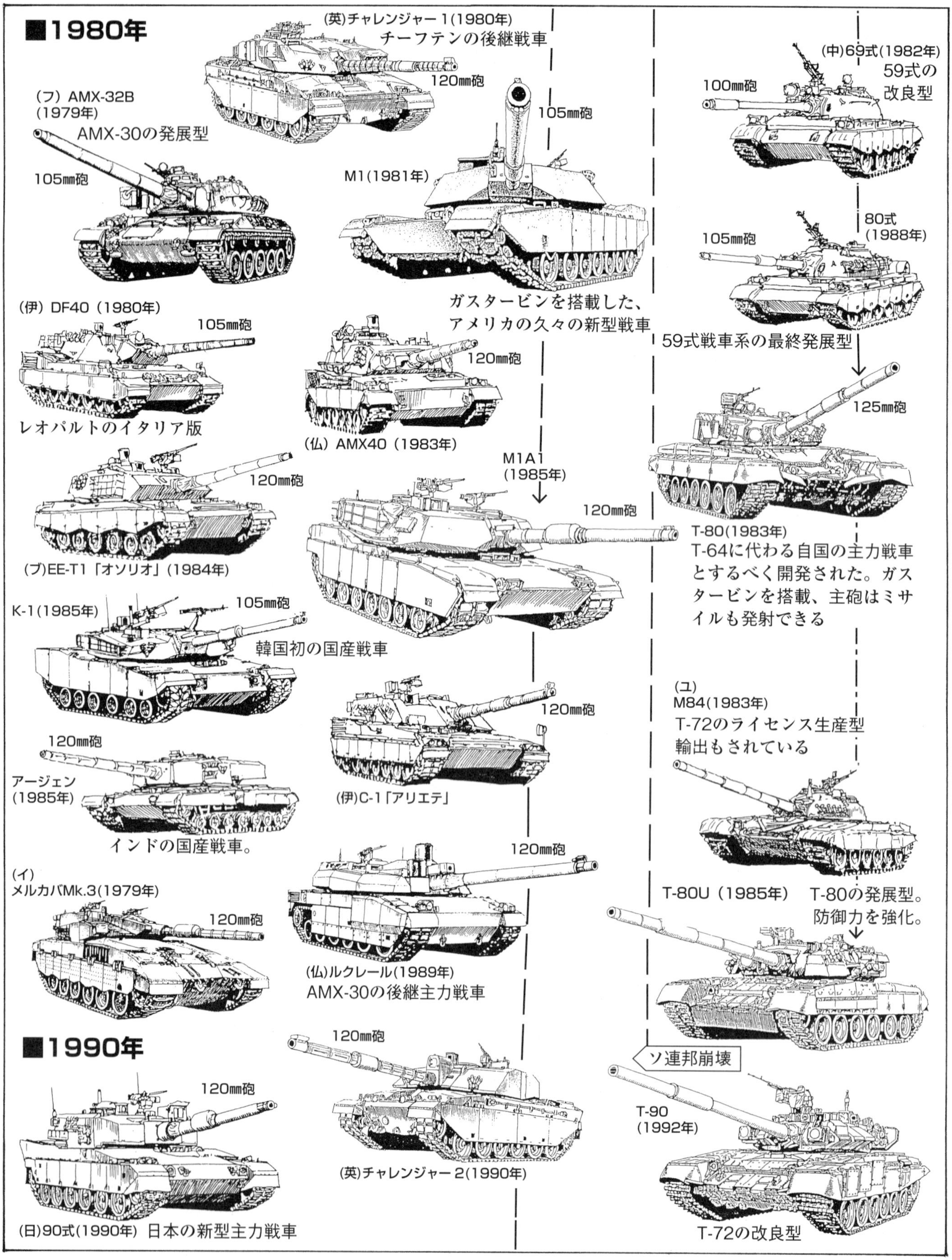
■1980年
(英)チャレンジャー1(1980年)
チーフテンの後継戦車
120mm砲
(フ) AMX-32B
(1979年)
AMX-30の発展型
105mm砲
105mm砲
M1(1981年)
ガスタービンを搭載した、
アメリカの久々の新型戦車
(中)69式(1982年)
59式の
改良型
100mm砲
80式
(1988年)
105mm砲
59式戦車系の最終発展型
(伊) DF40 (1980年)
105mm砲
レオパルトのイタリア版
120mm砲
(仏) AMX40 (1983年)
125mm砲
120mm砲
(ブ)EE-T1「オソリオ」(1984年)
M1A1
(1985年)
120mm砲
T-80(1983年)
T-64に代わる自国の主力戦車
とするべく開発された。ガス
タービンを搭載、主砲はミサ
イルも発射できる
K-1(1985年)
105mm砲
韓国初の国産戦車
120mm砲
(伊)C-1「アリエテ」
(ユ)
M84(1983年)
T-72のライセンス生産型
輸出もされている
120mm砲
アージェン
(1985年)
インドの国産戦車。
(イ)
メルカバMk.3(1979年)
120mm砲
120mm砲
(仏)ルクレール(1989年)
AMX-30の後継主力戦車
T-80U (1985年)
T-80の発展型。
防御力を強化。
■1990年
120mm砲
120mm砲
(英)チャレンジャー2(1990年)
ソ連邦崩壊
T-90
(1992年)
T-72の改良型
(日)90式(1990年) 日本の新型主力戦車

■1990年
M1A2(1994年)
120㎜砲
120㎜砲
(イ)
メルカバMk.4
(中)
99式(1998年)
1989年に開発した
85式戦車の発展型
長120㎜砲
(独)
レオパルト2A6
(1999年)
火力において最強
といわれる長砲身
120㎜砲を装備
125㎜砲
■2000年
長120㎜砲
(日) 10式戦車 (2010年)
74式戦車の後継戦車として
開発された主力戦車
120㎜砲
(ロ)T-95
(200?年)
ロシアが新型戦車として採用を
予定していたが、開発中止となった
(韓) K-2 (2005年)
K-1から始まった韓国の
国産新型戦車
125㎜砲
(イ) メルカバMk.4
(2007年)
120㎜砲
(独) レオパルド2A7+ (2011年)
120㎜砲
トロフィーAPSシステムを装備。
より防御力を強化
(中) 99G式 (2001年)
99式戦車の改良型
市街戦タイプとして改修されている
125㎜砲
(米) M1A2SEP
(2005年)
(ロ) T-90M
(2006年)
日本の10式戦車が登場以
降は新型戦車の出現はな
く、輸出を狙った改修型
を各国とも発表している
市街戦キットを取付け
防御力アップ
T-95の開発が中止となり、
本車がロシア軍の主
となる。パッシ
ブ自己防御シ
ステムを装備

 （参考資料・PANZER誌）

巻末資料3【第4世代MBTのゆくえ】

西側（アメリカ、イギリス、ドイツ、フランス他）
東側（ソ連）
相手は悪の大国? ソ連一国で、これに立ち向かう戦隊ヒーロー『ゴレンジャー』みたいな構図になっている。
T-34/85（85㎜）
v1944年
第二次大戦最優秀戦車
第1世代
M46（90㎜）
1948年
センチュリオン（76㎜）
1946年
T-54/55（100㎜）
1949年
第2世代
レオパルト1（105㎜）1963年
M60（105㎜）
1958年
チーフテン
（120㎜）
1962年
T-62（115㎜）
1960年
第3世代
レオパルト2（120㎜）
1978年
M1（105～120㎜）
1981年
チャレンジャー
（120㎜）
1980年
T-72（125㎜）
1971年
T-80（125㎜）
1983年
ルクレール
（120㎜）1989年
以後、ソ連邦の崩壊により、MBTの開発はニブくなる。
（）内は主砲口径

■戦車の発達は東西両陣営の開発競争と共にあった。第二次世界大戦後、世界は東西対立の時代に入り、強大な陸軍国・ソ連と西欧諸国が、ヨーロッパの地上戦を想定しての戦車の開発競争となった。戦後第1世代（'40～'50年代）に西側がセンチュリオン、M46、東側のT-54／55、第2世代（'60～'70年代）にレオパルド1、AMX30、チーフテン、M60、東側はT-62、T-72、第3世代（'80年～'90年代）が現在の主力戦車としてレオパルド2、M1エイブラムス、チャレンジャー、ルクレールと西側は出揃った。そして東側はT-80が登場したところでソ連邦の崩壊となり、対抗馬のなくなった西側戦車の開発もペースダウン。それと、これまでの競争で戦車自体も主砲の大口径化と防御力の強化で、地上の移動兵器としては限界に近くなっていたのだ。

■市街地戦闘用MBT

非正規戦が主流となった現代戦に向けて、新戦車よりも現用MBTの防御力強化が急務となっている。

イラク戦争の野戦において圧倒的な強さを発揮、イラク軍を一蹴したM1戦車だったが、その後の市街戦等での非正規戦においては予想外の損害を受けてしまった。MBTを市街戦に投入することは、これまでの戦訓でタブーとされていたが、対テロ治安維持活動において防御力が一番高い戦車を出動させない訳にはいかず、テロリストによるIEDやロケット弾攻撃により比較的装甲の弱い車体後部や側面、底部を狙われ大きな損害を出してしまったのだ。このためM1戦車に限らず各国MBTは対市街戦能力を強化する対策を練り始め、市街戦対応キットなるものが開発されている。

●M1戦車 最強の改良計画

●M1A2 TUSKキット（市街戦用サバイバル）

●レオパルト2（国際平和維持活動対応型）

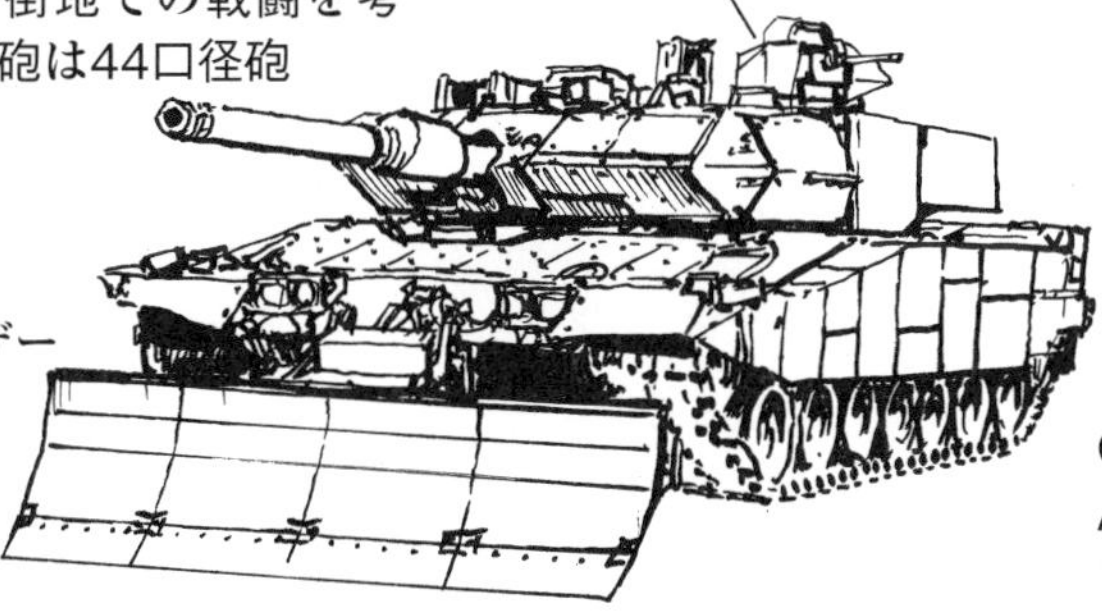

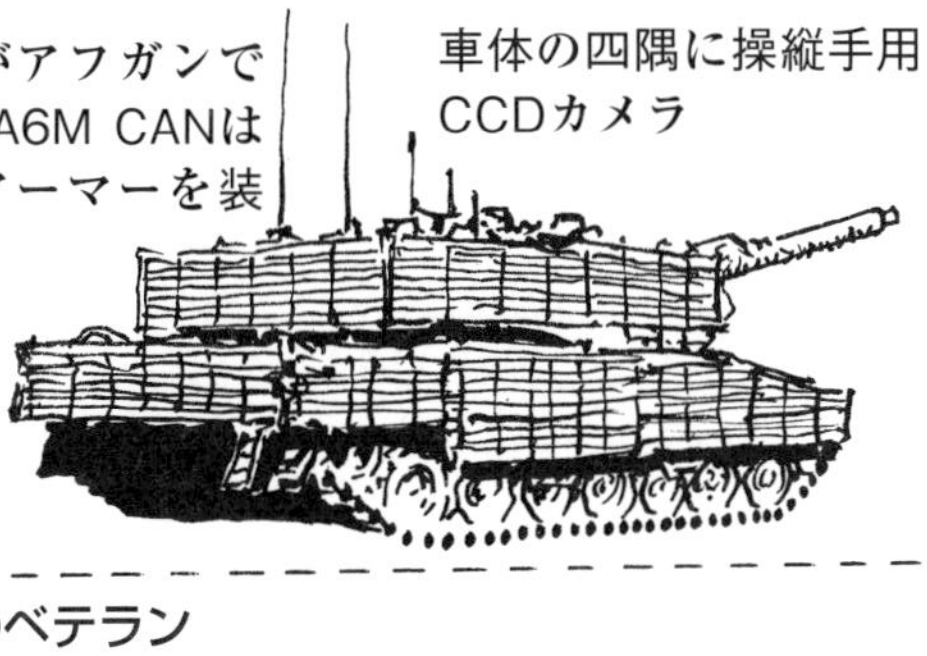

●ルクレールAZURキット（市街戦対応型）

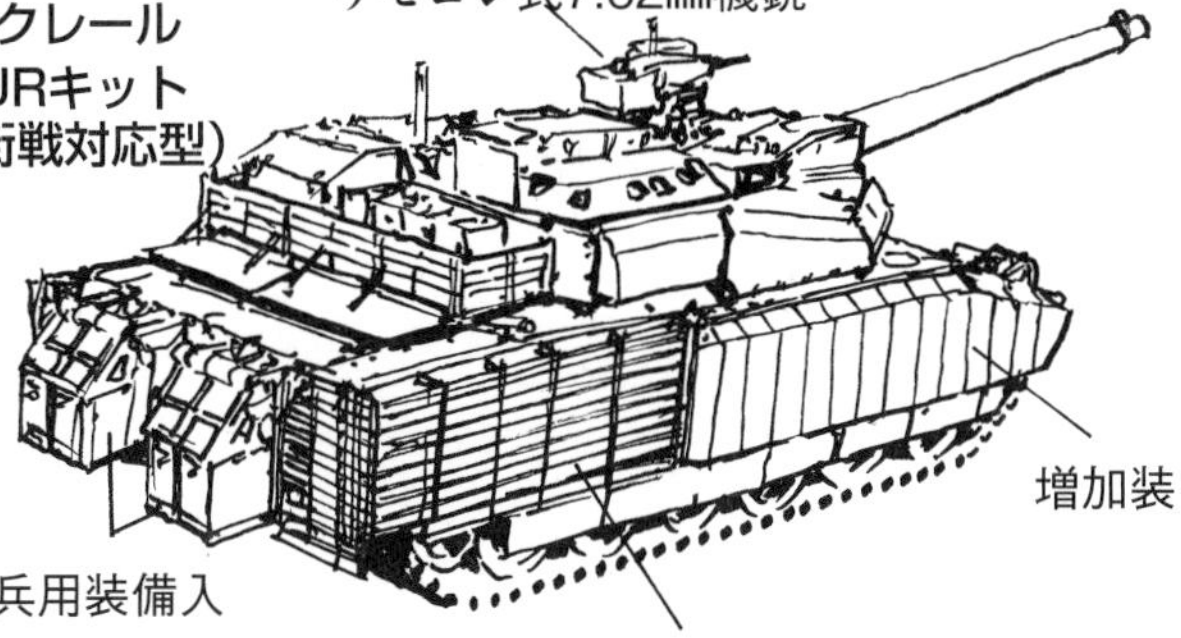

非正規戦のベテラン

長年ゲリラ部隊やテロ攻撃と対決してきたイスラエルとロシアの戦車

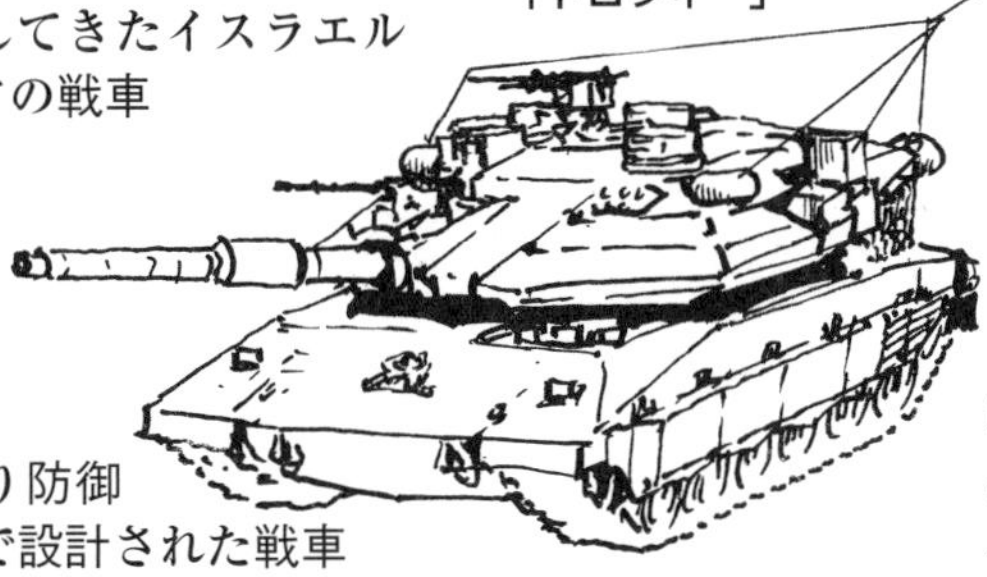

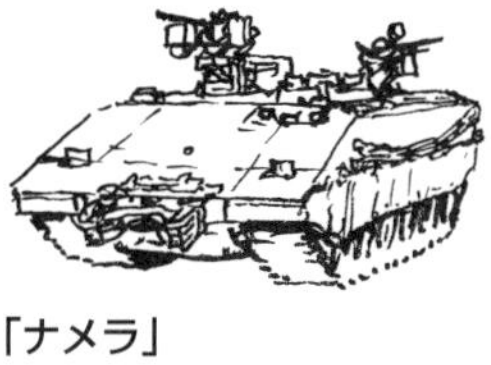

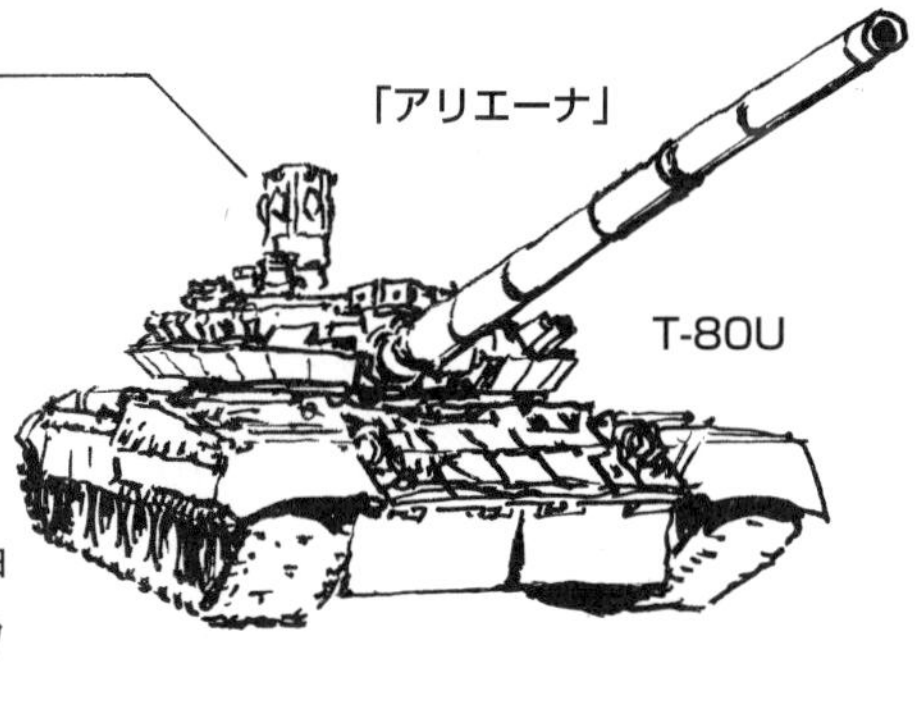

■世界の現用MBT（第3・5世代）

21世紀には第4世代の新戦車が登場するかと思いきや一向に姿が見えず、電磁砲やステルス装甲板等の新技術も開発されていないようである。現状では第3世代の戦車を近代化、防御力やC4I機能を強化した、ここに紹介するMBTの時代が当面続きそうだ。

●アメリカ
M1A2 SEP
湾岸戦争やイラク戦争等の実戦で改良され、現用MBT世界最強を目指している

第二次世界大戦で戦車と言えばティーガー戦車だったが、現代で戦車と言えば、このM1のことを言っていると思えるほど有名な戦車

44口径120㎜砲
63t
乗員4名

●ドイツ
レオパルド2A6M
レオパルド2の最新型で、IEDや地雷に対する防御力を強化

55口径120㎜砲
55t　乗員4名

●フランス
ルクレール
第3世代MBTの最後に登場した戦車で、高度なベトロニクスやモジュール装甲等、第3.5世代MBTの先駆となった

52口径120㎜
56t　乗員3名

●イギリス
チャレンジャー２
120㎜ライフル砲をラインメタル120㎜滑腔砲L55に換装する計画もあったが、のちに中止となった。イラク駐留時にはスラットアーマーを装着

55口径120㎜砲
62.5t
乗員4名

●イタリア
C-1アリエテ
これも第3世代後期のMBTでC4I機能を強化

44口径120㎜砲
54t　乗員4名

イラク派遣のアリエテ戦車。モジュラー装甲の追加や砲塔機銃用シールド等の改造が見られる

●イスラエル
メルカバMK.4

世界でもっとも重装甲な戦車で、徹底した乗員防御策がとられている

44口径120㎜砲
65t
乗員4名

●ロシア
T-90

ロシア軍の主力戦車である、T-80Uと同様の装備を施したT-72のグレードアップ版。腔内発射式誘導ミサイル「レフレクス」を使用できる

51口径125㎜砲
46.5t
乗員3名

●韓国
K2

現在、最新鋭のMBT。K1の改修型で長砲身の120㎜砲を装備。世界各国の先端技術を導入している

55口径120㎜
55t　乗員3名

●中国
99式

T-72をベースに開発してきた中国戦車の新型。「レフレクス」ミサイルを発射でき、フランス、イギリス等の技術を導入、高度な射撃統制システムを持つ

51口径125㎜砲　48t　乗員3名

●日本
TK-X
(10式戦車)

陸上自衛隊が2009年2月に公開した新戦車で、74式戦車の後継。2010年に制式化され「10式戦車」となった

44口径120㎜砲
44t　乗員3名

■第4世代の戦車は？

「防御力」「攻撃力」「機動力」に「C4I能力」の要素をあわせ持つ

●ロシア　T-95

ロシア軍が久々に採用する新戦車。第4世代の第1号になるかと期待されたが、開発中止

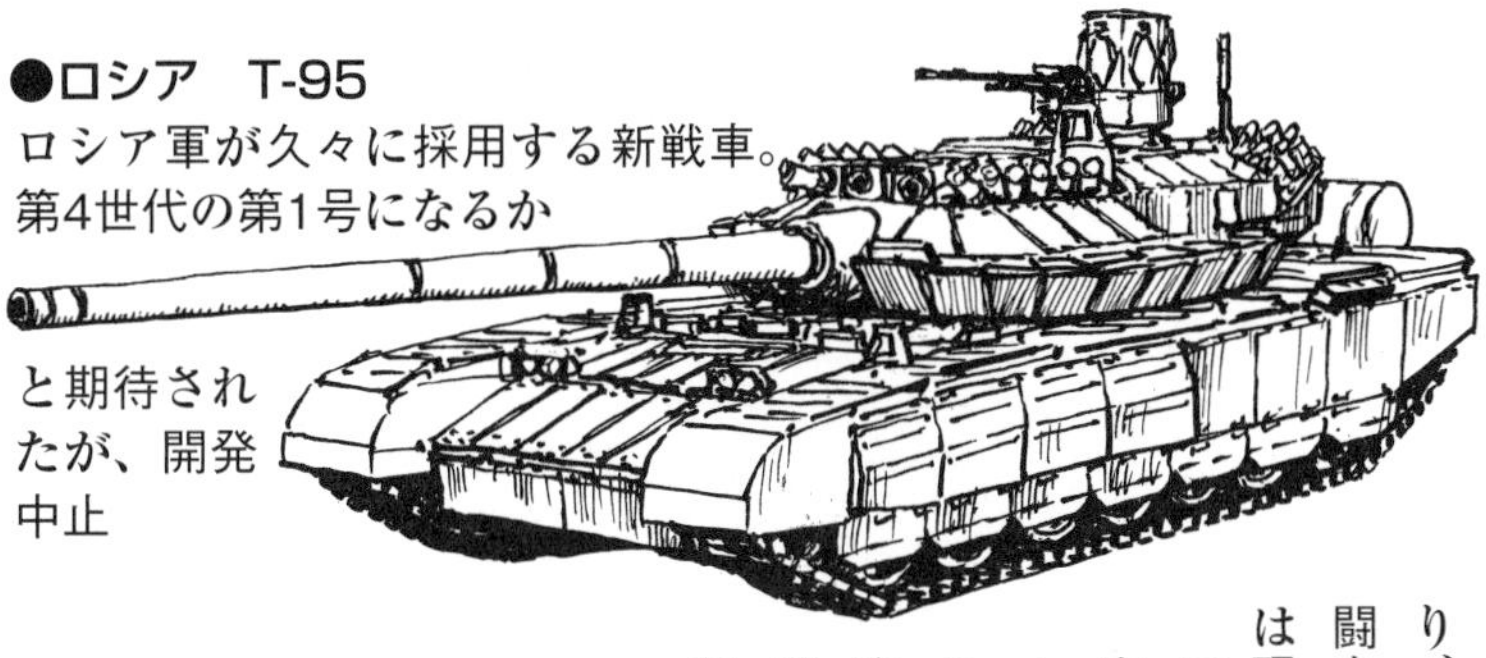

●アメリカ
TTB

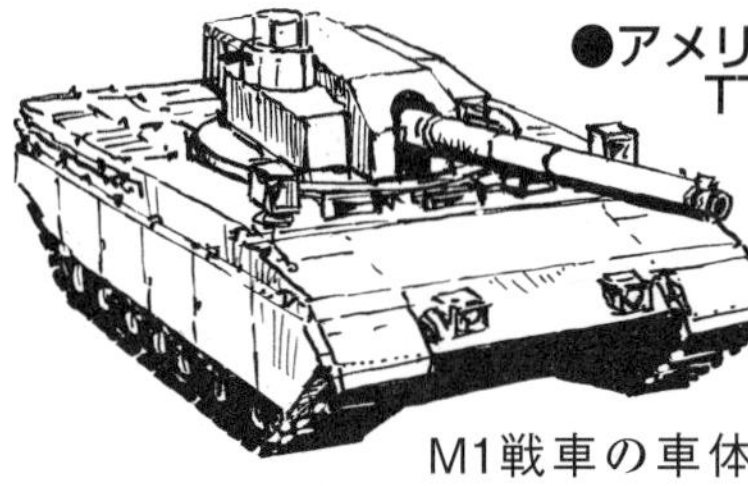

M1戦車の車体をベースに試作した背負式砲塔型

●ドイツ
EGSコンセプト戦車

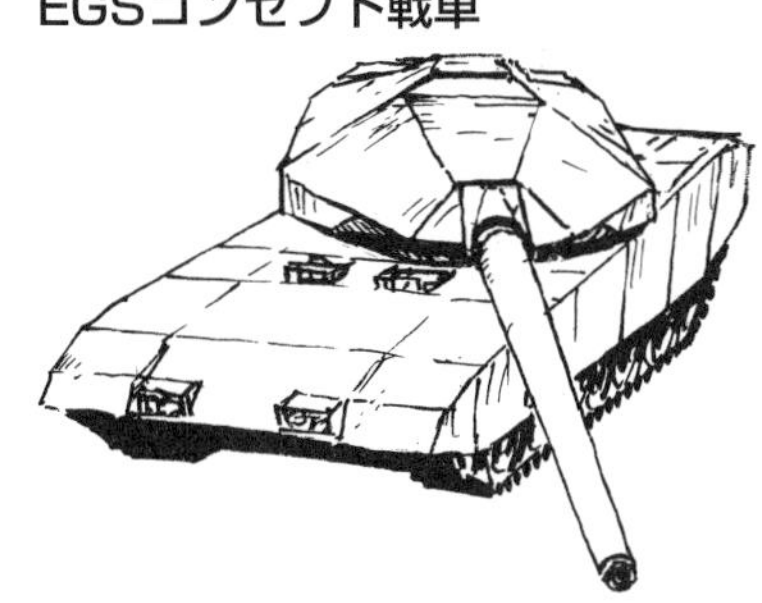

現在のMBTは、性能、サイズともに成長の限界に達しているようで、これ以上を望めばより大型化、超重量となり、多様化した現代戦では使用が限られ陸戦の最強兵器とは言えなくなる。

新MBTは、主砲の大きさや機動力はそのままでサイズと重量を小さくするために乗員数の削減と自動化、防御力の強化は状況に応じて交換できるユニット装甲を採用。対戦車ミサイルやトップアタックに対抗する自己防御システムを装備、C4I能力を高速情報ネットワークにより獲得。各戦車、各支援部隊と密接に連携できるようになり、最小戦術単位として戦車小隊の戦闘力は大幅に向上する。しかし、これは現用の第3・5世代MBTが実現しているので、やはり第4世代の新戦車としてはコンパクトで無人砲塔、IT化したベトロニクスを搭載したステルス装甲防御を施し、そして主砲にはETC(電熱科学)砲を持つ戦車、というのが一戦車マニアの妄想です。

C4I機能 指揮(command)、統制(control)、通信(communication)、コンピュータ処理、の4つを統括、処理する能力のこと。

■戦車マーケット 2010年

現代の主力戦車のほとんどは生産を終了し、先進国といわれる国々では戦車自体の配備数が減っていますが、発展途上国では自国の旧式化した戦車を更新しようと、退役した主力戦車の購入に力を入れています。そんな訳で意外な国が意外な戦車を装備しているのです
※（　）内の数字は保有数を表す

○レオパルド2
〔約6800万ユーロ〕
ドイツ（360）

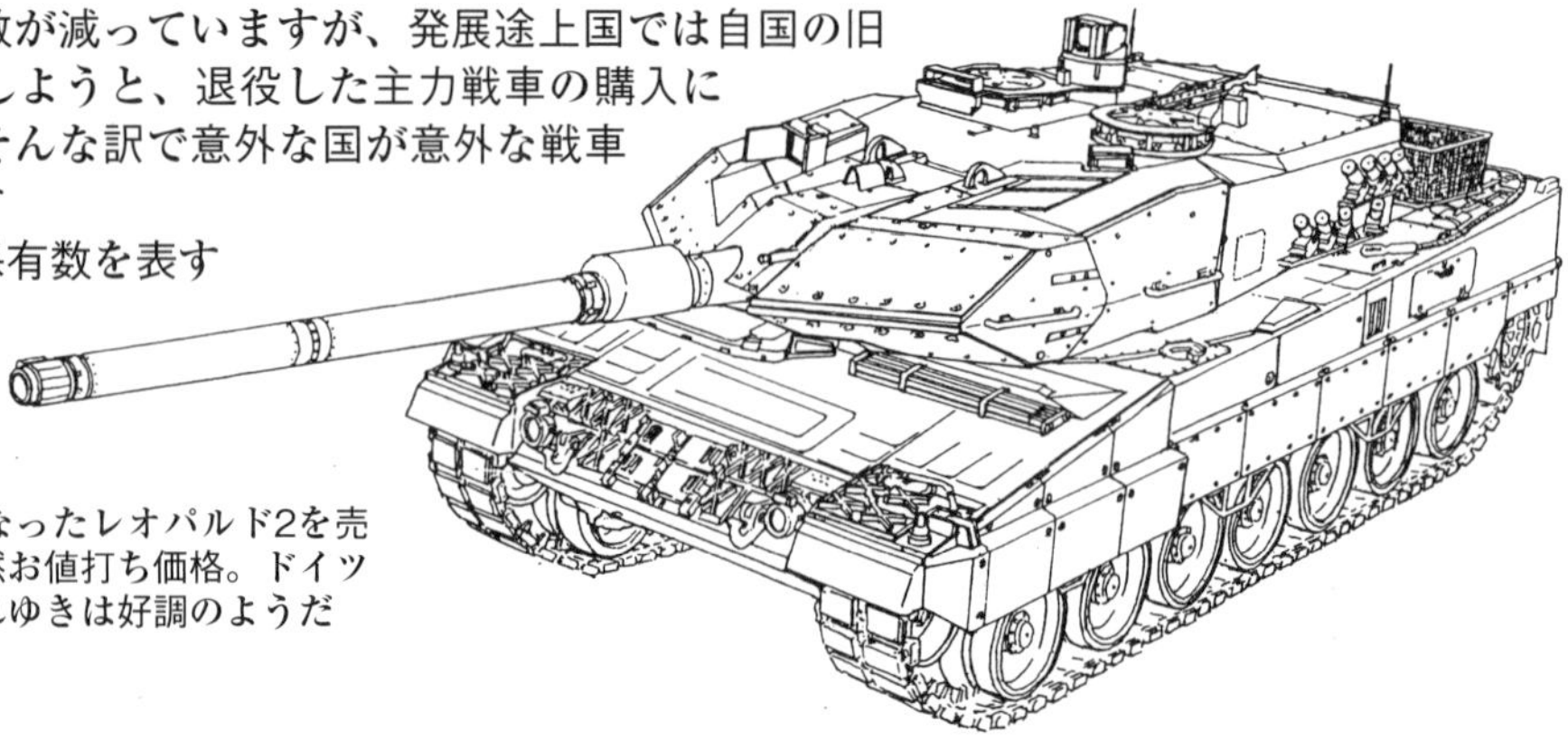

使用国
デンマーク（57）
オランダ（48）
ポルトガル（37）
スペイン（327）
スイス（380）
ノルウェー（52）
スウェーデン（280）
フィンランド（124）
ポーランド（128）
オーストリア（114）
ギリシア（353）
トルコ（298）
カナダ（40）
チリ（93）
シンガポール（93）

軍縮政策により余剰となったレオパルド2を売却することになり、当然お値打ち価格。ドイツ戦車ブランドもあり売れゆきは好調のようだ

○M1エイブラムス〔約7億円〕

サウジアラビア（373）
クウェート（218）
エジプト（1005）

湾岸戦争で圧倒的強さを見せたM1だが、価格が高いのが難点だ

○チャレンジャー2

オマーン（38）

120㎜ライフル砲がネックで売り込みにくい

○ルクレール

UAE（388）

実戦経験なしで人気がない

○T-72系戦車

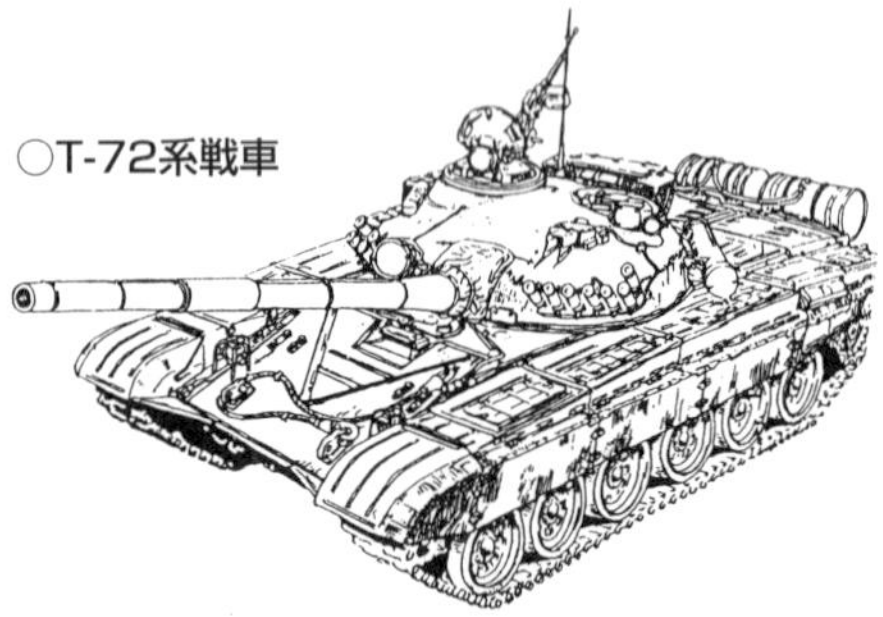

使用国はT-54/55の50数ヶ国には及ばないが、現在26ヶ国で主力戦車となり、使用数は2万両以上といわれる

○T-90

ロシア（400+）

1台223万ドルと安いのが売りだ

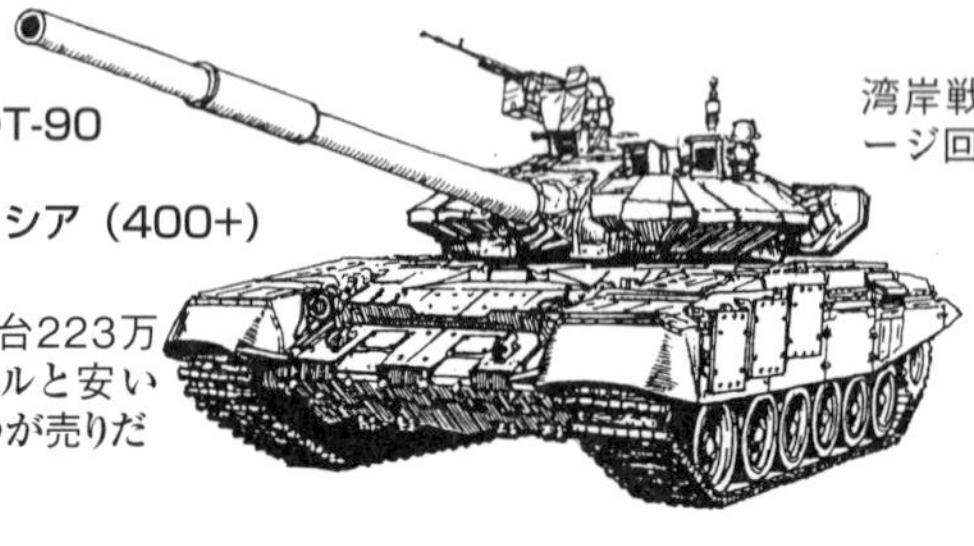

湾岸戦争で惨敗したT-72のイメージ回復に成功したロシア戦車

インド（310）
他に
サウジアラビア
トルクメニスタン
リビア
イラン
インドネシア
等と商談中

○T-80

ロシア（4500）
ウクライナ（271）
ベラルーシ（95）
キプロス（41）
パキスタン（320）
韓国（80）

ロシアの主力戦車だったが生産は終了した

○90-Ⅱ式戦車（中国）

パキスタン（300）

中国も戦車輸出には積極的で59式は約3000両、69式を約2000両も輸出している。価格が非常に安いので発展途上国では購入しやすいのだ

参考資料：月刊PANZER誌

主要参考文献

戦車と機甲戦　野木恵一著　朝日ソノラマ
戦車マニアの基礎知識　三野正洋著　イカロス出版
21 世紀の戦争　落合信彦訳　光文社
兵器最先端④機甲師団　読売新聞社
日本の戦車　原乙未生 / 栄森伝治 / 竹内昭共著　出版共同社
平凡社カラー新書㊻　世界の戦車　菊池晟著　平凡社
ジャガーバックス・戦車大図鑑　川井幸雄著　立風書房
学研のX図鑑・戦車・図解戦車・装甲車　学習研究社
万有ガイドシリーズ⑰戦車　小学館
ミリタリー・イラストレイテッド⑩世界の戦車　光文社
M-1/M-1A1 戦車大図解　坂本明著　グリーンアロー出版社
大図解最新兵器戦闘マニュアル　坂本明著　グリーンアロー出版社
図鑑世界の戦車　アルミン＝ハレ / 久米穣訳編　講談社
芸文ムックス・戦車　ケネス・マクセイ著　芸文社
メカニックブックス⑭レオパルト戦車　濱田一穂著　原書房
M48/M60 パットン　モデルアート社
最新ソ連の走行戦闘車輌　山崎重武訳　ダイナミックセラーズ
プロファイルズスーパーマシーン図鑑⑤世界の名戦車　講談社
ヤンコムコミック・戦車大図鑑　少年画報社
少年フロクゴールデンブック　光文社
コンバットコミック　日本出版社
「PANZER」誌　サンデー・アート社
「戦車マガジン」誌　デルタ出版
「グランドパワー」誌　デルタ出版
「軍事研究」誌　ジャパン・ミリタリー・レビュー
「丸」誌　潮書房
「モデルアート」誌　モデルアート社
「世界の戦車年鑑」　戦車マガジン
「自衛隊装備年鑑」　朝雲新聞社
週刊・少年サンデー図解百科特集　小学館
週刊・少年マガジン図解特集　講談社
週刊・少年キング図解特集　少年画報社
「タミヤニュース」誌　田宮模型
世界の戦車戦史　木俣滋郎著　図書出版社
学校で教えない現代の戦車と戦闘車輌　斎木伸生著　並木書房
戦車謎解き大百科　斎木伸生著　光人社
軍用ヘリコプター完全ガイド　イカロス出版
戦車 vs 戦車　イカロス出版
世界の戦車 71 年　第２次大戦後の戦車　航空ファン別冊・文林堂
PANZER　臨時増刊　世界の AFV 2011-2012　アルゴノート社
オスプレイ世界の戦車イラストレイテッド
㉔　レオパルト２　大日本絵画
㉖　メルカバ　主力戦車　大日本絵画
㉝　イスラエル軍現用戦車と兵員輸送車　1985-2004　大日本絵画
グランドパワー別冊
世界の戦車　［2］第２次大戦後～現代編
世界の軍用車輌［2］装軌式自走砲　1946-2000
戦後の日本戦車　株式会社カマド
世界の現用戦車 78 年度　戦車マガジン別冊、戦車マガジン
84 世界の戦車年鑑　戦車マガジン別冊、戦車マガジン
AFV91.　世界の戦車年鑑　戦車マガジン別冊、戦車マガジン
「図説」湾岸戦争　学習研究社
「図説」中東戦車全史　学習研究社
歴史群像シリーズ(60)　朝鮮戦争（上）　学習研究社
歴史群像シリーズ(60)　朝鮮戦争（下）　学習研究社
イラン - イラク戦争　サンデーアート社
イラク戦争　アルゴノート社
月刊グランドパワー　デルタ出版
世界の主力戦車カタログ　日本兵器研究会編　アリアドネ企画
新現代戦車のテクノロジー　清谷信一著　アリアドネ企画
戦車対戦車　三野正洋著　新戦史シリーズ　朝日ソノラマ
朝鮮戦争　兵器ハンドブック　新戦史シリーズ　朝日ソノラマ
ベトナム戦争　兵器ハンドブック　新戦史シリーズ　朝日ソノラマ
湾岸戦争　兵器ハンドブック　新戦史シリーズ　朝日ソノラマ
コンバット・ドキュメント・シリーズ　朝鮮戦争①②　戦車マガジン増刊　デルタ出版
コンバット・ドキュメント・シリーズ　ベトナム戦争①②③　戦車マガジン増刊　デルタ出版

Tanks Ikkustrated Series,ARMS&ARMOUR
New Vanguard Series,OSPREY
Aero ARMO SERIES,AERO PUBLISHERS
ARMOR IN ACTION Series,SQUADRON
Motorbuch Militärfahrzeuge Series,MOTORBUCH
PROFILE AFV WEAPON'S Series,PROFILE PUBLICATIONS
BELLONA Military Vehicle PRINTS Series,BELONA PUBLICATIONS
SHERMAN,PRESIDIO
United States Tanks of World War by Geoge Forty,BLANDFORD
BRITISH&AMERICAN TANKS OF WW ,ARMS&ARMOUR
THE GREAT TANKS by Peter Chamberlain,HAMLYN
Modern Land Combat,SALAMADER
TANKS AND ARMORED VEHICLES 1900-1945,WE.INC.PUBLISHERS
Tanks and Armoured Fighting Vehicles of tha World,NEW ORCHARD EDITIONS
Armoured Fighting Vehicles by John F.Milsom,HAMLYS

あとがき

ミリタリー・イラストレーターと言われている私は、プラモデルの箱絵や単行本の表紙、雑誌の挿絵などを依頼されますが、この際、その主役（兵器）を盛り上げるための背景を考えます。「その兵器はいつ頃登場し、どこの戦場で活躍したのか、敵はどこだったのか」などを調べ画面を構成するのです。

第一次世界大戦より戦場の舞台は、陸・海・空と広がりましたが、戦争の勝敗を決めるのはやはり地上戦であり、その地上戦の主役が第一次世界大戦で登場し、第二次世界大戦で進化した戦車なのです。

第二次世界大戦後、核兵器の開発や対戦車兵器の発達で戦車無用論が出ました。たしかに戦車は無敵ではありませんが、攻守に圧倒的な迫力と強さを持っており、これからも陸戦の王者にあり続ける（キャタピラと転輪を描くのが面倒だけど……）と思っている戦車ファンの私です。

元々戦記物が好きだったこともあり、資料も昔から集めておりましたので、『ドイツ陸軍戦史　ヴェアマハト』でヨーロッパ戦線を、『日本戦車隊戦史』で太平洋戦線と第二次大戦中の戦車戦史を終えて、今回の『現代戦車戦史』をもって、戦車が参加した主要な戦争を私なりに紹介させてもらいました。

このシリーズの機会をくださったアーマーモデリング編集部に感謝いたします。

2012年7月5日　上田信

現代戦車戦史
進化するモンスターたち

著者／上田 信
2012年9月3日　初版第一刷

発行人／小川光二
発行所／株式会社 大日本絵画
〒101-0054　東京都千代田区神田錦町1丁目7番地
Tel：03-3294-7861（代表）　Fax：03-3294-7865
http://www.kaiga.co.jp

編集人／市村 弘
企画・編集／株式会社 アートボックス
〒101-0054　東京都千代田区神田錦町1丁目7番地　錦町一丁目ビル4階
Tel：03-6820-7000　Fax：03-5281-8467
http://www.modelkasten.com

編集担当／佐藤南美、吉野泰貴

装丁／丹羽和夫（九六式艦上デザイン）
DTP／小野寺 徹

印刷・製本／大日本印刷株式会社
ISBN978-4-499-23092-6

内容に関するお問い合わせ先：03(6820)7000 ㈱アートボックス
販売に関するお問い合わせ先：03(3294)7861 ㈱大日本絵画